高等教育信息技术规划教材

计算机应用基础项目化教程

(Windows 7+Office 2010)

主　编　曾海文　苏　艳

副主编　陈丽芳　廖　源　韦修喜

電子工業出版社

Publishing House of Electronics Industry

北京 • BEIJING

内容简介

本书是根据“项目驱动，任务引领”的教学模式，采用“以工作过程为导向”的教学方式来进行编写的，强调理论与实践相结合，注重实用性和可操作性。全书共由6个项目构成，涉及的内容循序渐进，贯穿计算机应用操作学习的全过程。书中的项目任务全部是针对学生在校期间和今后工作时大多数企事业单位的实际需要而选定的典型案例。

本书可作为高职高专院校计算机公共基础课程的教材，也可作为全国计算机等级考试（一级）、办公自动化人员及计算机应用职业资格培训的辅导用书。

图书在版编目（CIP）数据

计算机应用基础项目化教程：Windows 7+Office 2010 / 曾海文，苏艳主编. —北京：电子工业出版社，2019.8

ISBN 978-7-121-34380-3

Ⅰ. ①计… Ⅱ. ①曾… ②苏… Ⅲ. ①Windows 操作系统—高等职业教育—教材②办公自动化—应用软件—高等职业教育—教材 Ⅳ. ①TP316.7②TP317.1

中国版本图书馆 CIP 数据核字（2018）第 122918 号

责任编辑：裴　杰
印　　刷：三河市鑫金马印装有限公司
装　　订：三河市鑫金马印装有限公司
出版发行：电子工业出版社
　　　　　北京市海淀区万寿路 173 信箱　邮编　100036
开　　本：787×1092　1/16　印张：12.5　字数：320 千字
版　　次：2019 年 8 月第 1 版
印　　次：2020 年 8 月第 3 次印刷
定　　价：39.00 元

凡所购买电子工业出版社图书有缺损问题，请向购买书店调换。若书店售缺，请与本社发行部联系，联系及邮购电话：（010）88254888，88258888。

质量投诉请发邮件至 zlts@phei.com.cn，盗版侵权举报请发邮件至 dbqq@phei.com.cn。

本书咨询联系方式：（010）88254598，syx@phei.com.cn。

前　言

随着计算机技术的飞速发展及信息技术革命的到来，计算机应用已渗透到人类社会的各个领域，因此，掌握以计算机为核心的信息技术的一般应用，已成为每位大学生必备的基本能力。

计算机应用基础作为高职高专学生的公共基础必修课程，是培养学生应用计算机的基本能力和互联网思维方法，从而具有应用计算机获取和处理一般信息能力的一门课程。本书针对高职高专教育的特点编排和组织内容，采用项目任务式讲解方式，以任务形式来带动知识点的学习，以激发学生的学习兴趣，并使学生适应计算机等级考试一级 Microsoft Office 的操作要求。

本书主要设计了 6 个项目，包括计算机基础知识、计算机操作基础、计算机网络基础与应用、Word 2010 文字处理应用、Excel 2010 电子表格应用、PowerPoint 2010 演示文稿应用。为方便教学，本书提供了 PPT 课件、素材和效果文件等教学资源，以及相应的操作视频，读者只需扫描书后提供的二维码，便可获取相关信息，轻松掌握相关知识。

本书作为教材使用时，课堂教学建议安排 48 学时，网络教学平台在线学习建议 24 学时。主要内容和学时安排如下表所示，教师可根据实际情况进行调整。

章　节	主 要 内 容	在线学时	课堂学时
项目一	介绍计算机的发展、计算机系统的组成、计算机中的数制与编码、计算机组装及计算机的应用领域等，为学生了解计算机的历史与基本原理打下良好的基础	4	4
项目二	介绍操作系统 Windows 7 的相关知识与基本操作	4	4
项目三	介绍计算机网络的基础知识，互联网的概念、原理，以及常见互联网上的服务，以互联网+为大背景，引入互联网思维，培养学生的互联网信息素养和信息安全意识	6	4
项目四	介绍 Word 文档编辑、文档排版、文档美化等，为学生提供丰富的文字处理技术	4	14
项目五	介绍数据输入、单元格设置、函数计算、数据分析和图表的绘制等，为学生提供丰富的数据处理和分析技术	4	12
项目六	介绍幻灯片的基本制作、美化和放映等，为学生设计制作出高质量的毕业设计答辩、职业生涯规划、班级宣传、活动汇报、竞聘演讲等演示文稿提供帮助	2	10

本书由曾海文、苏艳担任主编，陈丽芳、廖源、韦修喜担任副主编，参加本书编写工作的还有郑蕾、袁慧颖、王文莉、韦珏、阮海、吴涛。本书由李新承、刘伟杰审稿。由于编者水平有限，本书难免会存在疏漏之处，欢迎广大读者批评指正。

编　者

目　录

项目一　计算机基础知识 1

任务一　计算机的发展、分类及应用 1

活动一　计算机的发展历程与发展趋势 1

活动二　计算机的分类 2

活动三　计算机的应用 3

任务二　计算机系统的组成及主要技术指标 3

活动一　计算机的工作原理 3

活动二　计算机系统的组成 4

活动三　微型计算机的硬件组成 5

活动四　计算机的主要技术指标 8

活动五　计算机软件系统 9

任务三　计算机的数制与信息表示 9

活动一　计算机中的数制 9

活动二　计算机中常用数制间的转换 10

活动三　计算机数据存储的单位 12

活动四　字符和汉字的编码 12

项目训练 13

项目二　计算机操作基础 15

任务一　使用鼠标与键盘 15

活动一　鼠标的基本操作 15

活动二　键盘的操作 17

活动三　利用教学软件提高打字速度 20

活动四　练习打字的方法 22

活动五　输入法的管理 23

活动六　拼音打字 24

任务二　Windows 7 操作系统 27

活动一　Windows 7 的桌面组成 27

活动二　控制面板的使用 34

活动三　Windows 7 自带程序和工具的使用 36

任务三　管理计算机中的资源 38

活动一 了解“计算机”窗口 …… 38
活动二 创建新文件夹 …… 41
活动三 选定文件夹或文件 …… 42
活动四 复制与移动文件夹或文件 …… 42
活动五 删除文件夹或文件 …… 43
活动六 重命名文件夹或文件 …… 44
相关知识 …… 44
项目训练 …… 46

项目三 计算机网络基础与应用 …… 48

任务一 计算机网络基础知识 …… 48
活动一 计算机网络的类别 …… 48
活动二 常见的传输介质和网络设备 …… 48
活动三 认识 Internet …… 50
任务二 连接 Internet …… 53
活动一 接入 Internet …… 53
活动二 设置 Wi-Fi …… 57
任务三 信息浏览与搜索 …… 60
活动一 IE 浏览器 …… 60
活动二 信息搜索 …… 63
活动三 下载工具 …… 65
任务四 常用软件介绍 …… 67
活动一 收发 E-mail …… 67
活动二 网上聊天 …… 68
活动三 压缩软件 …… 68
活动四 杀毒软件 …… 69
活动五 视频播放器 …… 70
活动六 ACDSee 图像浏览软件 …… 70
活动七 PDF 工具 …… 70
任务五 计算机与网络信息安全 …… 71
活动一 产生计算机与网络安全威胁的原因 …… 71
活动二 计算机病毒及防治方法 …… 72
任务六 新一代信息技术 …… 73
项目训练 …… 76

项目四 Word 2010 文字处理应用 …… 77

任务一 制作工作室招新海报 …… 77
操作一 新建文档 …… 78
操作二 设置字符和段落的格式 …… 79
操作三 设置背景 …… 81
操作四 预览与打印 …… 82

相关知识 …… 82
任务二 制作个人简历 …… 90
操作一 设置封面 …… 90
操作二 创建表格 …… 94
操作三 设置表格的属性 …… 96
操作四 制作简历的正文 …… 97
相关知识 …… 99
任务三 设计与制作电子简报 …… 103
操作一 设置版面 …… 104
操作二 设计版面 …… 105
操作三 设计艺术效果 …… 106
操作四 排版内容 …… 109
相关知识 …… 112
任务四 设计与制作毕业论文 …… 115
操作一 了解毕业论文的格式编辑规范要求 …… 115
操作二 设置毕业论文的页面 …… 117
操作三 设置大纲级别 …… 118
操作四 为毕业论文分节 …… 119
操作五 修改及应用样式 …… 120
操作六 插入题注 …… 122
操作七 设置毕业论文的封面和摘要 …… 123
操作八 设置页眉和页脚 …… 123
操作九 添加目录 …… 125
相关知识 …… 126
项目训练 …… 128

项目五 Excel 2010 电子表格应用 …… 131

任务一 制作学生基本信息表 …… 131
操作一 建立工作簿 …… 131
操作二 在工作表中输入数据 …… 132
操作三 设置工作表的格式 …… 135
操作四 编辑工作表 …… 140
操作五 设置页面 …… 141
操作六 预览与打印 …… 143
相关知识 …… 144
任务二 制作考试成绩表 …… 146
操作一 为“成绩表”工作表添加信息 …… 147
操作二 应用公式和函数 …… 148
操作三 插入图表 …… 156
相关知识 …… 159
任务三 制作学生成绩分析表 …… 160

操作一　数据排序 …… 161
操作二　数据筛选 …… 163
操作三　分类汇总 …… 165
操作四　创建数据透视表与数据透视图 …… 167
相关知识 …… 170
项目训练 …… 172

项目六　PowerPoint 2010 演示文稿应用 …… 175

任务一　设计与制作竞聘演讲稿 …… 175
操作一　创建、打开和保存演示文稿 …… 175
操作二　编辑幻灯片 …… 178
操作三　放映幻灯片 …… 179
相关知识 …… 180
任务二　制作学校宣传片 …… 184
操作一　为演示文稿应用幻灯片版式 …… 184
操作二　为演示文稿应用内置主题 …… 184
操作三　设置动画效果 …… 185
操作四　设计幻灯片切换的效果 …… 186
相关知识 …… 187
项目训练 …… 192

项目一　计算机基础知识

电子计算机简称计算机（Computer），俗称电脑，是一种能够按照程序运行，自动、高速处理海量数据的现代化智能电子设备。从世界上第一台计算机诞生至今，人与计算机的联系越来越密切，特别是进入 21 世纪以后，计算机工业的发展更是日新月异。随着互联网的普及和网络技术的不断发展，计算机作为不可或缺的工具，在人们的生产、生活中发挥着越来越重要的作用，改变着人们的工作方式、生活方式、学习方式和思维方式，也改变着人们的观念。因此，学习使用计算机早已成为现代社会对每一个人的基本要求。

任务一　计算机的发展、分类及应用

计算机科学技术飞速发展，应用领域也在不断拓展，计算机已经成为人类不可或缺的重要工具。本任务通过学习计算机的发展、分类及应用，帮助学习者更好地理解对人类发展起着重要作用的计算机。

活动一　计算机的发展历程与发展趋势

1．计算机的发展历程

人类在数千年前就希望使用工具进行计数和计算，古代中国人发明的算筹是世界上最早的计算工具，在唐代中国人最先发明了更为方便的计算工具—算盘，美国人在 16 世纪发明了棋盘计算器，英国数学家巴贝奇在 19 世纪中期提出了通用数字计算机的基本设计思想，阿兰·图灵在 1936 年提出了一种抽象的计算模型—图灵机，由此可以看出，现代计算机是从古老的计算机工具逐步发展而来的。通常认为，人类历史上真正意义上的第一台电子计算机是 ENIAC。

1946 年 2 月，世界上第一台电子数字计算机 ENIAC（埃尼阿克）在美国宾夕法尼亚大学宣告研制成功，主要电子元器件是电子管，它一共使用了 18 000 多个电子管，占地约 $170m^2$，重达 30t，耗电 150kW，造价为 48 万美元，每秒可进行约 5 000 次运算，虽然其速度远不及现在最普通的微型计算机，但它的问世具有划时代的意义，标志着计算机时代的到来，如图 1-1-1 所示。

图 1-1-1　第一台电子计算机 ENIAC

从ENIAC诞生至今，计算机技术的发展速度相当迅猛。以计算机所采用的电子元器件为划分标志，可以将计算机的发展历程分为4个阶段，如表1-1-1所示。

表1-1-1 计算机发展的4个阶段

时　间	基本元件	处理速度	软　件	主要硬件
第1代（1946—1957年）	电子管	几千次/秒	汇编语言、服务性程序	磁盘、磁带机、穿孔卡片机等
第2代（1958—1964年）	晶体管	几十万次/秒	有编译程序的高级语言、批处理监控程序	键盘、打印机、CRT显示器等
第3代（1965—1970年）	中小规模集成电路	数百万次/秒	多道程序设计和分时操作系统	高密度的磁盘
第4代（1971年至今）	大规模、超大规模集成电路	数亿至千万亿次/秒	并行多处理操作系统、专用语言和编译器、软件智能化、网络化、个性化	高密度的硬盘等

2. 计算机的发展趋势

计算机技术是发展最快的科学技术之一，为了适应社会对计算机应用的基本需求，未来计算机将向着以下几个方面发展。

（1）巨型化。社会高度信息化导致数据量剧增，必然要求有与之相适应的高速度、高精度和大存储量的超级计算机。巨型计算机是国家实力的象征，也是军事、航天等尖端科技领域开展研究的重要基础。

（2）微型化。计算机只有向着体积更小、功能更强、价格更低的方向发展，才能适应更多的应用环境，满足更多领域对计算机的应用需求。

（3）网络化。计算机网络化是信息社会的基本特征，也是实现资源共享的基础，计算机的网络化功能会随着时间的推移越来越强。

（4）智能化。人们正在深入探索各种人工智能技术，期望计算机在不久的将来具有更多为人类服务的智能化本领。

活动二　计算机的分类

按照计算机的运行速度、存储容量、软硬件配置和价格等综合衡量，可以将计算机分为巨型机、大型机、小型机、工作站和微型机。

（1）巨型机。巨型又称超级计算机。其特点是高速度和大容量，具有很强的计算和处理数据的能力。主要用于大范围天气预报、整理卫星照片、探索原子核物理、研究洲际导弹、宇宙飞船等方面。

（2）大型机。大型机在结构上较巨型机简单，在价格上较巨型机便宜，在使用范围上较巨型机普遍，广泛应用于事务处理、商业处理、信息管理、大型数据库和数据通信等领域。

（3）小型机。小型机的功能略逊于大型机，其结构比较简单，成本较低，维护方便，适用于中小企事业用户，也可作为巨型机或大型机的辅助机。

（4）工作站。工作站是一种性能介于微型机和小型机之间的高档微型计算机，通常配有高分辨率的大屏幕显示器和大容量的存储器，具有较强的数据运算与图形、图像处理能力，主要面向专业应用领域。

（5）微型机。微型机简称微机，又称个人计算机，其特点是性价比高、轻便小巧，主要面向个人用户，是目前最普及的机型。其中个人计算机又可分为台式计算机和便携式计算机（如笔记本计算机）两类，分别如图1-1-2和图1-1-3所示。

图 1-1-2　台式计算机

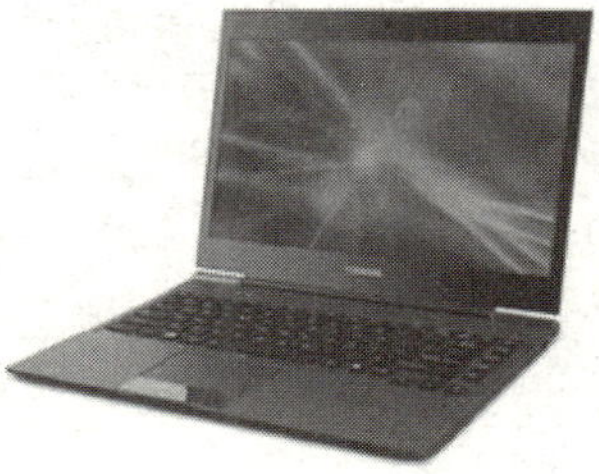

图 1-1-3　笔记本计算机

活动三　计算机的应用

随着计算机技术的飞速发展，计算机的应用范围也越来越广泛，已经渗透到国民经济的各个部门及社会生活的各个角落，具体应用大致可以归纳为以下几个方面。

（1）科学计算。科学计算是计算机最早的应用领域。在科学研究和工程设计过程中，常常会碰到大量高精度和高复杂度的运算，只有高速计算机才能帮助人们完成这些运算工作。军事、航天、气象、物理和医学等领域中的现代科学计算都离不开计算机。

（2）数据处理。数据处理又称信息处理，常指运用计算机强大的数据存储能力和运算能力对大量数据进行分类、排序、合并、统计等处理，如办公自动化、会计电算化、人口普查资料处理、企业经营、图书资料检索等。

（3）实时控制（或过程控制）。实时控制（或过程控制）是指利用计算机实时采集数据、分析数据，按最优值迅速对控制对象进行自动调节或自动控制。实时控制（或过程控制）不仅可以大大提高控制的自动化水平，而且可以提高控制的时效性和准确性，从而改善劳动条件、提高产量及合格率。因此，计算机实时控制（或过程控制）已在机械、冶金、石油、化工、电力、工业生产、航空航天等部门得到广泛的应用。

（4）辅助功能。辅助功能包括：计算机辅助设计（Computer Aided Design，CAD），是指利用计算机系统辅助设计人员进行工程或产品设计，以实现最佳设计效果的一种技术；计算机辅助制造（Computer Aided Manufacturing，CAM），是指利用计算机系统进行产品的加工控制过程；计算机辅助教学（Computer Aided Instruction，CAI），是指利用计算机系统进行课堂教学。

（5）网络通信。网络通信是计算机技术和通信技术相结合的产物，是指利用计算机网络实现信息的传递、交换和传播。

（6）人工智能。人工智能（Artificial Intelligence，AI）是指利用计算机来模拟人类的某些智能行为。机器人是人工智能应用的重要方面，它能模仿人们的动作，具有感知、推理、学习、理解、联想、探索和模式识别等功能。

任务二　计算机系统的组成及主要技术指标

计算机的应用领域不同，配置也各不相同，但其基本组成和工作原理都一样。了解计算机系统的组成和功能，弄清主要的技术指标是全面理解计算机的基础。

活动一　计算机的工作原理

计算机的工作原理可以概括为存储程序，逐条执行。这个设计思想是于 1946 年由美籍匈牙利数学家冯・诺依曼明确提出并付诸实现的。冯・诺依曼提出将数据和程序用二进制形式的 0、1

代码串表示，并把它们存放到计算机中一个称为存储器的装置中，需要时可以把它们读出来，由程序控制计算机的操作。计算机按一定的顺序逐条执行程序的指令，其间不必人工干预，因而可以实现自动高速运算。此外，只要输入不同的程序和数据，就可以让计算机做不同的工作，即可以通过改变程序来改变计算机的行为。这就是所谓的“程序控制工作方式”，也是计算机与其他信息处理机（如计算器、电报机、电话机、电视机等）的根本区别。

按照冯·诺依曼的设计思想，计算机硬件系统由运算器、存储器、控制器、输入设备和输出设备组成，如图 1-2-1 所示。各部件在控制器的控制下协调一致地工作，工作过程为：原始数据和程序在控制器的指挥下，由输入设备送入存储器；运算器运算时，从存储器中取出数据，运算完毕再将结果存入存储器或者传送到输出设备输出；从存储器中取出的指令由控制器根据指令的要求发出控制信号控制其他部件协调工作。

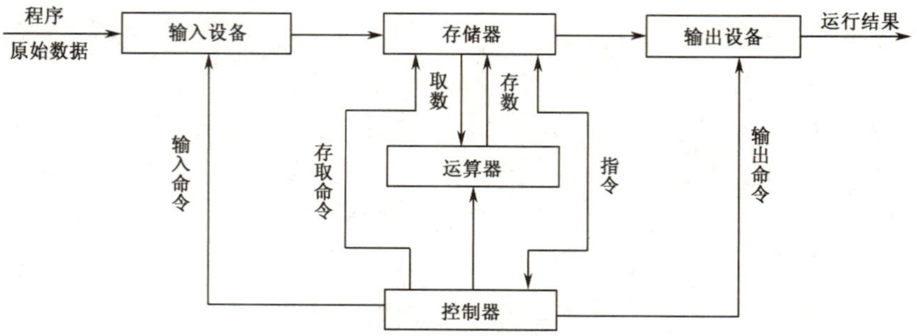

图 1-2-1　计算机的工作原理

活动二　计算机系统的组成

按照冯·诺依曼的计算机设计原理，一个完整的计算机系统包括硬件系统及软件系统两部分，简称为硬件和软件。硬件是组成计算机各种部件和设备的总称，硬件是计算机系统的基础和核心。软件是在计算机硬件设备上运行的各种程序及其相关数据的总称，软件是计算机系统的灵魂，一台计算机光有硬件而没有软件就像一堆废铁没有用。计算机系统的组成结构如图 1-2-2 所示。

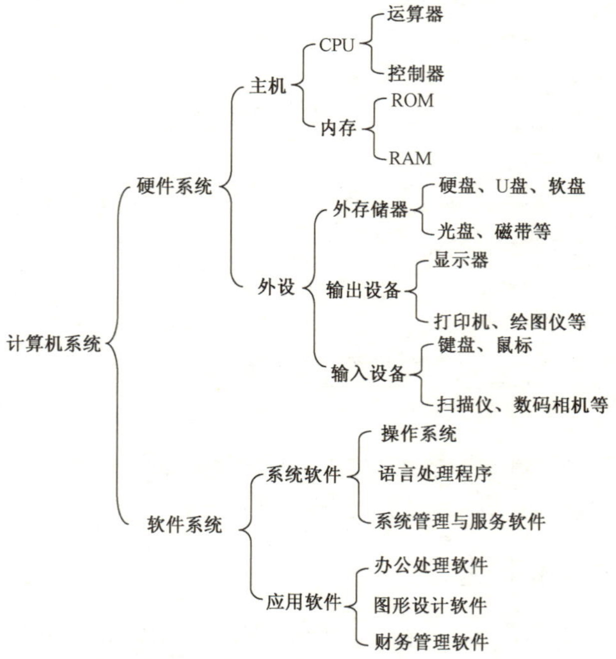

图 1-2-2　计算机系统的组成

活动三 微型计算机的硬件组成

通常情况下，一台微型计算机是由CPU、主板、内存、显卡、网卡、声卡、硬盘、光驱、显示器、键盘、鼠标、机箱和电源等基本部件组成的。用户可根据需要配置音箱、话筒、摄像头、打印机、扫描仪及调制解调器等部件。

1. CPU

CPU是中央处理单元（Central Processing Unit）的缩写，它可以被简称为微处理器（Microprocessor），也可以直接被称为处理器（Processor）。CPU是计算机的核心，其重要性好比大脑之于人，因为它负责处理、运算计算机内部的所有数据。CPU主要由运算器和控制器组成。CPU的外观如图1-2-3所示。

图1-2-3 CPU的外观

2. 主板

主板又叫主机板或系统板，是一切部件的基础，上面安装了构成计算机的主要电路系统，它将CPU、内存及外部设备连成一体，主板上集成了BIOS芯片、I/O控制芯片、键盘和面板控制开关接口、指示灯插接件、扩充插槽、主板及插卡的直流电源供电接插件等元件。

主板上提供了各种设备的接口或插槽，主要包括CPU插槽、PCI插槽、AGP插槽、PCI-E插槽、内存插槽、电源接口、IDE接口、键盘/鼠标接口、串行通信接口、VGA接口、USB接口、网络接口、音/视频接口，另外还包括南桥芯片、北桥芯片、BIOS芯片和CMOS电池等。主板的外观如图1-2-4所示。

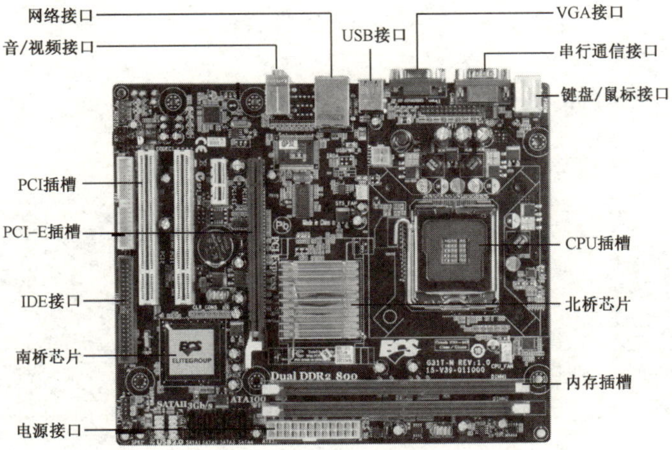

图1-2-4 主板的外观

3. 内存储器

内存又称内存储器，用于暂时存储正在运行的程序和数据。内存是计算机与CPU进行沟通的桥梁。计算机中所有程序的运行都是在内存中进行的，因此内存的性能对计算机的影响非常大。内存属于易失性存储器，计算机意外断电后，其存储的信息就会丢失。内存一般采用半导体存储单元，包括随机存储器（Random Access Memory，RAM）、只读存储器（Read Only Memory，ROM）及高速缓存（Cache）。内存的外观如图 1-2-5 所示。

图 1-2-5　内存的外观

4. 外存储器

外存储器主要有硬盘、可移动硬盘、软盘、光盘、磁带等。硬盘是计算机重要的外部存储设备，由一个或者多个铝制或玻璃制的碟片组成。如果说内存是存储数据的中转站，那么硬盘就是存放数据的仓库。绝大多数硬盘都是固定硬盘，被永久性地密封固定在硬盘驱动器中。不过，现在可移动硬盘越来越普及，种类也越来越多。硬盘最重要的指标是硬盘容量，其容量大小决定了可存储信息的多少。固定硬盘与可移动硬盘的外观如图 1-2-6 所示。

图 1-2-6　固定硬盘与可移动硬盘的外观

5. 显示器

显示器也称监视器，是计算机主要的输出设备，显示器按其工作原理可分为许多类型，较常见的有 CRT（阴极射线）和 LCD（液晶）。影响显示器性能的参数主要有分辨率、带宽、刷新频率、扫描方式、点距、辐射，等等。带宽是指显示器特定电子装置能处理的频率范围，频率越高，图像越清晰；刷新频率是指显示器对整个画面重复的次数，刷新频率越高，闪烁就越小阴极射线管显示器如图 1-2-7 所示，液晶显示器如图 1-2-8 所示。

图 1-2-7　CRT 显示器

图 1-2-8　LCD 显示器

6. 键盘和鼠标

利用键盘我们可以向计算机输入数据、程序、命令等。目前大多数计算机配备 101 键标准键盘。键盘的外观如图 1-2-9 所示。

鼠标是用来进行光标定位以完成某种特定的输入。鼠标有机械式、光电式（图 1-2-10）和无线式（蓝牙）3 种结构。

图 1-2-9　键盘的外观

图 1-2-10　光电式鼠标

7. 光驱

光驱是计算机中用来读写光碟内容的配件，是台式计算机中比较常见的一个配件。光驱可分为 CD-ROM 和、DVD。

刻录机是一种可以将数据刻在光盘上的光驱，可以刻录 CD-R、CD-RW、DVD-RW 等各种规格的光盘。光驱与刻录机的外观如图 1-2-11 所示。

图 1-2-11　光驱与刻录机的外观

8 机箱和电源

计算机机箱虽然不能直接影响计算机的性能，但对于计算机的外观及工作的稳定性具有比较重要的意义，机箱的选购一般从外表美观大方、按钮设置合理、散热情况良好、各项功能齐全等几个方面来选择。计算机机箱如图 1-2-12 所示。

一台计算机除了部分显示器可以直接由外来电源供电外，其余所有部件均靠机箱内部的电源供电，电源输出直流电性能的好坏，直接影响部件的质量、寿命及性能。因此，选购电源一般以品牌大、质量重、认证齐全、风扇运转良好、电源接口丰富为佳。电源如图 1-2-13 所示。

图 1-2-12　计算机机箱

图 1-2-13　电源

9. 各种板卡与其他外部设备

计算机常见的板卡包括显卡、声卡、网卡。显卡与声卡的外观如图 1-2-14 所示。各种外部设备包括打印机、音箱、扫描仪、摄像头、数码相机等，打印机与音箱的外观如图 1-2-15 所示。这些设备的出现大大方便了用户的工作和生活，使得计算机的使用价值越来越大。

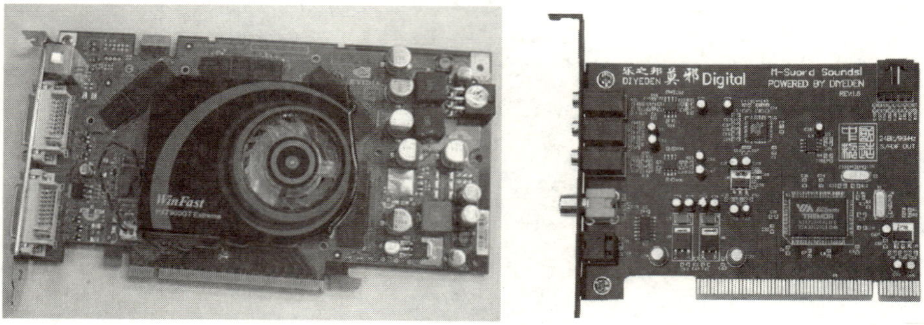

图 1-2-14　显卡与声卡的外观

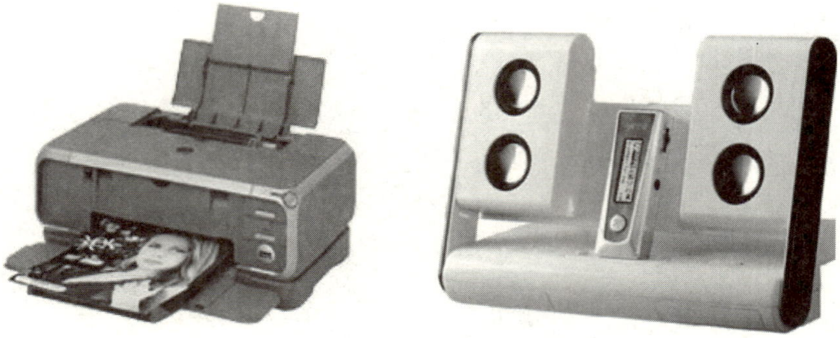

图 1-2-15　打印机与音箱的外观

活动四　计算机的主要技术指标

不同用途的计算机有不同的衡量指标，通常衡量计算机性能的好坏主要使用以下几项技术指标。

（1）位数。计算机的位数也叫字长，是指处理器一次运算所能处理的二进制数的位数。计算机有 8 位、16 位、32 位、64 位之分，位数越高，处理器一次能处理的信息就越多。

（2）运算速度。运算速度是衡量 CPU 工作快慢的指标，一般以每秒处理多少条指令来度量。其单位是 MIPS（百万条指令每秒）和 BIPS（十亿条指令每秒），当今计算机的运算速度可达每秒万亿次以上。

（3）主频。主频指计算机 CPU 的时钟频率，单位是 MHz（兆赫兹）。主频越高，计算机的运算能力就越高。

（4）字长。字长指计算机一次能并行处理的二进制位数，字长总是 8 的整数倍，通常微型计算机的字长为 16 位（早期）、32 位、64 位。一般来说，字长越长，运算精度就越高。

（5）内存容量。内存容量指计算机的内存所能容纳信息的字节数。内存越大，它所能存储的数据和运行的程序就越多，程序运行的速度就越快。

（6）存取周期。存取周期指存储器进行一次完整读写操作所需要的时间，也就是存储器进行连续读写操作所允许的最短时间间隔。存取周期越短，意味着读写的速度越快。

活动五　计算机软件系统

软件是计算机的灵魂。没有安装软件的计算机称为“裸机”，无法完成任何工作。硬件为软件提供运行平台。软件和硬件相互关联，两者之间可以相互转化，互为补充。计算机的软件系统分系统软件和应用软件两大类。

1. 系统软件

系统软件是向用户提供的一系列程序和文档资料的统称。它面向计算机的硬件，与计算机的硬件结构、逻辑功能有密切关系。它的主要功能是对整个计算机系统进行调度、管理、监视及服务等。系统软件分为操作系统、语言处理程序、系统管理与服务软件。

（1）操作系统。操作系统是控制和管理计算机软/硬件资源，用尽量合理有效的方法组织多个用户共享多种资源的程序集合。它是计算机系统中最基本的系统软件，是用户和计算机硬件之间的接口。操作系统的主要功能有：处理机管理、存储器管理、设备管理、文件管理和用户接口管理。操作系统的主要特征为并发性、共享性、不确定性、虚拟性。常用的操作系统有：MS-DOS、Windows 7、Windows 8、Windows 10、UNIX、Linux 等。

（2）语言处理程序。语言处理程序一般是由汇编程序、编译程序、解释程序和相应的操作程序等组成的。它是为用户设计的编程服务软件，其作用是将高级语言源程序翻译成计算机能识别的目标程序。

（3）系统管理与服务软件。系统管理与服务软件包括数据库管理系统、实用工具服务软件等。数据库和数据管理软件一起组成数据库管理系统。实用工具服务软件是由诊断软件、调试开发工具、文件管理专用工具、网络服务程序等组成的。

2. 应用软件

应用软件是用户为解决各种实际问题而编写的计算机应用程序及其有关资料。它又可分为应用用户程序与应用软件包。

（1）用户程序。用户程序是用户为了解决特定的具体问题而开发的软件，如火车站或汽车站的票务管理系统、各类酒店中应用的酒店管理系统和财务部门的财务管理系统等。

（2）应用软件包。应用软件包是为实现某种特殊功能而精心设计的、结构严密的独立系统，是一套满足同类应用的许多用户所需要的软件，如办公应用软件 Microsoft Office、WPS；平面设计软件 Photoshop、CorelDraw；网站开发软件 Dreamweaver 等。

任务三　计算机的数制与信息表示

在计算机内部，一切信息包括数值、字符、指令等的存放、处理的传输均采用二进制编码的形式表示。二进制电路简单，只有 0 和 1 两种状态。0 表示低电平，1 表示高电平，二进制的运算规则简单。采用二进制表示信息，物理器件更容易实现、成本低、可靠性高和通用性强。

活动一　计算机中的数制

1. 十进制

日常生活中最常见的是十进制数。十进制计数的特点是“逢十进一”（“借一当十”），用十个不同的符号来表示：0、1、2、3、4、5、6、7、8、9。

2. 八进制

八进制计数的特点是“逢八进一”（“借一当八”），八进制数采用八个不同的符号表示：0、1、2、3、4、5、6、7。

3. 十六进制

十六进制的特点是“逢十六进一”，十六进制数采用 0～15，共 16 个符号来表示。为方便起见，十六进制数 10、11、12、13、14、15 分别可用 A、B、C、D、E、F，6 个英文字母（也可以用小写的 a、b、c、d、e、f 这 6 个英文字母）来表示。

4. 二进制

二进制的特点是“逢二进一”（“借一当二”），二进制数只可用两个数字“0”和“1”计数。也就说，二进制中所有的数据都只能由“0”“1”的组合来实现。

“基数”和“位权”是进位计数制的两个要素。

所谓基数，就是进位计数制的每位数上可能有的数码的个数。例如，十进制数每位上的数码有 0～9 十个数码，所以基数为 10。

所谓位权，是指一个数值的每一位上的数字的权值大小。例如，十进制数 1234 从低位到高位的位权分别为 10^0、10^1、10^2、10^3。因为 $1234=1\times10^3+2\times10^2+3\times10^1+4\times10^0$。

二进制的基数为 2，使用两个数码（0、1）表示数。低位向高位进位的规则是“逢二进一”。写成通式，一个二进制整数表示的数值为

$$N_2=a_n\times2^n+a_{n-1}\times2^{n-1}+\cdots+a_1\times2^1+a_0\times2^0=\sum_{i=0}^{n}a_i\times2^i$$

其中 2^i 为第 i 项的权值，a_i 为数码 0～1 中的一个。

八进制的基数为 8，使用 8 个数码（0～7）表示数。低位向高位进位的规则是“逢八进一”。写成通式，一个八进制整数表示的数值为

$$N_8=a_n\times8^n+a_{n-1}\times8^{n-1}+\cdots+a_1\times8^1+a_0\times8^0=\sum_{i=0}^{n}a_i\times8^i$$

其中 8^i 为第 i 项的权值，a_i 为数码 0～7 中的一个。

十六进制的基数为 16，使用 16 个数码（0～9、A～F）表示数。这里借用 A、B、C、D、E、F 分别代表十进制中的 10、11、12、13、14、15。低位向高位进位的规则是“逢十六进一”。写成通式，一个十六进制整数表示的数值为

$$N_{16}=a_n\times16^n+a_{n-1}\times16^{n-1}+\cdots+a_1\times16^1+a_0\times16^0=\sum_{i=0}^{n}a_i\times16^i$$

其中 16^i 为第 i 项的权值，a_i 为数码 0～9 和 A～F 中的一个。

活动二　计算机中常用数制间的转换

1. 二进制、八进制和十六进制数转换为十进制数

转换方法：按权展开求和。

例如：$(1101)_2=1\times2^3+1\times2^2+0\times2^1+1\times2^0=(13)_{10}$

2. 十进制数转换为二进制、八进制和十六进制数

转换方法：十进制数转换成 R 进制数采用除 R 取余法。

例如：$(125)_{10}=(175)_8$

8 | 125

8 | 15 ……………………余5（低位）

8 | 1 ……………………余7

0 ……………………余1（高位）

3. 二进制数和八进制数的相互转换

由于 2 和 8 的关系为 $2^3=8$，因此 1 位八进制数相当于 3 位二进制数，因此转换起来比较容易。具体的转换方法是从小数点开始，分别向左、右两边每 3 位一组，每组用对应的 1 位八进制数表示即可。其中小数点左边不足 3 位的在其左边加 0 补齐，小数点右边不足 3 位的在其右边加 0 补齐，这种方法叫“三位一并法”。

例如：$(1001011110.11)_2=(1136.6)_8$

001　001　011　110 . 110　（高、低位各补1个0）

↓　↓　↓　↓　↓

1　1　3　6 . 6

4. 二进制数和十六进制数的相互转换

由于 2 和 16 的关系为 $2^4=16$，1 位十六进制数相当于 4 位二进制数，因此二进制数转换成十六进制数的转换方法是从小数点开始，分别向左、右两边每 4 位一组，每组用对应的 1 位十六进制数表示即可。其中小数点左边不足 4 位的在其左边加 0 补齐，小数点右边不足 4 位的在其右边加 0 补齐，这种方法叫“四位一并法”。

例如：$(0111100110111110.111)_2=(79BE.E)_{16}$

0111　1001　1011　1110 . 1110　（高、低位各补1个0）

↓　↓　↓　↓　↓

7　9　B　E.　E

计算机中各进制数之间的转换关系如表 1-3-1 所示。

表 1-3-1　各进制数之间的转换关系

十 进 制	二 进 制	八 进 制	十 六 进 制
0	0000	0	0
1	0001	1	1
2	0010	2	2
3	0011	3	3
4	0100	4	4
5	0101	5	5
6	0110	6	6
7	0111	7	7
8	1000	10	8
9	1001	11	9
10	1010	12	A

续表

十 进 制	二 进 制	八 进 制	十 六 进 制
11	1011	13	B
12	1100	14	C
13	1101	15	D
14	1110	16	E
15	1111	17	F

活动三　计算机数据存储的单位

一般来说，计算机常用的数据存储单位有以下几种。

（1）位（bit）。位是计算机表示数据信息的最小单位，它表示一个二进制的数位，每个0或1就是一个位。

（2）字节（Byte）。字节是表示信息存储容量最基本的单位，一个字节由8位二进制组成，简记为B，1Byte=8bit。

除了位和字节，常用的存储单位还有千字节（KB）、兆字节（MB）、千兆字节（GB）和千千兆字节（TB）等，它们之间的换算关系如下：

$1KB=2^{10}B=1024B$

$1MB=2^{10}KB=1024KB$

$1GB=2^{10}MB=1024MB$

$1TB=2^{10}GB=1024GB$

（3）字（Word）。字即字长，在计算机中作为一个独立的信息单位处理。不同的机器类型，字长不同，常用的字长有8位、16位、32位和64位等。

活动四　字符和汉字的编码

计算机使用的字符包括英文字母、标点符号、特殊符号和数字。计算机并不认识所使用的字符，必须将它们用0、1数码串表示才能被计算机接收及处理，这一过程称为编码。

目前国际上采用美国标准信息交换代码表示英文字母、标点符号和阿拉伯数字等，全称为American Standard Code of Information Interchange，简称ASCII码。ASCII码用7位二进制代码表示一个字符。实际使用时每个符号占1字节的存储空间，字节最高（左）位为0。

计算机对非数值数据进行排序时，是根据符号的ASCII码值比较大小的。因此，需要了解ASCII码的基本编码规律。例如，数字的ASCII码值小于大写英文字母的ASCII码值，大写英文字母的ASCII码值小于小写英文字母的ASCII码值，英文字母的ASCII码则按照字母顺序从小到大编排等。要注意，数码的ASCII码值并没有数值的意义，而是将数码作为符号来处理，因此，其编码与数码的二进制数据是不同的。ASCII编码如表1-3-2所示。

表 1-3-2　ASCII 编码

L \ H	0000	0001	0010	0011	0100	0101	0110	0111
0000	NUL	DLE	SP	0	@	P	‘	p
0001	SOH	DC1	!	1	A	Q	a	q
0010	STX	DC2	“	2	B	R	b	r

续表

H / L	0000	0001	0010	0011	0100	0101	0110	0111
0011	ETX	DC3	#	3	C	S	c	s
0100	EOT	DC4	$	4	D	T	d	t
0101	ENQ	NAK	%	5	E	U	e	u
0110	ACK	SYN	&	6	F	V	f	v
0111	BEL	ETB	,	7	G	W	g	w
1000	BS	CAN	)	8	H	X	h	x
1001	HT	EM	(	9	I	Y	i	y
1010	LF	SUB	*	:	J	Z	j	z
1011	VT	ESC	+	;	K	[	k	{
1100	FF	FS	’	<	L	\	l	|
1101	CR	GS		=	M	]	m	}
1110	SO	RS	.	>	N	^	n	～
1111	SI	US	/	?	O	_	o	DEL

ASCII 码只对英文字母、数字和标点符号做了编码。为了用计算机处理汉字，同样也需要对汉字进行编码。从汉字编码的角度看，计算机对汉字信息的处理过程实际上是各种汉字编码间的转换过程。这些编码主要包括汉字输入码、汉字内码、汉字字模码、汉字地址码及汉字信息交换码等。

（1）汉字信息交换码（国标码）。汉字信息交换码（国标码）是用于汉字信息处理系统之间或者与通信系统之间进行信息交换的汉字代码，简称交换码，也叫国标码。它是为使系统、设备之间信息交换时采用统一的形式而制定的。1981 年我国颁布了国家标准 GB2312—1980《信息交换和汉字编码字符集》，给出了汉字编码的国家标准。

（2）汉字输入码。为了能直接使用英文标准键盘把汉字输入到计算机中，必须为汉字设计相应的输入编码方法，称为汉字输入码。

（3）汉字内码。汉字的内码是供计算机系统内部处理、存储和传输时使用的信息代码。目前使用最广泛的汉字内码是国标码。

（4）汉字字模码。字模码是用点阵表示的汉字字型代码，它是汉字的输出形式。为了将汉字的字型显示输出，汉字信息处理系统还需要配有汉字字模库，也称字型库。

项目训练

1．1946 年诞生的世界上第一台电子计算机是（　　）。

A．ENIAC　　B．APPLE　　C．UNIVAC-I　　D．IBM-7000

2．第 4 代电子计算机使用的电子元件是（　　）。

A．晶体管　　B．电子管

C．中、小规模集成电路　　D．大规模和超大规模集成电路

3．二进制数 1010.101 对应的十进制数是（　　）。

A．11.33　　B．10.625　　C．12.755　　D．16.75

4．十进制整数 100 转换为二进制数是（　　）。

A．1100100　　B．1101000　　C．1100010　　D．1110100

5．二进制数 110000 转换成十六进制数是（　　）。

A．77　　B．D7　　C．7　　D．30

6．与十六进制数 26CE 等值的二进制数是（　　）。

A．011100110110010　　B．0010011011011110

C．10011011001110　　D．1100111000100110

7．两个软件都属于系统软件的是（　　）。

A．DOS 和 Excel　　B．DOS 和 UNIX

C．UNIX 和 WPS　　D．Word 和 Linux

8．计算机的存储系统通常包括（　　）。

A．内存和外存　　B．软盘和硬盘

C．ROM 和 RAM　　D．内存和硬盘

9．下列关于字节的叙述中，正确的一条是（　　）。

A．字节通常用英文单词“bit”来表示，有时也可以写作“b”

B．目前广泛使用的 Pentium 机其字长为 5 字节

C．计算机中将 8 个相邻的二进制位作为一个单位，这种单位称为字节

D．计算机的字长并不一定是字节的整数倍

10．计算机按照处理数据的形态可以分为（　　）。

A．巨型机、大型机、小型机、微型机和工作站

B．286 机、386 机、486 机、Pentium 机

C．专用计算机、通用计算机

D．数字计算机、模拟计算机、混合计算机

11．计算机最小的数据存储单位是（　　）。

A．位　　B．字长　　C．帧　　D．米

项目二　计算机操作基础

任务一　使用鼠标与键盘

活动一　鼠标的基本操作

1. 认识鼠标及其操作方法

Windows 操作系统的许多操作都是用鼠标来完成的，因此灵活使用鼠标是使用计算机的基础。鼠标上有两个或者 3 个键，也称按键，通过在平面上移动鼠标，配合着按鼠标上的键完成各项操作。

（1）单击（Click）：按动并释放一个鼠标按钮（具体的操作中会提示用户是单击左键，还是单击右键）。

（2）双击（Double Click）：快速按鼠标按钮两次。通常用于执行某个程序或命令。

（3）拖动（Drag）：使用鼠标在显示器屏幕上移动一个对象。

（4）打开（Open）：指针光标指向一个选项后双击鼠标按钮。

（5）指向（Point）：或移动（Move）指针光标，在移动鼠标过程中不按任何按钮。

（6）选取（Select）：指向一个选项并单击。

2. 窗口的基本操作

窗口是程序与用户交换信息的主界面，Windows 7 操作系统的窗口由标题栏、菜单栏、工具栏、工作区、滚动条、状态栏和窗口缩放按钮等组成，如图 2-1-1 所示。

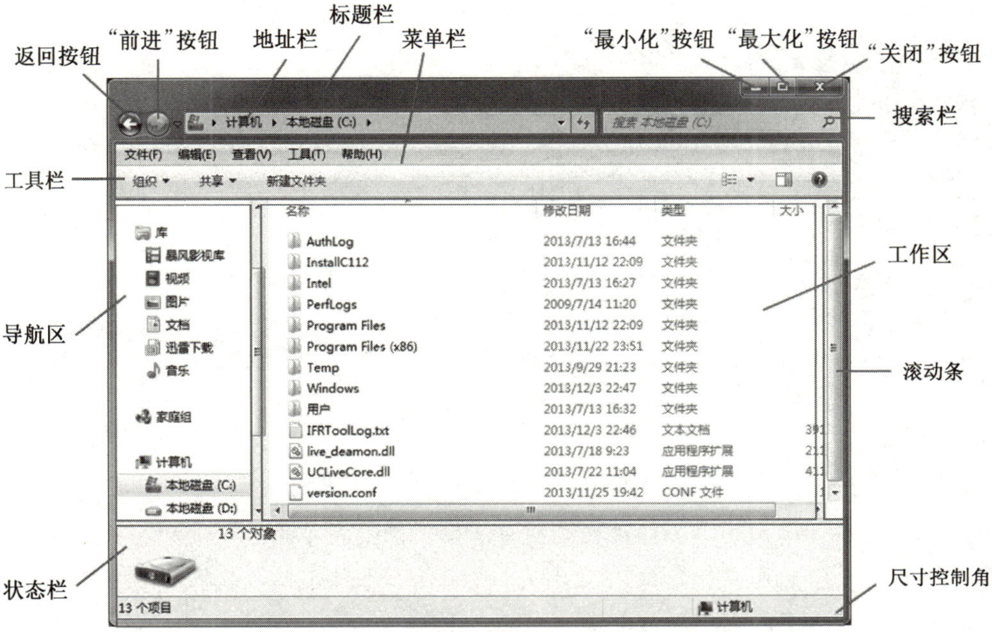

图 2-1-1　Windows 7 操作系统窗口的构成

这里只介绍常用功能或工具。

标题栏：标明当前打开窗口的名称。

菜单栏：位于标题栏下方，提供用户在操作过程中要用到的各种访问途径。

工具栏：包括一些常用的功能按钮，用户在使用时可直接从中选择各种工具。

工作区：通常是窗口中较大的一个区域，其内容因窗口的不同而异。

状态栏：在窗口最下方，显示当前任务的执行情况或结果。

“最大化”按钮、“最小化”按钮及“关闭”按钮：单击“最大化”“最小化”按钮可以快捷地改变窗口的大小，单击“关闭”按钮则可以终止程序运行。

尺寸控制角：可以在垂直和水平两个方向改变窗口的大小。

滚动条：分为水平滚动条和垂直滚动条两种，分别控制窗口的显示内容在水平和垂直方向移动。

（1）利用窗口缩放按钮设置窗口的大小。

单击“最小化”按钮，窗口会以按钮的形式缩小到任务栏上，用户暂时不需要对窗口操作时，可以把窗口最小化以节省桌面空间。单击“最大化”按钮，使窗口最大化，最大化时会占满整个桌面。单击“还原”按钮，可把最大化后的窗口恢复到原来打开时的初始状态。

（2）手动调整窗口的大小。

① 在 Windows 7 操作系统中可以用鼠标调整窗口的大小。如果需要最大化窗口，向上拖动上侧边框，当鼠标指针与屏幕上边缘碰撞出现“气泡”时松开鼠标左键，当前窗口即可全屏显示。若需要还原窗口，只要向下拖动上侧边框即可。

② 拖动窗口到左侧或右侧，当鼠标指针与屏幕边缘碰撞出现“气泡”时松开鼠标左键，可将窗口快速以屏幕 50%的尺寸排列于桌面两侧，如图 2-1-2 所示。

图 2-1-2 屏幕 50%的尺寸显示示例

③ 将鼠标指针置于窗口边框上边缘或下边缘，当鼠标指针变成双箭头时双击，可以让窗口保持当前宽度不变，快速垂直填充桌面。

④ 拖住窗口“摇一摇”，无用的窗口自动最小化，可实现快速清理桌面窗口。

⑤ 将鼠标指针置于窗口边框边缘或边角，当鼠标指针变成双箭头时拖动鼠标指针，可实现窗

口大小的缩放。

（3）关闭窗口。窗口使用完后，用户可以将其关闭。常见的关闭窗口的方法有以下几种。

① 单击窗口右上角的“关闭”按钮。

② 在标题栏上右击，在弹出的快捷菜单中选择“关闭”命令。

③ 单击“组织”下拉按钮，在弹出的下拉列表中选择“关闭”选项，即可关闭窗口，如图 2-1-3 所示。

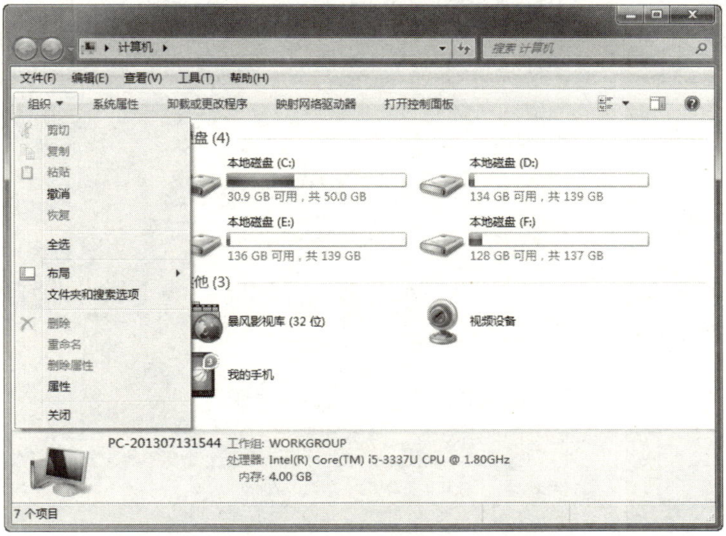

图 2-1-3　选择“关闭”选项

④ 在任务栏上右击程序图标，在弹出的快捷菜单中选择“关闭窗口”命令。

⑤ 单击窗口左上端的程序图标，在弹出的快捷菜单中选择“关闭”命令。

⑥ 按【Alt+F4】快捷键也可以关闭窗口。

（4）切换当前活动窗口。Windows 7 是一个多任务的操作系统，可以同时执行多个任务，每执行一个任务就启动一个应用程序，打开一个窗口。但在某一时刻用户只能对其中的一个应用程序进行操作，这个应用程序对应的窗口称为活动窗口。活动窗口位于桌面的最上层。

每个打开的程序在任务栏上都有一个相对应的程序图标。将鼠标指针放在程序图标上时，可显示程序的预览界面，单击程序图标即可打开该窗口。

按【Alt+Tab】快捷键可以实现各个窗口的快捷切换。按【Win+Tab】快捷键，可在各个程序窗口之间依次切换。

活动二　键盘的操作

1. 认识键盘

整个键盘分为 5 个小区：上面一行是功能键区和状态指示区；下面的 5 行是主键盘区、编辑键区和辅助键区，如图 2-1-4 所示。

对打字来说，最主要的是熟悉主键盘区各个键的用处。主键盘区包括 26 个英文字母，10 个阿拉伯数字，一些特殊符号，还附加一些功能键。

功能键区【F1】～【F12】的功能根据具体的操作系统或应用程序而定。

编辑键区包括插入字符键【Insert】，删除当前光标位置的字符键【Delete】，将光标移至行首的【Home】键和将光标移至行尾的【End】键，向上翻页键【PageUp】和向下翻页键【PageDown】，以及上、下、左、右箭头。

图 2-1-4 键盘分区

辅助键区（小键盘区）有 9 个数字键，可用于数字的连续输入，财会人员在输入数据时，经常使用小键盘区。当使用辅助键区输入数字时应按下【Num Lock】键，此时对应的指示灯亮。

常用功能键如表 2-1-1 所示。

表 2-1-1 常用功能键

按 键	名 称	作 用
字母键		按英文打字机字母顺序排列
Space	空格键	按一下产生一个空格
Backspace	退格键	删除光标左边的字符
Shift	换档键	同时按住【Shift】和具有上下档字符的键，上档符起作用
Ctrl	控制键	与其他键组合成特殊的控制键
Alt	控制键	与其他键组合成特殊的控制键
Tab	制表定位	按一次，光标向右跳 8 个字符位置
Caps Lock	大小写转换键	Caps Lock 灯亮为大写状态，否则为小写状态
Enter	回车键	命令确认，且光标到下一行
Insert	插入覆盖转换	插入状态是在光标左边插入字符，否则覆盖当前字符
Delete	删除键	删除光标右边的字符
PageUp	向上翻页键	光标定位到上一页
PageDown	向下翻页键	光标定位到下一页
NumLock	数字锁定转换	NumLock 灯亮时辅助键区的数字键起作用，否则为下档的光标定位键起作用
Esc	强行退出	可废除当前命令行的输入，等待新命令的输入；或中断当前正执行的程序

2. 打字姿势

打字之前一定要端正坐姿。如果坐姿不正确，不但会影响打字的速度，还会很容易疲劳，出错。正确的打字姿势如图 2-1-5 所示。

图 2-1-5 正 1 确的打字姿势

正确的坐姿如下。

（1）两脚平放，腰部挺直，两臂自然下垂，两肘贴于腋边。

（2）身体可略倾斜，距键盘的距离为 20～30 厘米。

（3）将打字教材或文稿放在键盘左边，或用专用夹将其夹在显示器旁边。

(4）打字时眼观文稿，身体不要跟着倾斜。

3. 打字指法

准备打字时，除拇指外其余的 8 个手指分别放在基本键上，拇指放在空格键上，十指分工，包键到指，分工明确，如图 2-1-6 所示。

图 2-1-6　打字指法

每个手指除了指定的基本键外，还分工有其他字键，称为它的范围键，键盘指法分区如图 2-1-7 和图 2-1-8 所示。

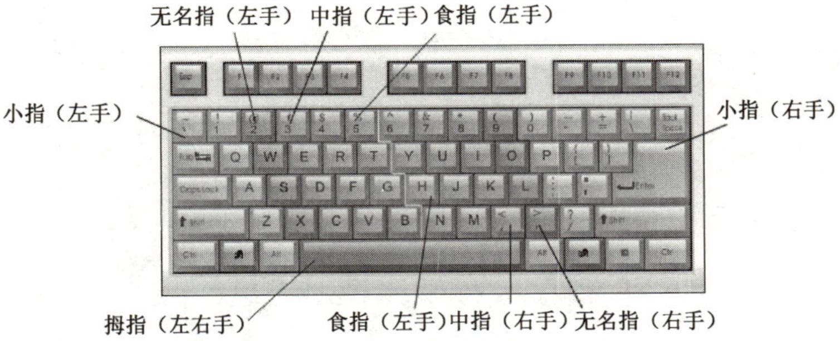

图 2-1-7　键盘指法分区（1）

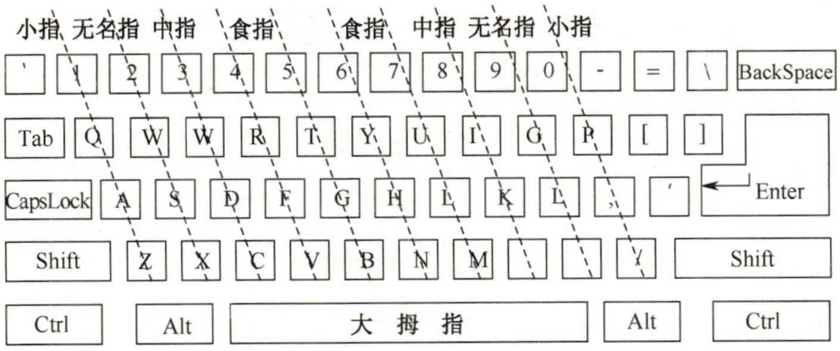

图 2-1-8　键盘指法分区（2）

指法练习技巧：左、右手指放在基本键上；击完它迅速返回原位；食指击键注意键位角度；小指击键力量保持均匀；数字键采用跳跃式击键。

活动三　利用教学软件提高打字速度

1. 英文录入训练

在英文录入指法训练中，应该遵循从易到难、从简到繁的原则，通常可以从基本键入手，把基本键练熟之后，再练习单词，最后进行英文的综合打字训练。循序渐进突破盲打障碍，达到短时间运指如飞。

（1）选择“开始”→“程序”→“金山打字通”命令，或双击桌面上的“金山打字通”图标，进入金山打字通主界面，如图 2-1-9 所示。

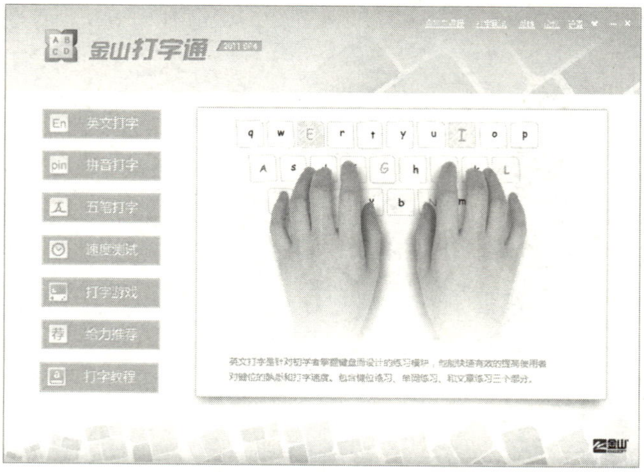

图 2-1-9　金山打字通主界面

（2）在主界面上单击“英文打字”按钮，进入英文打字练习界面，如图 2-1-10 所示，可进行键位练习、单词练习、文章练习。

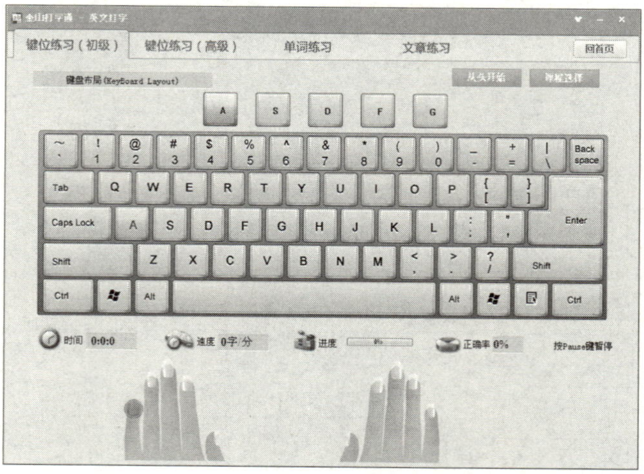

图 2-1-10　英文打字练习界面

（3）选择“键位练习（初级）”选项卡，注意正确的姿势与指法。

（4）待练习达到盲打的程度，再进行单词练习，如图 2-1-11 所示，要求每分钟输入 15 个单词以上。

（5）目标达到后，再进行文章练习，如图 2-1-12 所示，基本要求为每分钟输入 12 个单词，准确率达到 95%以上。

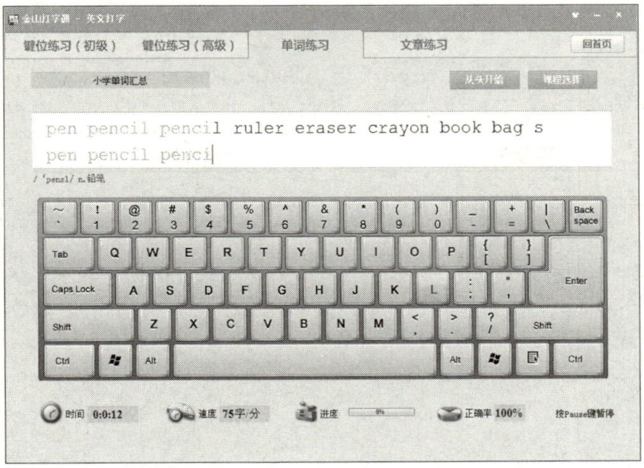

图 2-1-11　英文单词打字练习

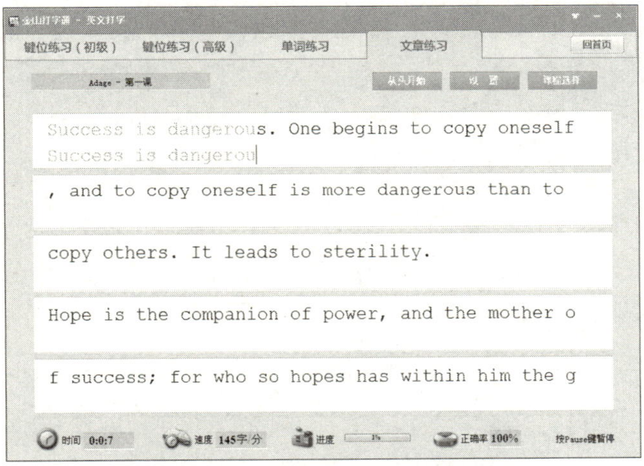

图 2-1-12　英文文章打字练习

（6）练习之余，可单击“打字游戏”按钮，该软件提供《生死时速》《太空大战》《鼠的故事》《激流勇进》《拯救苹果》游戏，如图 2-1-13 所示。在轻松娱乐的过程中不知不觉地提高打字速度，寓教于乐。

图 2-1-13　打字游戏

2. 汉字输入练习

（1）双击桌面上的“金山打字通”图标，进入金山打字通主界面。

（2）单击“拼音打字”按钮，进入拼音打字界面，可进行音节练习、词汇练习、文章练习，如图 2-1-14 所示。

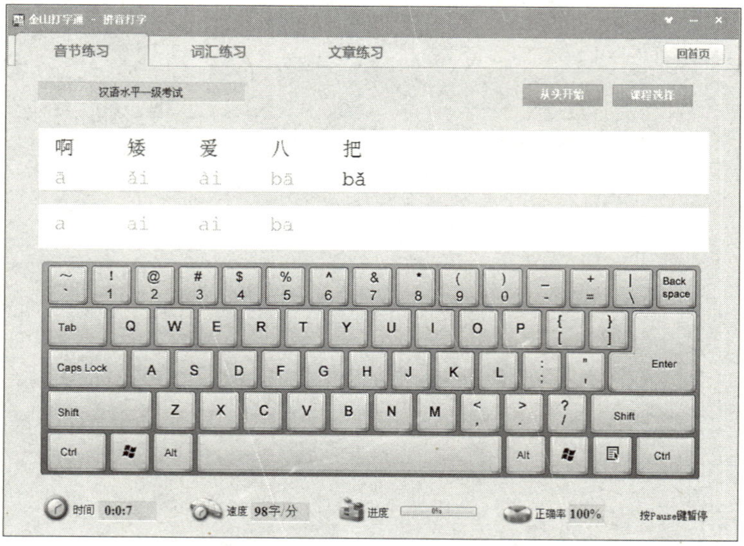

图 2-1-14　拼音打字界面

拼音输入法是按规范的汉语拼音输入外码，即用 26 个小写英文字母作为 26 个拼音字母的输入外码。其中 ü 的输入外码为 v。

用汉字输入法输入汉字需注意以下几个问题。

● 汉语拼音中的 ü：在键盘上用 v 来代替；

例如，旅—lv。

● 取消重输：按【Esc】键。

例如，输入 zongguo，发现少了个 h，不用一个一个删掉输入的字母，只需按【Esc】键即可。

● 输入重码多的个别字：可先输入词组再删除多余的字。

● 输入英汉混合的文字：可按【Ctrl+空格】快捷键进行切换来实现。

例如，国际互联网 Internet 已经家喻户晓，在输完“网”后按【Ctrl+空格】快捷键切换英文输入“Internet”，再按【Ctrl+空格】快捷切换回汉字输入。

推荐使用搜狗拼音输入法和紫光拼音输入法。

正确的键盘指法是提高计算机信息输入速度的关键，因此，初学计算机的用户必须从一开始就严格按照正确的键盘指法进行学习。

活动四　练习打字的方法

初学打字，掌握适当的练习方法，对于提高自己的打字速度，成为一名打字高手是必要的。

（1）把手指按照分工放在正确的键位上。

（2）有意识慢慢地记忆键盘各个字符的位置，体会不同键位上的字键被敲击时手指的感觉，逐步养成不看键盘的盲打的习惯。

（3）进行打字练习时必须集中注意力，做到手、脑、眼协调一致，尽量避免边看原稿边看键盘，这样容易分散记忆力。

（4）初级阶段的练习即使速度慢，也一定要保证输入的准确性。

总之：正确的指法 + 键盘记忆 + 集中精力 + 准确输入 = 打字高手。

活动五 输入法的管理

在任何操作系统中，配置输入法都很重要，如果没有合适的输入法，很好使用和管理计算机将是一句空话。

1. 输入法的配置

（1）打开控制面板，选择“时钟、语言和区域”选项，再选择“区域和语言”选项，弹出“区域和语言”对话框，如图 2-1-15 所示。

（2）单击“键盘和语言”选项卡，再单击“更改键盘”按钮，弹出“文本服务和输入语言”对话框，如图 2-1-16 所示。

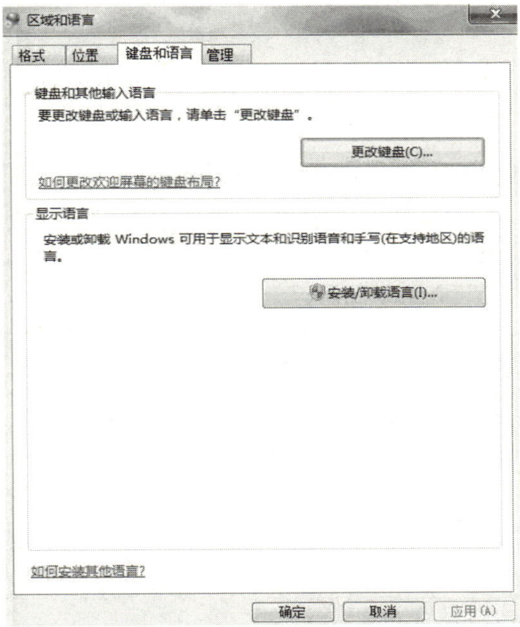

图 2-1-15 “区域和语言”对话框

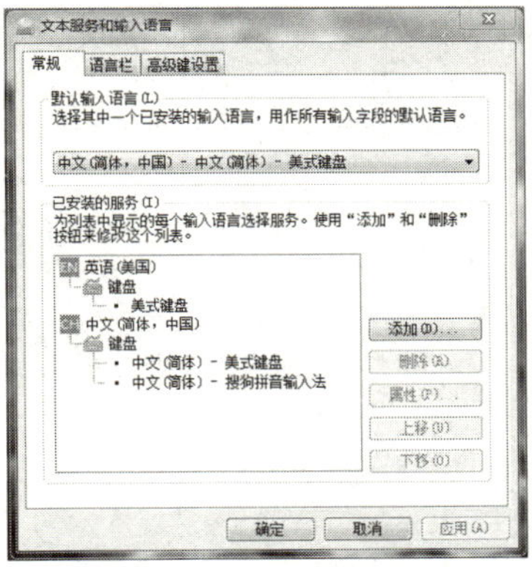

图 2-1-16 “文本服务和输入语言”对话框

（3）在“常规”选项卡中，可以看到已安装的服务，输入法包含在其中。单击“添加”按钮，打开“添加输入语言”对话框，如图 2-1-17 所示。

（4）如要对已有输入法进行设置，可先选中搜狗拼音输入法，然后利用“删除”“属性”“上移”或“下移”按钮更改其设置，如图 2-1-18 所示。

提示：单击“删除”按钮可以删除当前选中的输入法；单击“属性”按钮可以对当前的输入法进行属性设置；单击“上移”或“下移”按钮可更改当前输入法在快捷键打开时的默认次序。

2. 输入法的切换

输入法的切换方法如下。

方法 1：单击任务栏上的输入法指示器图标，在弹出的菜单中选择输入方法。

方法 2：按【Ctrl+Shift】快捷键，可在已安装的输入法之间进行切换。

中英文输入法切换：按【Ctrl+空格】快捷键，可以实现英文输入法和中文输入法的切换。

全角/半角切换：按【Shift+空格】快捷键，可以进行全角和半角的切换。

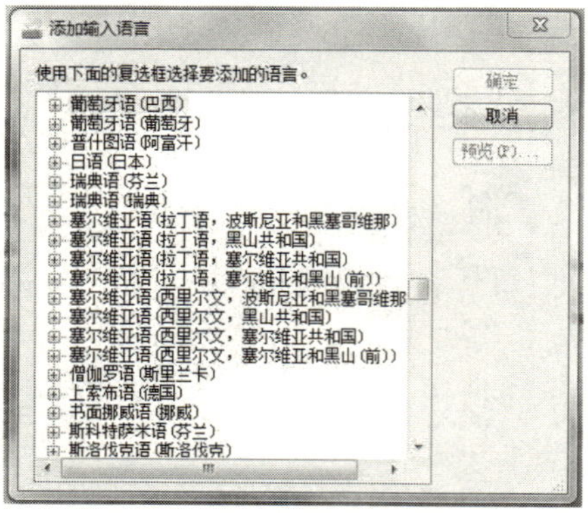

图 2-1-17 “添加输入语言”对话框

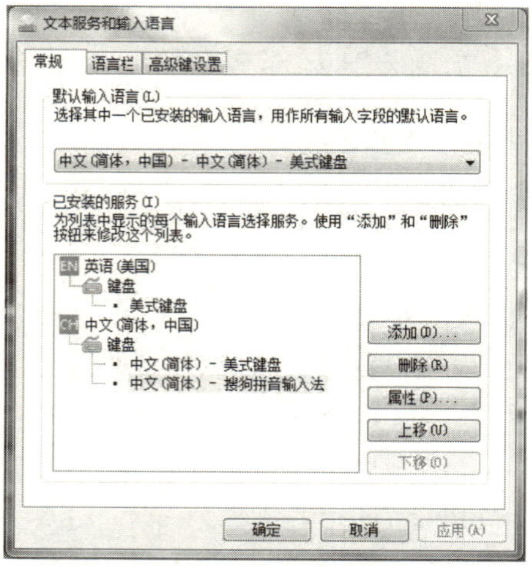

图 2-1-18 设置输入法

活动六 拼音打字

一般情况下，Windows 操作系统都带有几种输入法，在系统装入时就已经安装了一些默认的汉字输入法，如微软拼音输入法、智能 ABC 输入法、全拼输入法等。为了提高打字的速度，我们建议使用搜狗输入法。使用搜狗输入法需要进行以下操作。

1. 安装搜狗输入法

（1）打开输入法所在文件夹，查看下载好的安装文件，如图 2-1-19 所示。

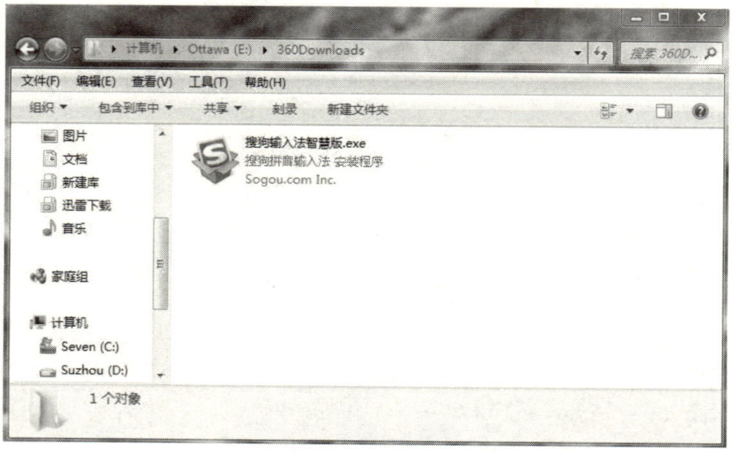

图 2-1-19 查看下载好的安装文件

（2）双击该文件，打开安装窗口，如图 2-1-20 所示。

图 2-1-20 安装窗口

（3）阅读用户协议后选中“我已经阅读并接受”复选框，单击“立即安装”按钮，进入安装进程，如图 2-1-21 所示。

（4）单击“下一步”按钮，根据提示进行必要选择，如图 2-1-22 所示。

图 2-1-21　安装进程

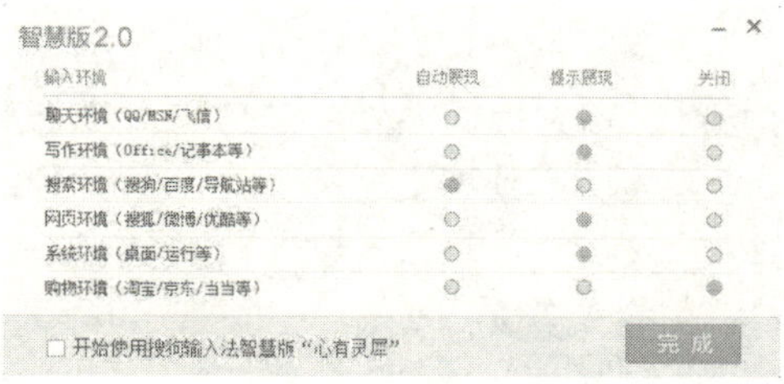

图 2-1-22　选择安装选项

（5）单击“完成”按钮，完成应用程序的安装。

2. 切换到搜狗输入法

进入输入状态，然后按【Ctrl+Shift】快捷键切换输入法，找到搜狗拼音输入法。当系统仅有一个输入法或者搜狗输入法为默认输入法时，按【Ctrl+空格】快捷键即可切换到搜狗输入法。

3. 了解搜狗输入法的规则

（1）全拼。全拼输入是拼音输入法中最基本的输入方式。按【Ctrl+Shift】快捷键切换到搜狗输入法，输入拼音，然后依次选择所需要的字或词即可。可以按默认的翻页键逗号（,）、句号（。）来进行翻页。

全拼模式如图 2-1-23 所示。

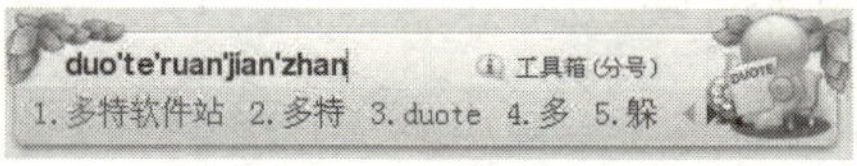

图 2-1-23　全拼模式

（2）简拼。简拼是输入声母或声母的首字母来进行输入的一种方式，有效地利用简拼，可以大大提高输入的效率。搜狗输入法现在支持的是声母简拼和声母的首字母简拼。例如，想输入“张靓颖”，只要输入“zhly”或者“zly”都可以输入“张靓颖”。同时，搜狗输入法支持简拼和全拼的混合输入，如，输入“srf”“sruf”“shrfa”都是可以得到“输入法”。

请注意：这里声母的首字母简拼的作用和模糊音中的“z、s、c”相同。但是，即使没有选择设置里的模糊音，同样可以用“zly”输入“张靓颖”。有效地使用声母的首字母简拼可以提高输入效率，减少错误。例如，要输入“指示精神”这几个字，如果输入传统的声母简拼，只能输入“zhshjsh”，需要输入的多而且多个 h 容易造成误打，而输入声母的首字母简拼“zsjs”能很快得到你想要的词。

简拼模式 1 如图 2-1-24 所示。

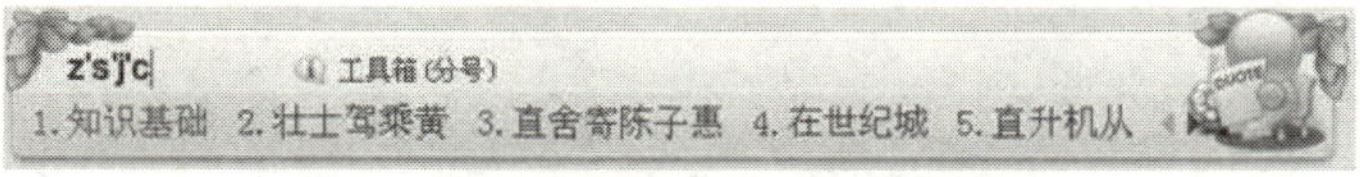

图 2-1-24　简拼模式 1

简拼模式 2 如图 2-1-25 所示。

图 2-1-25　简拼模式 2

由于简拼的候选词过多，可以采用简拼和全拼混用的模式，这样能够兼顾最少输入字母和输入效率。例如，想要输入“指示精神”，输入“zhishijs”“zsjingshen”“zsjingsh”“zsjingsh”“zsjings”都是可以的。打字熟练的人会经常使用全拼和简拼混用的方式。

（3）英文的输入。输入法默认是按【Shift】键就切换到英文输入状态，再按【Shift】键就会返回中文状态。单击状态栏上的“中”字图标也可以切换。

除按【Shift】键切换外，搜狗输入法也支持回车输入英文和 V 模式输入英文。在输入较短的英文时能省去切换到英文状态下的麻烦。具体使用方法如下。

回车输入英文：输入英文，直接按【Enter】键即可。

V 模式输入英文：先输入“V”，再输入要输入的英文，可以包含@、+、*、/、-等符号，然后按空格键即可。

（4）双拼。双拼是用定义好的单字母代替较长的多字母韵母或声母来进行输入的一种方式。例如，如果 T=t，M=ian，输入两个字母“TM”就会输入拼音“tian”。使用双拼可以减少按键次数，但是需要记忆字母对应的键位，熟练之后效率会有一定提高。

如果使用双拼，要在“属性设置”对话框中选中“双拼”单选按钮。

特殊拼音的双拼输入规则如下。

对于单韵母字，需要在前面输入字母 O+韵母。例如，输入“OA”得到“A”，输入“OO”得到“O”，输入“OE”得到“E”。

而在自然码双拼方案中，和自然码输入法的双拼方式一致，对于单韵母字，需要输入双韵母。例如，输入 AA→A，输入 OO→O，输入 EE→E。

（5）模糊音。模糊音是专为对某些音节容易混淆的人所设计的。当启用了模糊音后，如 sh←→s，输入“si”也可以出来“十”，输入“shi”也可以出来“四”。

搜狗支持的模糊音有以下几个。

声母模糊音：s←→sh，c←→ch，z←→zh，l←→n，f←→h，r←→l。

韵母模糊音：an←→ang，en←→eng，in←→ing，ian←→iang，uan←→uang。

（6）繁体。右击状态栏，在弹出的快捷菜单中选择“简繁切换”→“繁体（常用）”命令，即可进入到繁体中文状态。再次右击状态栏，在弹出的快捷菜单中选择“简繁切换”→“简体”命令，即可返回到简体中文状态。

（7）网址输入模式。网址输入模式是搜狗输入法特别为网络设计的便捷功能，让你能够在中文输入状态下就可以输入几乎所有的网址。目前的规则如下。

输入以“www. duote.com”等开头的字母时，自动识别进入英文输入状态，后面可以输入如“www.2345.com”类型的网址，如图 2-1-26 所示。

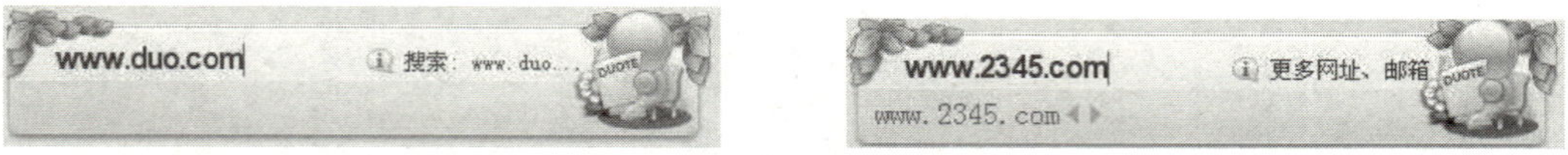

图 2-1-26　输入网址

输入邮箱时，可以输入前缀不含数字的邮箱，如“leilei@sogou.com”，如图 2-1-27 所示。

（8）输入特殊符号。在搜狗输入法图标的小键盘上右击，在弹出的快捷菜单中选择相应的特殊符号，如图 2-1-28 所示，即可输入所需的特殊符号。

图 2-1-27　输入邮箱

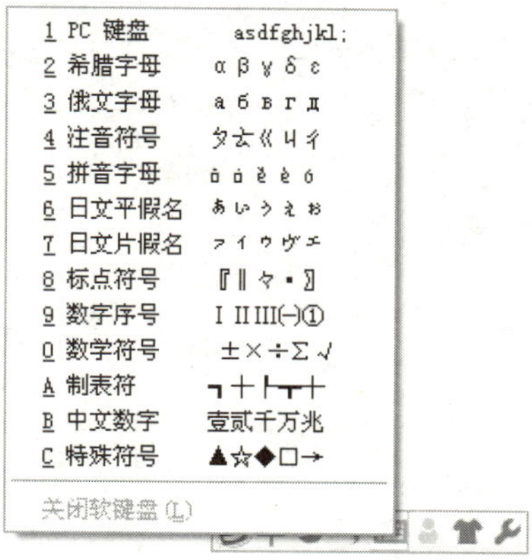

图 2-1-28　使用搜狗输入法

4．练习汉字输入

（1）双击桌面上的“金山打字通”图标，进入金山打字通主界面。

（2）单击“拼音打字”按钮，在拼音打字界面可进行音节练习、词汇练习、文章练习。

任务二　Windows 7 操作系统

操作系统是计算机最基本的系统软件，是控制和管理计算机中所有软、硬件资源的一组程序。它为用户提供了一个方便、有效、友好的使用环境。

Windows 因其友好的用户界面在其面世之初就赢得了多数用户的欢迎，逐渐占领了微型计算机操作系统的市场，Windows 7 进行了重大变革，不仅延续了 Windows 家族的优点，更在系统特色上下足了功夫，为用户带来了更多新的体验。

本任务主要学习自定义桌面背景、设置任务栏、设置桌面小工具，控制面板的使用及 Windows 7 自带的程序和工具等。

活动一　Windows 7 的桌面组成

桌面就是用户启动计算机登录到操作系统后看到的整个屏幕，如图 2-2-1 所示，Windows 7 的桌面是 Windows 7 的主控窗口，Windows 7 的所有操作都是从桌面开始的。Windows 7 的桌面由图标、桌面背景、“开始”按钮、快速启动栏和任务栏组成。

1．图标

图标是表示某个对象的小图案，桌面上的一个图标代表一个对象，可以是一个磁盘根目录、文件夹、文件或者程序。图标一般由文字和图片组成，文字说明图标的名称或功能，图片是图标的标识符。它包括图标和快捷方式图标，如图 2-2-2 所示。

单击某个图标表示选定该对象；双击某个图标可以启动该对象，实现某项系统功能，或运行某个应用程序，或打开其代表的文件和文件夹。右击图标将弹出快捷菜单，可对列出的命令做出选择。

（1）添加系统图标。

刚安装完 Windows 7 操作系统后，桌面上只有一个“回收站”图标，它是 Windows 7 操作系统安装后，自动在桌面上建立的系统图标，用户可根据需要添加系统图标。

图 2-2-1　Windows 7 的桌面

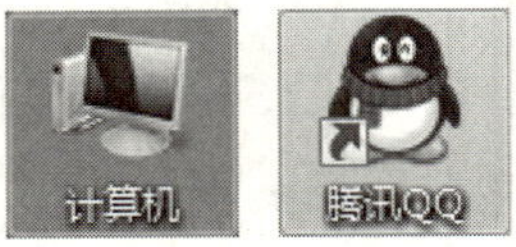

图 2-2-2　图标和快捷方式图标

① 右击桌面空白处，弹出快捷菜单，如图 2-2-3 所示，选择“个性化”命令，打开“个性化”窗口，如图 2-2-4 所示。

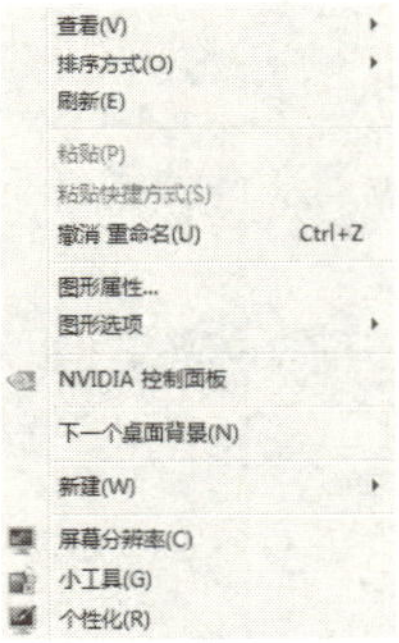

图 2-2-3　快捷菜单

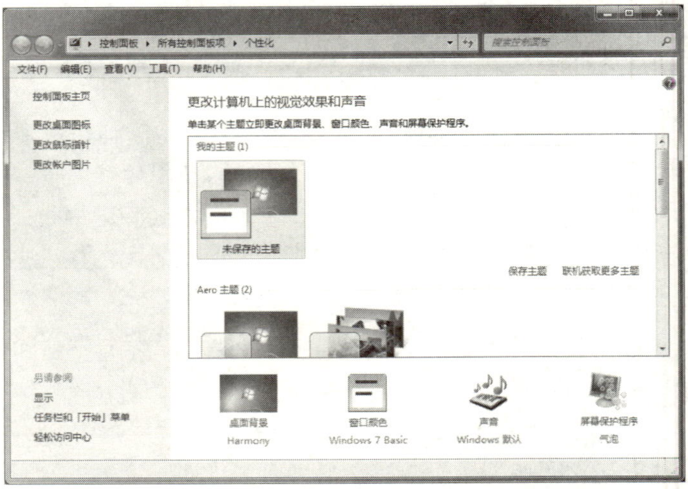

图 2-2-4　“个性化”窗口

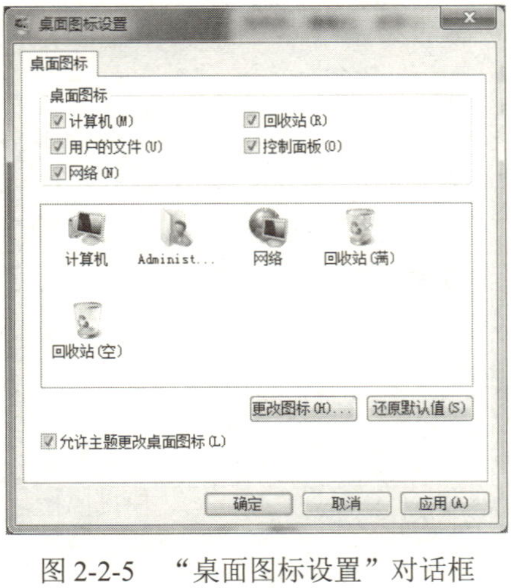

图 2-2-5　“桌面图标设置”对话框

② 选择“更改桌面图标”选项，弹出“桌面图标设置”对话框，根据需要选中“计算机”“用户的文件”“控制面板”“网络”复选框，如图 2-2-5 所示。

③ 单击“确定”按钮，添加的图标将显示在桌面的左边。

（2）添加桌面快捷方式图标。

用户也可以在桌面上为某个程序或者文件创建图标，称为快捷方式图标。双击快捷方式图标可以快捷地启动程序，因此，每个用户的 Windows 7 桌面上的图标会因为用户安装的软件不同而有所不同。

① 在桌面上添加“画图”程序的快捷方式图标。右击“开始”→“所有程序”→“附件”→“画图”，在弹出的快捷菜单中选择“发送到”→“桌面快捷方式”命令，

如图 2-2-6 所示。

② 也可以通过在桌面空白处右击，在弹出的快捷菜单中选择“新建”→“快捷方式”命令，如图 2-2-7 所示。

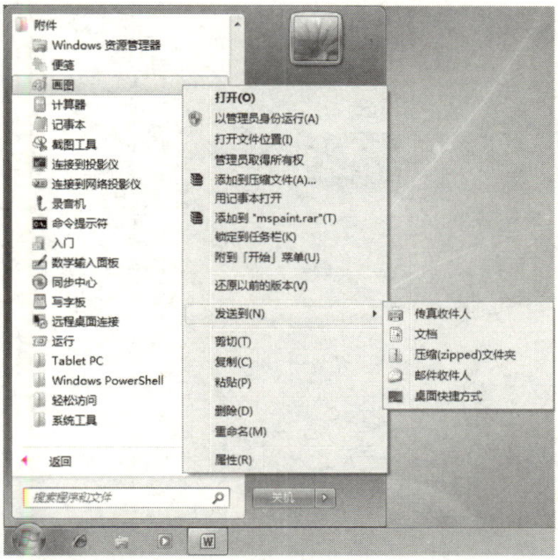

图 2-2-6　通过“开始”菜单添加快捷方式图标

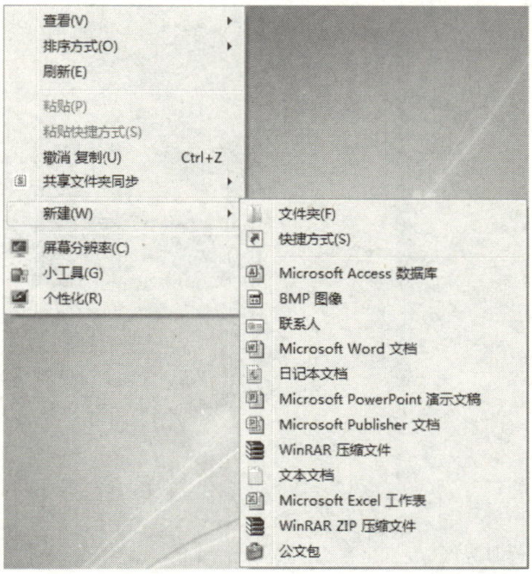

图 2-2-7　在桌面上添加“画图”程序的快捷方式

弹出“创建快捷方式”对话框，如图 2-2-8 所示，单击“浏览”按钮，找到并选定所需的程序。

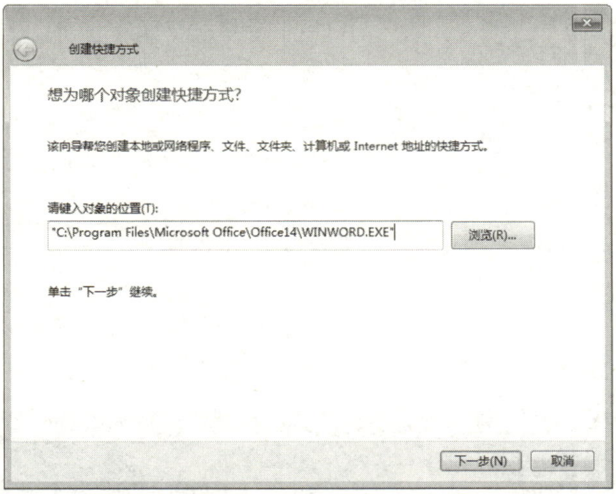

图 2-2-8　“创建快捷方式”对话框

2. 自定义桌面背景

用户可根据自己的喜好随意更换。

（1）单击“个性化”窗口下方的“桌面背景”图标，打开“桌面背景”窗口，在这里可以选择所需图片。如需多选时，选中图片左上角的复选框，单击“保存修改”按钮即可，如图 2-2-9 所示。

（2）选择多张图片作为背景时，图片可定时自动切换，在“更改图片时间间隔”的下拉列表中可以设置切换间隔时间，还可以选中“无序播放”复选框，使多张图片无序显示。

（3）单击“浏览”按钮，选择一个包含图片的文件夹，选择其中的图片，最后单击“保存修改”按钮。

图 2-2-9　自定义桌面背景

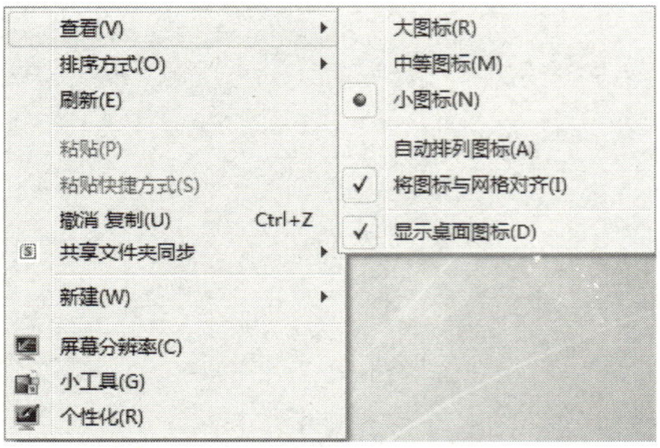

图 2-2-10　“查看”子菜单

3. 查看桌面

桌面图标和桌面工具的排列、添加等是日常工作中使用频率很高的操作。

（1）右击桌面空白处，在弹出的快捷菜单中选择“查看”命令，显示级联菜单，如图 2-2-10 所示。

（2）“查看”的级联菜单中包含了多种设置桌面图标的命令，根据需要选择设置内容。如要隐藏桌面图标，可以取消选中“显示桌面图标”复选框，结果如图 2-2-11 所示。

4. 设置任务栏

任务栏位于桌面的最下方，主要由“开始”按钮、应用程序区域、通知区域和“显示桌面”按钮组成，如图 2-2-12 所示。

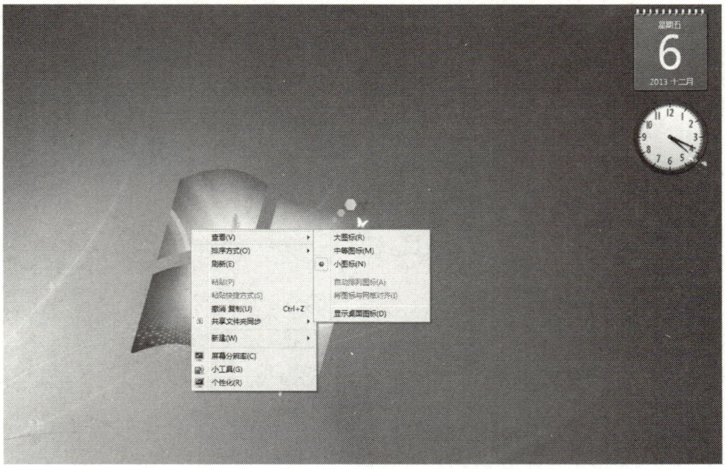

图 2-2-11　取消图标的桌面

图 2-2-12　Windows 的任务栏

单击“开始”按钮打开“开始”菜单，在“开始”菜单中可以打开安装的软件与控制面板。应用程序区域是多任务工作时显示任务的主要区域之一，它存放大部分正在运行的程序窗口。而通知区域则是通过各种小图标形象地显示计算机、软硬件的重要信息与杀毒软件动态，通知区域的右侧是“显示桌面”按钮。

右击任务栏空白处，在弹出的快捷菜单中选择“属性”命令，弹出“任务栏和「开始」菜单属性”对话框，在此可以调整任务栏的位置、设置自动隐藏任务栏、在任务栏中使用小图标等，如图 2-2-13 所示。

（1）设置“开始”菜单。

“开始“按钮在屏幕左下角，它是通过菜单方式完成所有任务的出发点，相当于程序控制的总控菜单。单击”开始“按钮，即可打开”开始“菜单，如图 2-2-14 所示。

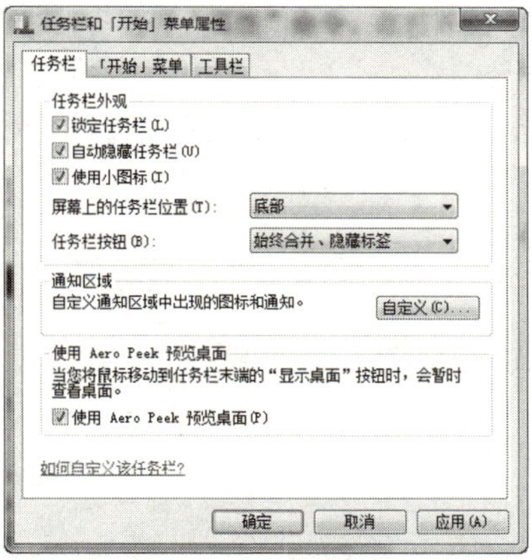

图 2-2-13　“任务栏和「开始」菜单属性”对话框

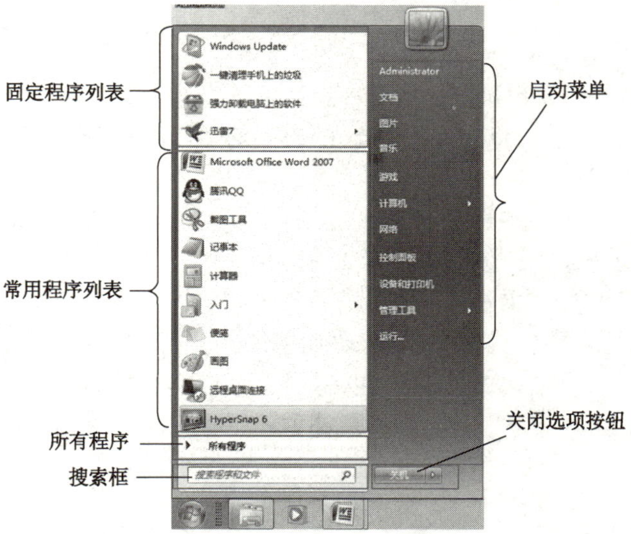

图 2-2-14　“开始”菜单

拖动鼠标指针使其在这些命令上移动，一个反相显示的条状光标也随之移动。如果在标有小三角形的命令上停下，就会出现该命令对应的二级菜单。在二级菜单中重复以上操作，还可能打开三级甚至四级菜单。鼠标指针指到最后一级菜单的命令后，只要在条状光标所确定的命令上单击，就可以启动与之对应的应用程序。

用户如果对默认的“开始”菜单的外观或使用方式不满意，可以通过设置“开始”菜单的属性来修改。属性设置包括的内容有最近打开程序列表和跳转列表、设置“开始”菜单搜索框的搜索范围、设置“开始”菜单的其他属性等。

① 设置最近打开程序列表和跳转列表。右击“开始”按钮，在弹出的快捷菜单中选择“属性”命令，弹出“任务栏和「开始」菜单属性”对话框，选择“「开始」菜单”选项卡，在“隐私”选项组中选中复选框即可，如图 2-2-15 所示。

② 设置电源。单击“电源按钮操作”右侧的下拉按钮，弹出的下拉列表中包括“关机”“注销”

“锁定”“重新启动”“睡眠”等，默认是“关机”。

③ 自定义设置。单击“自定义”按钮，弹出“自定义「开始」菜单”对话框，可以对“开始”菜单的外观和显示内容进行详细设置，如图 2-2-16 所示。

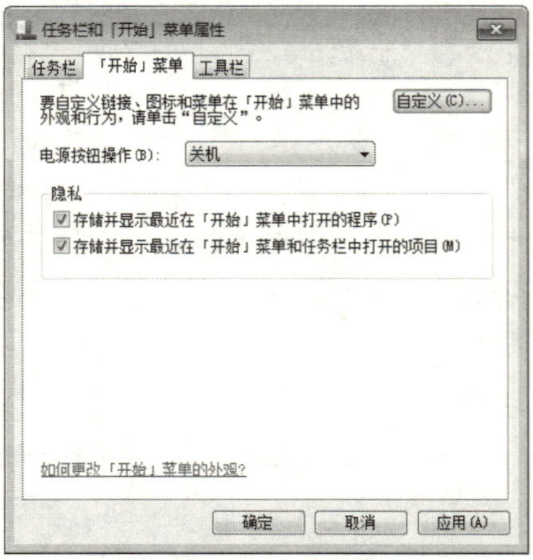

图 2-2-15　设置最近打开程序列表和跳转列表

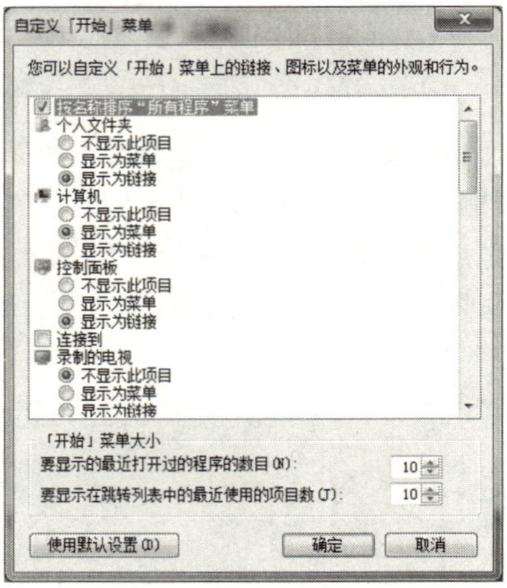

图 2-2-16　自定义“开始”菜单

（2）设置快速启动栏。

在 Windows 7 操作系统中取消了快速启动栏。如果要快速打开程序，可以将程序锁定到任务栏中。

① 如果程序已经打开，在任务栏中选择程序并右击，在弹出的快捷菜单中选择“将程序锁定到任务栏”命令，如图 2-2-17 所示。

② 如果程序没有打开，右击“开始”→“所有程序”中需要添加到任务栏中的应用程序，在弹出的快捷菜单中选择“锁定到任务栏”命令。

③ 在快速启动栏中右击应用程序的快捷方式，在弹出的快捷菜单中选择“将此程序从任务栏解锁”命令即可删除该快捷方式，如图 2-2-18 所示。

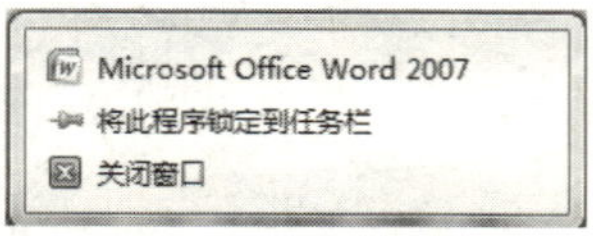

图 2-2-17　将程序锁定到任务栏

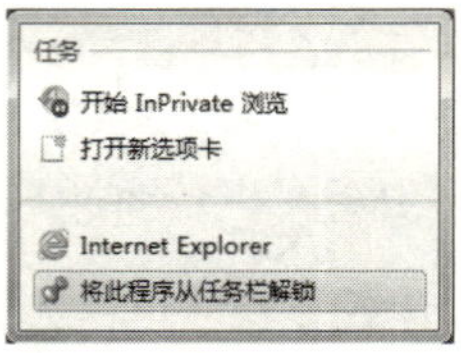

图 2-2-18　删除快速启动栏中的快捷方式

（3）通知区域和显示桌面。运行中的应用程序及系统音量、网络图标会显示在任务栏右侧的通知区域。单击任务栏右侧的“显示桌面”按钮即可快速显示桌面。

5. 设置桌面小工具

Windows 7 操作系统新增了名为“小工具”的小程序，Windows 7 操作系统中的小工具非常漂亮实用，用户只要将小工具的图标添加到桌面上，即可快捷地使用。

（1）添加桌面小工具。

右击桌面空白处，在弹出的快捷菜单中选择“小工具”命令，打开小工具库，如图 2-2-19 所示。双击需要添加的小工具图标，即可把小工具添加到桌面上。例如，把“时钟”小工具添加到桌面上，如图 2-2-20 所示。

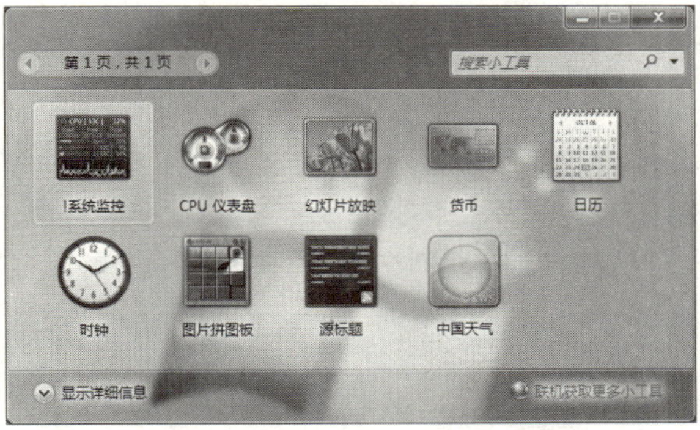

图 2-2-19　小工具库

图 2-2-20　带有“时钟”小工具的桌面

（2）设置桌面小工具。

用户可以对小工具的外观、显示效果等进行设置。

① 右击小工具，在弹出的快捷菜单中选择“前端显示”命令可设置小工具的图标显示在桌面的最前端，如果选择“不透明度”命令，在弹出的级联菜单中选择具体不透明度的数字，可设置小工具的不透明度。

② 将鼠标指针放在小工具上，单击“选项”按钮，如图 2-2-21 所示，弹出“时钟”对话框，单击时钟下面的三角按钮，可以设置时钟的外观；输入时钟的名称，选择当前的时区，选中“显示秒针”复选框，以显示秒针的移动轨迹，如图 2-2-22 所示。

图 2-2-21　时钟及其按钮群

图 2-2-22　时钟的设置

③ 删除小工具。将鼠标指针放在小工具上，单击“关闭”按钮即可。

活动二　控制面板的使用

1. 调整日期和时间

在 Windows 7 操作系统桌面的右下角显示有系统的日期和时间，如果日期和时间显示不正确，用户可以调整设置。

（1）选择“开始”→“控制面板”命令，打开“控制面板”窗口，如图 2-2-23 所示。

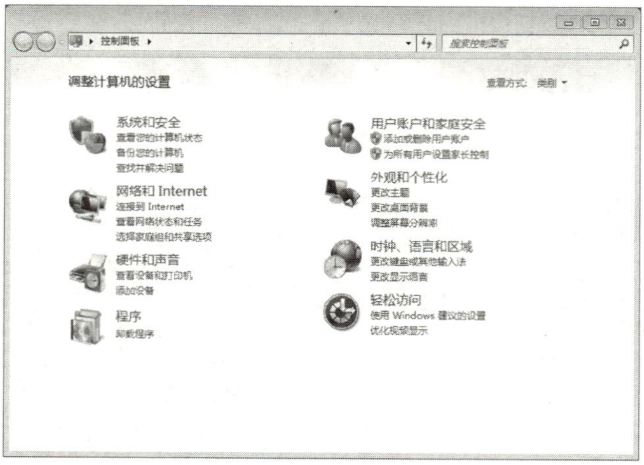

图 2-2-23　“控制面板”窗口

（2）选择“时钟、语言和区域”选项，打开“时间、语言和区域”窗口，选择“日期和时间”选项，弹出“日期和时间”对话框，单击“更改日期和时间”按钮，弹出“日期和时间设置”对话框，在“日期”列表框中用户可以设置年、月、日，在“时间”选项组中可以设置时间，单击“确定”按钮完成设置，如图 2-2-24 所示。

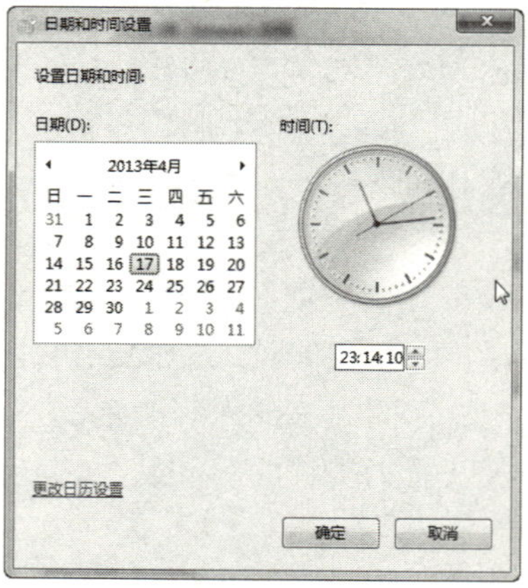

图 2-2-24　“日期和时间设置”对话框

2. 用户账户管理

一台计算机通常允许多人进行访问，如果每个人都可以随意更改文件，计算机将会显得很不安全。Windows 7 操作允许添加账户和删除账户，为每个账户设置具体的使用权限。

（1）在“控制面板”窗口中选择“用户账户和家庭安全”选项，打开“用户账户和家庭安全”窗口，选择“用户账户”选项，打开“用户账户”窗口，选择“管理其他账户”选项，打开“管理账户”窗口，选择“创建一个新账户”选项，打开“创建新账户”窗口，输入账户名“小蚊子”，将账户类型设置为“标准用户”，单击“创建账户”按钮，如图 2-2-25 所示。

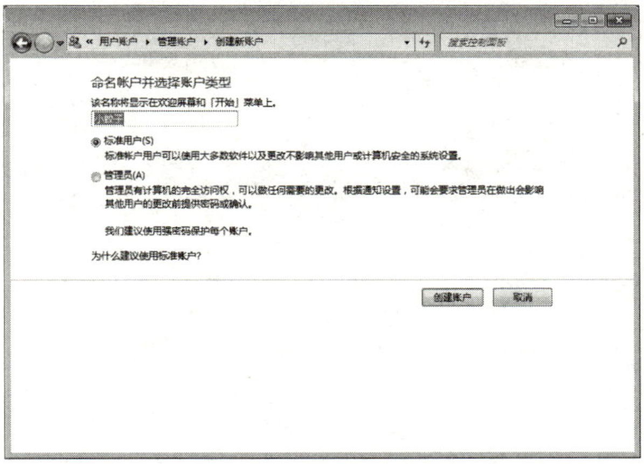

图 2-2-25　创建新账户

（2）返回“管理账户”窗口中，可以看到新建的账户，如图 2-2-26 所示。

图 2-2-26　查看新建的账户

用户添加了新的账户后，为了方便管理和使用，还可以对新添加的账户设置不同的名称、密码和头像等属性。

（3）在“管理账户”窗口中选择需更改属性的账户，这里选择“小蚊子”账户，打开“更改账户”窗口，如图 2-2-27 所示。

图 2-2-27　“更改账户”窗口

（4）选择“更改账户名称”选项，打开“重命名账户”窗口，输入新账户名即可更改。

（5）在“更改账户”窗口中选择“创建密码”选项，打开“创建密码”窗口，在此可以更改密码，如图 2-2-28 所示。

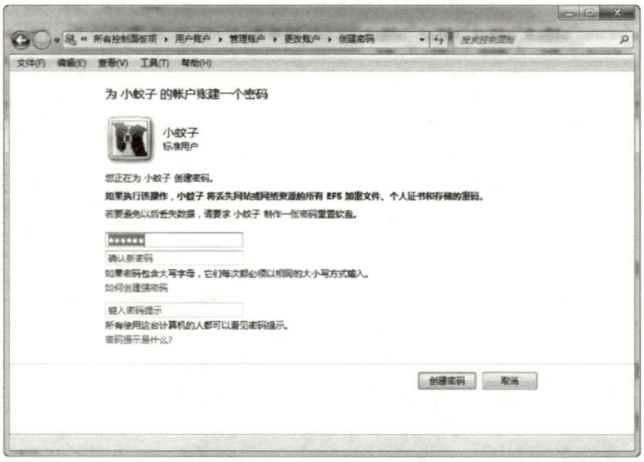

图 2-2-28 更改密码

（6）在“更改账户”窗口中选择“更改图片”选项，打开“选择图片”窗口，在此选择图片，单击“更改图片”按钮即可更改账户头像图片，如图 2-2-29 所示。

图 2-2-29 更改账户头像图片

活动三 Windows 7 自带程序和工具的使用

1. 画图程序

画图程序主要用于绘制和编辑图形。利用画图程序，既可以产生文字图案，也可以绘制复杂的艺术图案；既可以在一张空白画布上作画，也可以编辑由扫描仪扫描进来的图像或其他应用程序生成的图形。

（1）选择“开始”→“所有程序”→“附件”→“画图”命令，打开如图 2-2-30 所示的画图窗口，此时使用工具箱中的各种工具和颜色即可绘制图形。

（2）图形绘制完毕后，选择“画图”→“另存为”命令，弹出“保存为”对话框，如图 2-2-31 所示。在对话框的左侧选择“桌面”选项，在“文件名”栏中输入反映所绘制的图形意义的名称，然后单击“保存”按钮，将所绘制的图形保存在桌面上。

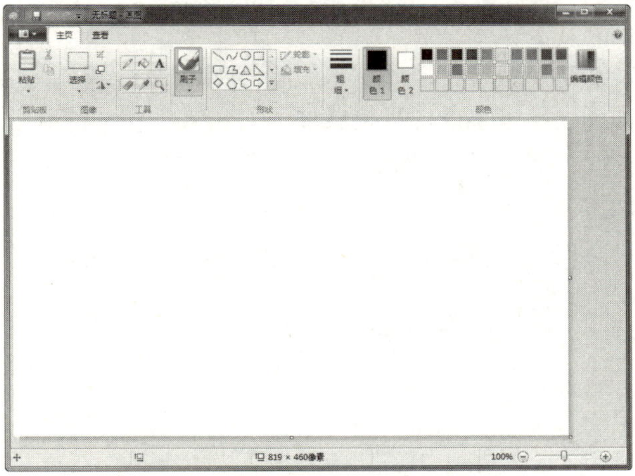

图 2-2-30　画图窗口

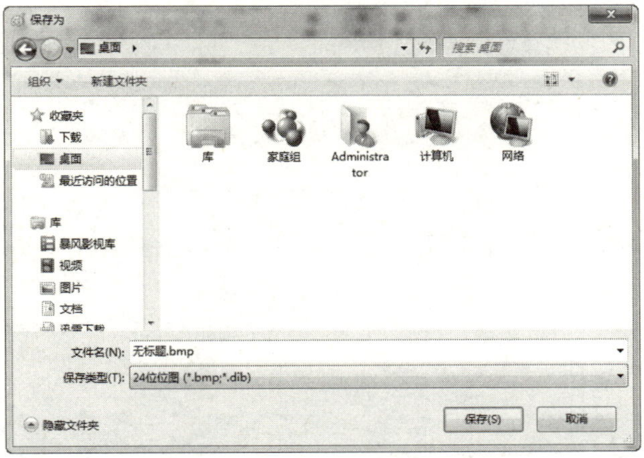

图 2-2-31　“保存为”对话框

2. 截图工具

截图工具可以捕获屏幕上任何对象和任何形状的屏幕快照或截图，然后对其添加注释、保存或共享该图像。

（1）选择“开始”→“所有程序”→“附件”→“截图工具”命令，打开“截图工具”窗口，如图 2-2-32 所示。

（2）单击“新建”右侧的下拉按钮，在弹出的下拉列表中选择“任意格式截图”“矩形截图”“窗口截图”或“全屏幕截图”选项，然后选择要捕获的屏幕区域，如图 2-2-33 所示。

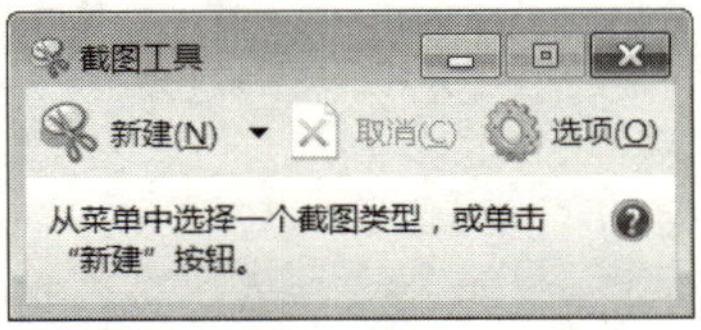

图 2-2-32　“截图工具”窗口

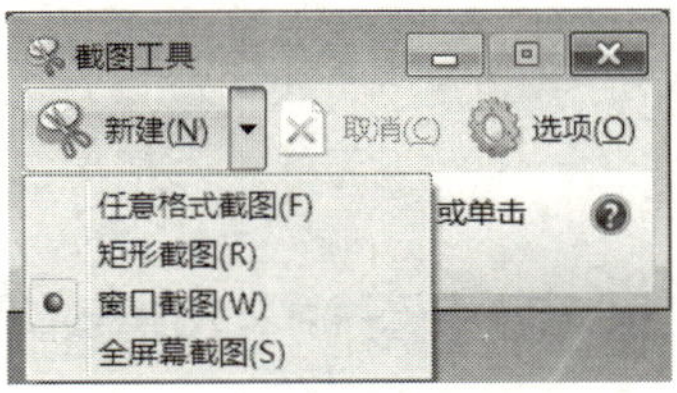

图 2-2-33　选择截图类型

（3）捕获截图后，单击“保存截图”按钮，弹出“另存为”对话框，输入截图的名称，选择保存截图的位置，然后单击“保存”按钮。

3. 写字板与记事本

写字板是一个可用来创建和编辑文档的文本编辑程序。与记事本不同，写字板文档可以包括复杂的格式和图形，并且可以在写字板内链接或嵌入对象（如图片或其他文档）。

（1）选择“开始”→“所有程序”→“附件”→“写字板”命令，打开写字板窗口，如图 2-2-34 所示，在其中录入文字。

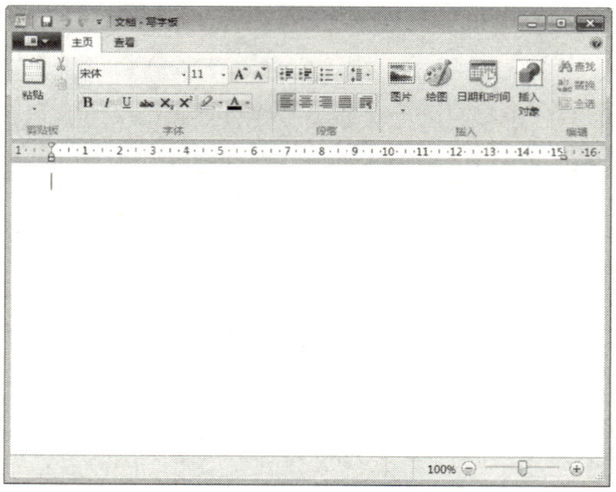

图 2-2-34　写字板窗口

（2）文字录入完毕后，选择“写字板”→“另存为”命令，弹出“保存为”对话框，在对话框的左侧选择“桌面”选项，在“文件名”栏中输入文件名称，然后单击“保存”按钮，将该文档保存在桌面上。

（3）选择“开始”→“所有程序”→“附件”→“记事本”命令，可打开记事本窗口，如图 2-2-35 所示。

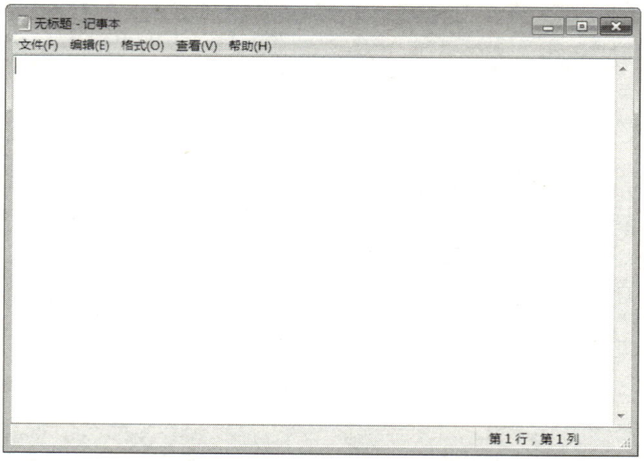

图 2-2-35　记事本窗口

任务三　管理计算机中的资源

活动一　了解“计算机”窗口

桌面上的“计算机”图标是用来管理 Windows 7 操作系统资源最重要的工具，也是用户使用最多的资源管理工具。

1. “计算机”窗口

双击桌面上的“计算机”图标，打开“计算机”窗口，如图 2-3-1 所示，窗口分成两个窗格。左窗格有“收藏夹”“计算机”和“网络”资源。

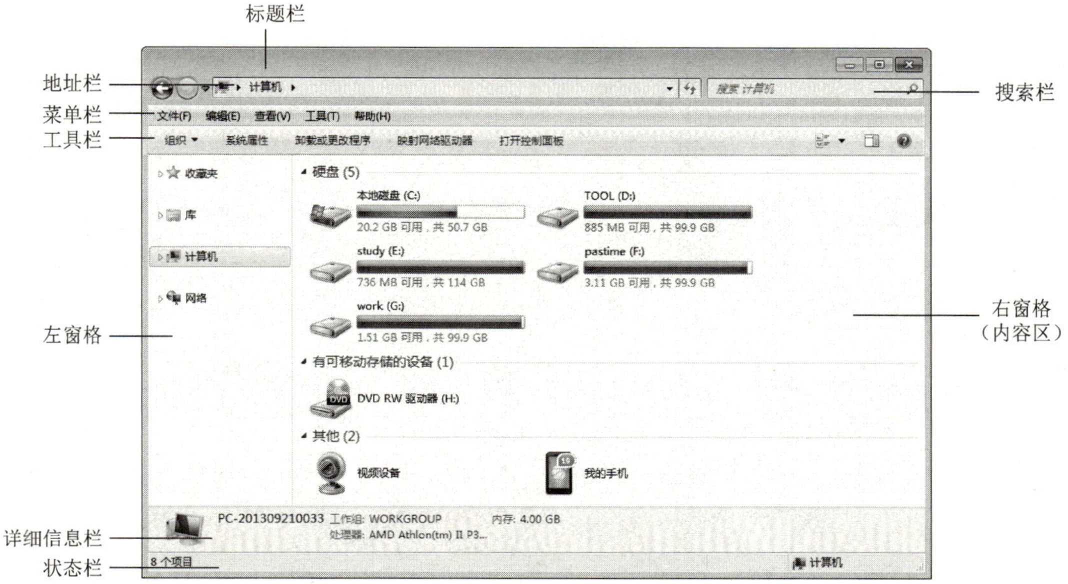

图 2-3-1　“计算机”窗口

单击左窗格中“计算机”前面的三角形按钮 ▷，可以展开计算机下层的其他资源，其中包含了多个磁盘、可移动硬盘和光盘等，当展开左窗格中的某个目录之后，在右窗格中显示相应的内容，如图 2-3-2 所示。

图 2-3-2　“计算机”子目录

2. 改变对象的显示方式

在“查看”菜单中选择需要的模式，如图 2-3-3 所示，可选的模式有“超大图标”“大图标”“中等图标”“小图标”“列表”“详细信息”“平铺”“内容”等。

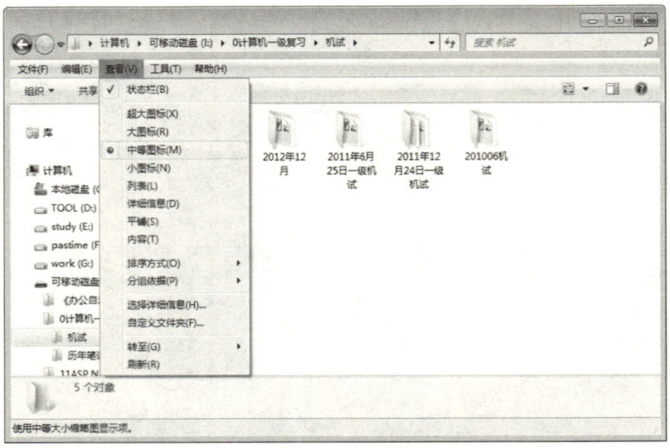

图 2-3-3　对象的显示方式

3. 改变对象的排列显示方式

选择“查看”→“排序方式”命令，然后在级联菜单中选择需要的排序方式，如图 2-3-4 所示。

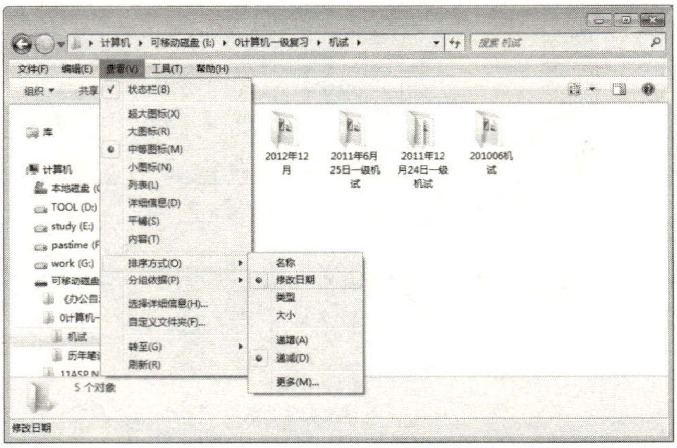

图 2-3-4　对象的排序方式

4. 查看上一级目录

单击地址栏中的某个项目名称，即可查看其中的内容，如图 2-3-5 所示。

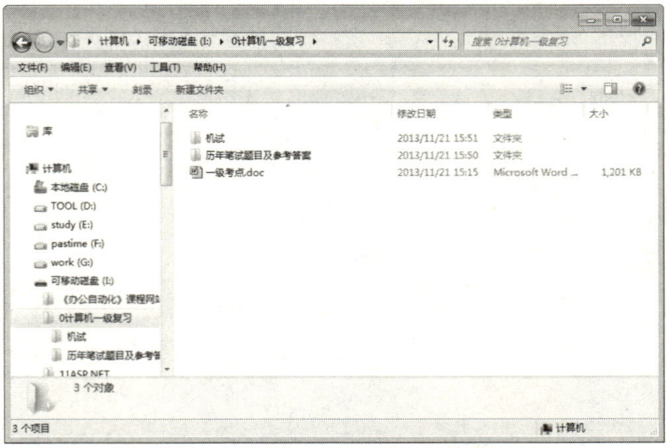

图 2-3-5　打开的某个文件夹

活动二　创建新文件夹

1. 方法 1：使用“文件”菜单

（1）打开资源管理器。

（2）选定要新建文件夹的文件夹（可以是驱动器文件夹或其下的各级文件夹）。

（3）选择“文件”→“新建”→“文件夹”命令，如图 2-3-6 所示。

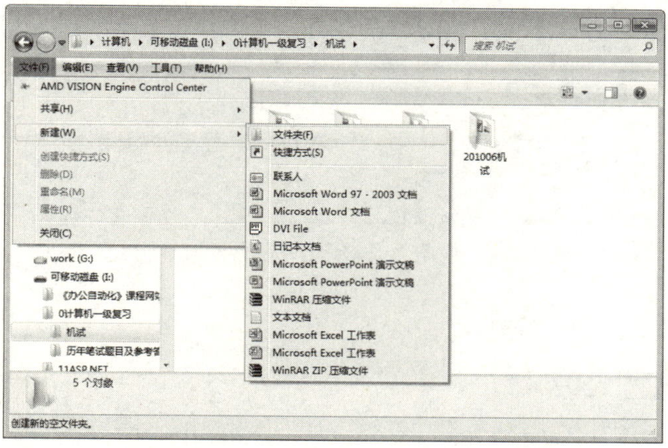

图 2-3-6　使用“文件”菜单创建新文件夹

（4）在文件夹右窗格中出现默认名为“新建文件夹”的新文件夹，用户可重命名文件夹。

2. 方法 2：使用快捷菜单

（1）打开“计算机”窗口。

（2）选定需要新建文件夹的文件夹。

（3）右击文件夹右窗格中的任意空白处，在弹出的快捷菜单中选择“新建”→“文件夹”命令，如图 2-3-7 所示。

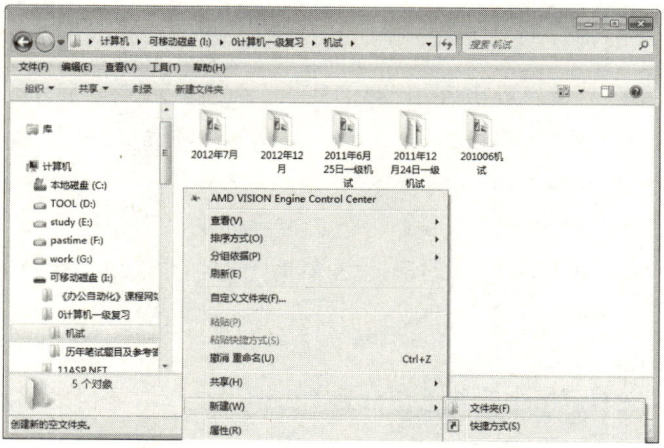

图 2-3-7　使用快捷菜单创建新文件夹

（4）给“新建文件夹”重命名即可。

3. 方法 3：使用工具栏中的按钮

（1）打开“计算机”窗口。

（2）选定需要新建文件夹的文件夹。

（3）单击工具栏中的“新建文件夹”按钮，如图 2-3-8 所示。

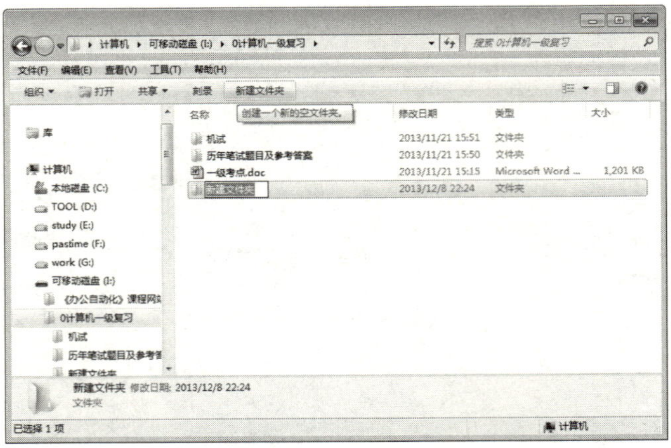

图 2-3-8　使用工具栏中的按钮创建新文件夹

（4）给“新建文件夹”重命名即可。

活动三　选定文件夹或文件

1. 选定单个对象

在文件夹右窗格中单击所选的文件夹或文件的图标或名字，所选定的文件夹名或文件名以蓝底反白显示。

2. 连续选定多个

（1）在文件夹右窗格中单击要选定的第一个文件夹或文件，然后移动鼠标指针到要选定的最后一个文件夹或文件，按住【Shift】键并单击最后一个文件夹或文件，那么，这一组连续的文件夹或文件即被选中。

（2）另一个快捷的方法是按住鼠标左键从连续文件夹或文件区的右上角处开始向左下角拖动，这时就出现一个虚线矩形框，直到此虚线矩形框围住所要选定的全部文件夹或文件为止，然后松开鼠标左键。

3. 选定不连续的多个文件夹或文件

按住【Ctrl】键，单击所要选定的每一个文件夹或文件，都选择好后，就可以放开【Ctrl】键了。

4. 选定全部文件夹或文件

（1）选择“编辑”→“全部选定”命令，可选定当前文件夹中全部文件夹和文件。

（2）在键盘上按“全部选定”命令的快捷键【Ctrl+A】，即可迅速全部选定文件夹右窗格中的全部文件夹和文件。

5. 取消选定的文件夹或文件

只需用鼠标在文件夹右窗格中的任意空白处单击即可全部取消已经选定的文件夹或文件。

活动四　复制与移动文件夹或文件

1. 复制文件夹或文件

（1）方法 1：使用“编辑”菜单。

① 打开原文件所在的文件夹，选定要复制的一个或多个文件夹或文件。

② 选择“编辑”→“复制”命令，此时系统把文件夹或文件复制到剪贴板上。

③ 打开目标文件夹。

④ 选择“编辑”→“粘贴”命令。

（2）方法 2：使用常用工具栏。

① 打开原文件所在的文件夹，选定要复制的一个或多个文件夹或文件。

② 单击常用工具栏中的“复制”按钮，此时系统把文件夹或文件复制到剪贴板上。

③ 打开目标文件夹。

④ 单击常用工具栏中的“粘贴”按钮。

（3）方法 3：使用快捷菜单。

① 打开原文件所在的文件夹，选定要复制的一个或多个文件夹或文件，然后右击，弹出快捷菜单。

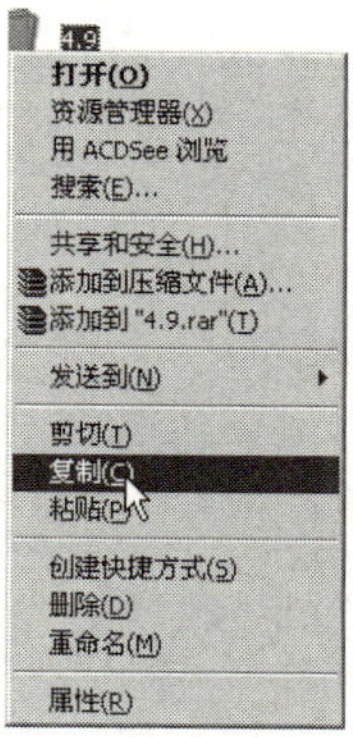

图 2-3-9　快捷菜单

② 选择快捷菜单中的“复制”命令，如图 2-3-9 所示。

③ 打开目标文件夹，右击，弹出其快捷菜单。

④ 选择快捷菜单中的“粘贴”命令。

（4）方法 4：使用鼠标左键拖动。

① 打开原文件所在的文件夹，选定要复制的一个或多个文件夹或文件。

② 按住【Ctrl】键，按住鼠标左键将选定的文件夹或文件拖动到目标文件夹中，此时目标文件夹变成蓝色框，拖动过程中鼠标指针下出现一个标有“+”的小方框，它表示“复制”的意思。

③ 松开鼠标左键和【Ctrl】键。

（5）方法 5：使用鼠标右键拖动。

① 打开原文件所在的文件夹，选定要复制的一个或多个文件夹或文件。

② 按住鼠标右键将选定的文件夹或文件拖动到目标文件夹中，此时目标文件夹变成蓝色框，松开鼠标右键，弹出一个快捷菜单。

③ 选择快捷菜单中的“复制到当前位置”命令即可，如图 2-3-10 所示。

图 2-3-10　选择“复制到当前位置”命令

2. 移动文件夹或文件

移动文件夹或文件的方法与复制文件夹或文件的方法类似，稍作变动即可，具体变动如下。

① 在前 3 种方法中，只要将“复制”命令替换成“剪切”命令即可。

② 在方法 4 中，按住【Shift】键的同时用鼠标左键拖动对象，就可以实现移动的目的。

③ 在方法 5 中，只要用“移动到当前位置”命令替换“复制到当前位置”命令即可。

活动五　删除文件夹或文件

1. 方法 1：直接使用【Delete】键删除

（1）选定要删除文件夹或文件。

（2）按【Delete】键。

（3）弹出“删除文件夹”对话框，单击“是”按钮；如果想取消本次删除操作，可单击“否”按钮，如图 2-3-11 所示。

2. 方法 2：使用“文件”菜单或工具栏中的按钮

（1）选定要删除的文件夹或文件。

（2）选择“文件”→“删除”命令，或单击工具栏上的“删除”按钮。

（3）弹出“删除文件（夹）”对话框，单击“是”按钮。

3. 方法 3：使用快捷菜单

（1）选定要删除的文件夹或文件。

（2）右击，弹出快捷菜单，如图 2-3-12 所示。

图 2-3-11 “删除文件夹”对话框

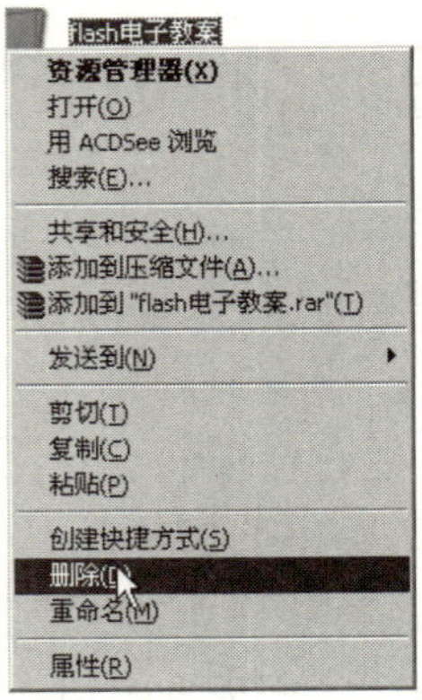

图 2-3-12 快捷菜单

（3）选择快捷菜单中的“删除”命令。

（4）在弹出的“删除文件（夹）”对话框中单击“是”按钮。

4. 方法 4：直接拖动到“回收站”中

将要删除的对象拖动到“回收站”图标上，松开鼠标左键后弹出“删除文件（夹）”对话框，单击“是”按钮即可。

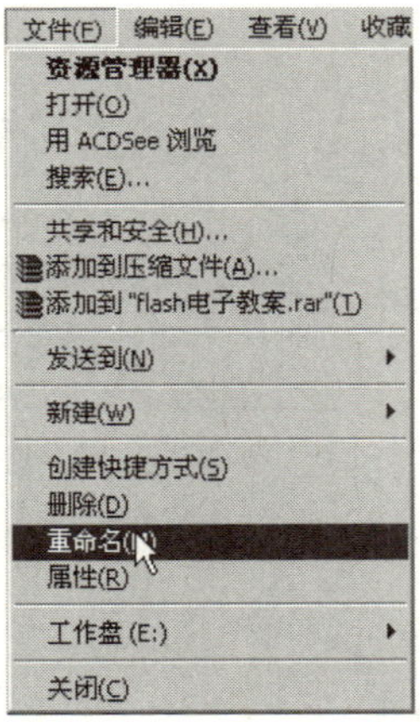

图 2-3-13 “文件”菜单中的“重命名”命令

活动六 重命名文件夹或文件

1. 方法 1：使用“文件”菜单

（1）选定要更名的文件夹或文件。

（2）选择“文件”→“重命名”命令，如图 2-3-13 所示。

（3）在选定的文件夹或文件名字周围出现细线框后进入编辑状态，用户直接输入新的名字，或将插入点定位到要修改的位置，修改文件名。

（4）按【Enter】键，或单击该名字方框外任意处即可。

2. 方法 2：两次单击文件夹或文件

（1）选定要更名的文件夹或文件。

（2）再单击一次该文件夹或文件，等待出现细线框（或按【F2】键）。

（3）在选定的文件夹或文件细线框内直接输入新名字或修改旧名字。

（4）按【Enter】键，或单击该名字方框外任意处即可。

相关知识

1. 文件、文件夹、磁盘属性查看及设置

在 Windows 7 操作系统中，查看文件、文件夹及磁盘的属性非常方便。

（1）打开资源管理器，单击所要查看的磁盘，在窗口的详细信息栏中会显示选中目标的详细信息，如图 2-3-14 所示。

（2）打开资源管理器，右击所要查看的文件夹，在弹出的快捷菜单中选择“属性”命令，弹出“属性”对话框，查看相应信息，如图 2-3-15 所示。

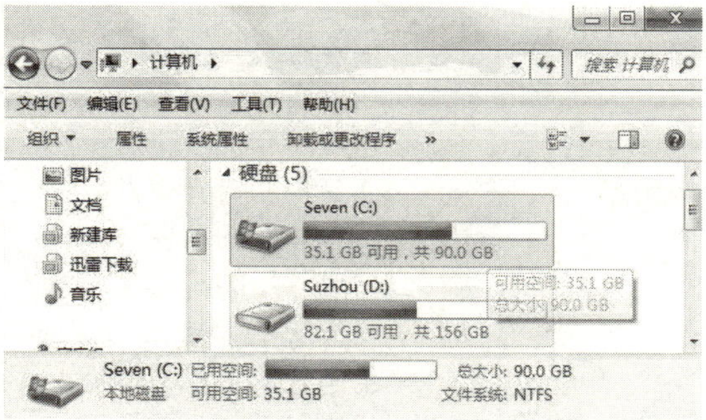

图 2-3-14　查看磁盘的详细信息

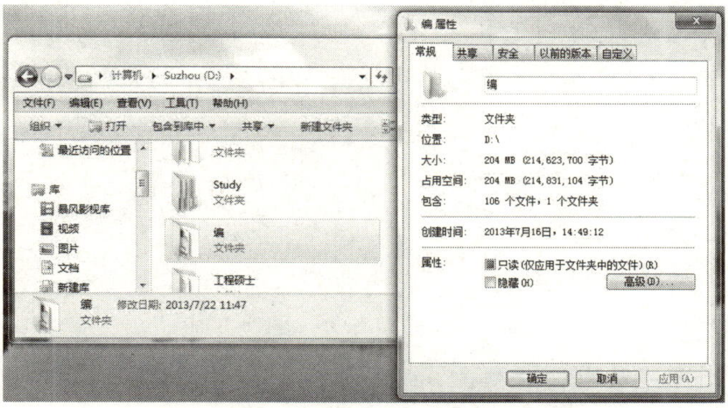

图 2-3-15　查看文件夹的详细信息

（3）打开资源管理器，单击所要查看的文件，可显示文件的详细信息，如图 2-3-16 所示。

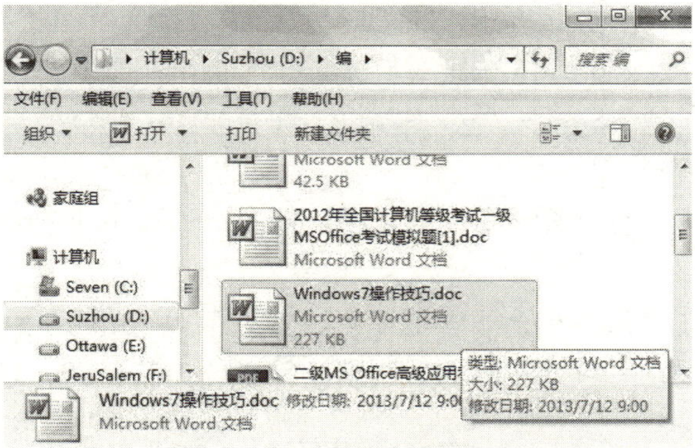

图 2-3-16　查看文件的详细信息

（4）文件、文件夹及磁盘的详细信息在显示上略有不同，但都可以通过右击，在弹出的快捷菜单中选择“属性”命令，弹出相应的“属性”对话框进行查看及设置。

2. 搜索文件

Windows 7 操作系统的搜索框在资源管理器的右上角，用户需要搜索文件时直接在搜索框中输入关键字即可，非常方便。

（1）打开资源管理器，找到右上角的搜索框，如图 2-3-17 所示。

（2）输入关键字，单击搜索图标进行搜索，查看搜索到的结果。搜索完成后，搜索结果数据名称与搜索关键词匹配的部分都会以黄色高亮显示，让用户更容易锁定所需项目，如图 2-3-18 所示。

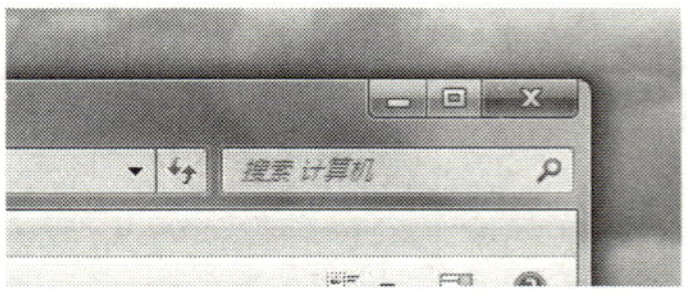

图 2-3-17　搜索框

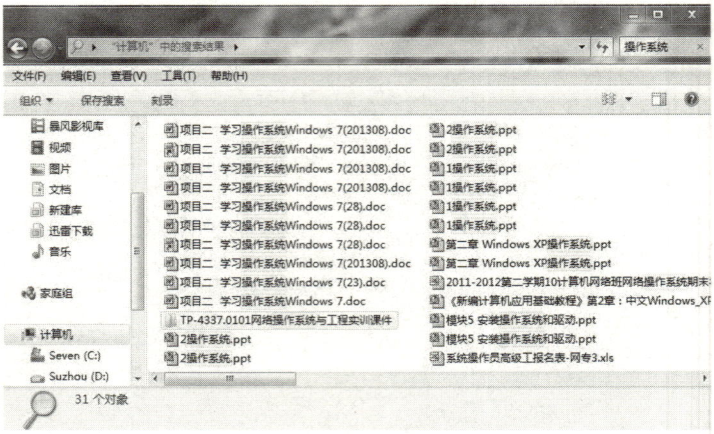

图 2-3-18　搜索结果示例

项目训练

一、设置桌面的外观

1．更改桌面背景。从计算机中找到多张图片，在“桌面背景”中将其设置为桌面背景，时间间隔设置为 10 分钟，无序播放。

2．调整任务栏的位置。弹出“任务栏和「开始」菜单属性”对话框，将任务栏锁定，并将任务栏移动到屏幕右侧。

3．添加桌面小工具。在小工具库中，将 CPU 仪表盘添加到屏幕上方，并设置为较大尺寸。

4．屏幕截图。使用【PrintScreen】按键对屏幕进行截屏，并使用画图程序将截屏图保存为“桌面.jpg”。

二、控制面板的基础操作

1．设置账户密码。在“用户账户”中设置用户新密码为“aaa”，设置成功后，再将用户密码修改为“bbb”。

2．卸载应用程序。在“程序和功能”中卸载计算机中的 Office 2010 软件。

3．设置日期和时间。在“日期和时间”中将计算机的系统日期、时间设置为 2015 年 1 月 1 日，21 时 36 分。

5．查看本机的 IP 地址。在“网络和共享中心”中查看计算机的 IP 地址、子网掩码、默认网关和 DNS 服务器。

6．在 Windows 7 操作系统中添加“中文（简体）—双拼”输入法。

7．打开设置显示器分辨率的界面，使用截图工具将对话框截图，命名为“TU1”并保存。

8．打开 IE 浏览器、记事本和画图程序，然后使用 Windows 任务管理器依次结束任务或者进程，关闭 IE 浏览器、记事本和画图程序。

三、文件及文件夹的操作

1．在 D 盘新建一个文件夹 T□（□是自己的学号最后 4 位，如 T007），打开 T□文件夹，在 T□文件夹下新建“基础项目”“Word 项目”“Excel 项目”“PPT 项目”4 个子文件夹，文件夹树如图 2-3-19 所示。

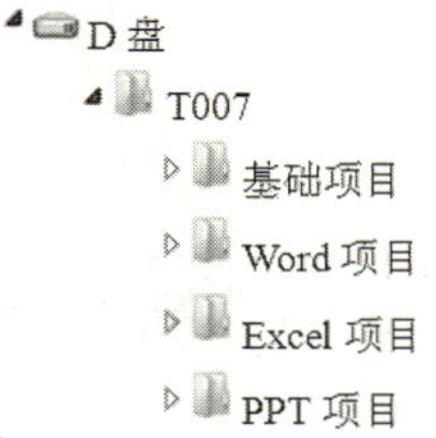

图 2-3-19　文件夹树

2．在 C 盘中查找 BMP 格式的图片文件，选择查找到的一个图片文件，将它复制到“基础项目”文件夹中，重命名为“TU1”，并将此文件的属性设置为“只读”。

3．打开画图程序，利用绘图工具任意绘制一幅图，并将此图片命名为“TU2.jpg”，保存到“基础项目”文件夹中。

4．为 T□文件夹建立桌面快捷方式，并在“开始”菜单的“启动”命令中添加 T□快捷方式。

5．新建一个记事本文档，并将其命名为“test.txt”，文件内容为“学院简介”，字体为“宋体”，字号为“四号”，保存到“基础项目”文件夹中。

6．将“基础项目”文件夹的属性设置为“隐藏”，观察文件或文件夹的变化，最后将刚才被隐藏的文件或文件夹恢复正常。

7．将“基础项目”文件夹打包压缩成“基础项目.rar”，将“基础项目.rar”移动到桌面上，再解压缩。

8．删除桌面上的压缩文件“基础项目.rar”。

9．清空、还原回收站。在“回收站”中将删除的“基础项目.rar”还原，并清空回收站。

10．查看本机的 IP 地址，使用截图工具将对话框截图，命名为“TU3”，保存到“基础项目”文件夹中。

11．在“基础项目”文件夹中新建一个文本文档“mask.txt”，录入并保存本机的 IP 地址、子网掩码、默认网关和 DNS 服务器。

项目三　计算机网络基础与应用

随着计算机网络技术的发展，特别是 Internet 网络技术的高速发展，计算机网络已应用到了社会生活中的各个领域。网络改变了人们生活、学习、工作、人际交往的方式，提高了人们的工作效率和生活水平，推动着社会进步。学习并掌握计算机网络技术是当代大学生应具有的基本技能之一。

任务一　计算机网络基础知识

计算机网络是指地理上分散的多台独立的计算机遵循约定的通信协议，通过软件、硬件互连以实现交互通信、资源共享、信息交换、协同工作及在线处理等功能的系统。本任务将重点介绍计算机网络的基础知识，帮助用户了解计算机网络的分类、常见的传输介质和网络设备，以及 Internet 的基础知识。

要构成一个完整的网络，必须具备以下条件。

（1）两台或两台以上具有独立工作能力的计算机。

（2）利用通信设备和线路构建计算机之间相互通信的传输通道。

（3）计算机之间使用统一的规则或约定（即网络协议）来交换、传递数据。

活动一　计算机网络的类别

按照计算机网络覆盖的地理范围的大小来分类，计算机网络可分为局域网、城域网和广域网。

（1）局域网（Local Area Network，LAN）：小范围内的计算机网络，其范围一般在几米到十几千米，如一个办公室、一个机房、一栋大楼、一个园区等。局域网具有组建方便、使用灵活、配置容易、传输速率高、可靠性好等特点。

（2）城域网（Metropolitan Area Network，MAN）：一个区域内的多个局域网互相连接起来的计算机网络，其规模较大，适用于大城市。其范围一般为 10 千米到 100 千米。

（3）广域网（Wide Area Network，MAN）：涉及范围较大，一般可从几千米到几万千米，它覆盖的地区大、范围广，往往包含几个城市、一个国家，甚至全球。广域网结构复杂，管理难度大。例如，Internet 就是一个广域网。

活动二　常见的传输介质和网络设备

要形成一个能进行信号传输的网络，必须有硬件设备的支持。由于网络的类型不一样，使用的硬件设备可能有所差别，总体来说，网络中的硬件设备大概有传输介质、网卡、路由器和交换机等。

1. 传输介质

传输介质是连接网络中各结点的物理通路。目前，常用的网络传输介质有双绞线电缆、同轴电缆、光纤与无线传输介质。

（1）双绞线电缆。绞线电缆是网络系统中最常用的一种传输介质，可以传输模拟信号和数字信号。双绞线是由两根 22～26 号具有绝缘保护的铜导线按一定的密度相互缠绕组成的。相互缠绕的目的是降低信号的干扰程度。

（2）同轴电缆。同轴电缆用一条导体线传输信号，导体周围裹一层绝缘体和一层同心的屏蔽网，屏蔽层和内部导体共轴。它的特点是抗干扰能力好，传输数据稳定，价格也便宜。

（3）光纤。光纤即光导纤维，是一种传输光束的细而柔韧的介质，通常用透明的石英玻璃拉成丝，由纤芯和包层构成双层通信圆柱体。光纤是网络传输介质中性能最好、应用前途广泛的一种，与其他传输介质比较，光纤的电磁绝缘性能好、信号衰减小、频带宽、传输速度快、传输距离大、保密性强，完全满足现代网络长距离和大容量信息传输的要求。

（4）无线传输介质。常用的无线传输介质有微波、红外线、无线电、激光和卫星，它们都以空气为传输介质。无线传输介质的带宽可达到几十兆比特每秒，如微波为 45Mb/s，卫星为 50Mb/s。室内传输距离一般在 200 米以内，室外为几十千米到上千千米。

采用无线传输介质连接的网络称为无线网络，目前比较流行的有 Wi-Fi、蓝牙等技术。

2. 网卡

网卡（Network Interface Card，NIC）也称网络适配器，是计算机和计算机之间直接或间接通过传输介质相互通信的接口。网卡负责计算机主机与传输介质之间的连接、数据的发送与接收、介质访问控制方法的实现。网卡插在计算机或服务器扩展槽中，通过网络线（如双绞线电缆、同轴电缆或光缆）与网络交换数据、共享资源。网卡的好坏直接影响着用户将来的软件使用效果和物理功能的发挥。选购网卡需考虑速度、接口类型。另外，还应查看其所带驱动程序支持何种操作系统；如果用户对速度要求较高，则应考虑选择全双工的网卡；若安装无盘工作站，则需让销售商提供对应网络操作系统上的引导芯片（Boot ROM）。

网络线路与用户结点具体衔接时，根据网络类型的不同，还需要有 T 形连接器、收发器、RJ–45 连接头等。

3. 路由器

路由器（Router）是连接 Internet 中各局域网、广域网的设备，如图 3-1-1 所示。它会根据信道的情况自动选择和设定路由，以最佳路径，按前后顺序发送信号。路由器是互联网络的枢纽，已经广泛应用于各行各业，各种不同档次的产品已成为实现各种骨干网内部连接、骨干网间互联和骨干网与互联网互联互通业务的主力军。

图 3-1-1　路由器

4. 交换机

交换机也称交换式集线器，它可以为接入交换机的任意两个网络结点提供独享的电信号通路，是局域网计算机中信息传递的重要设备，如图 3-1-2 所示。

图 3-1-2　交换机

5. 调制解调器

调制解调器（Modem）是一个将数字信号与模拟信号进行互相转换的网络设备。它的一端连接计算机，另一端连接电话线接入电话网，通过 Internet 服务提供商接入 Internet，不断地进行将计算机传递的数字信号转换成电话线能传输的模拟信号（调制），以及将电话线接收的模拟信号转换成计算机使用的数字信号（解调）的过程。

活动三　认识 Internet

1. Internet 的概念

Internet 意为国际互联网络，它的前身为美国国防部于 1969 年组建的 ARPANet（阿帕网），自从 ARPANet 出现后，一些与 ARPANet 有关的以太局域网就开始应用 IP 地址技术与 ARPANet 互连形成了 Internet。1986 年，美国国家科学基金会（NFS）投资建成了 NFSNet，并取代了 APRANet 成为 Internet 的骨干网。1991 年，美国企业组成了“商用 Internet 协会”。商业的介入进一步发挥了 Internet 在通信、资料检索、客户服务等方面的巨大潜力，也给 Internet 带来了新的飞跃。

WWW 技术的引入及个人计算机技术的发展使 Internet 进入了千家万户。我国于 1994 年 5 月正式接通 Internet，Internet 在中国的发展也异常迅速。1997 年 4 月，我国的 ChinaGBNET、CERNET、CSTNET 之间实现了互连，极大地促进了互联网的发展，截至 2018 年 6 月，我国互联网用户数达到 8.41 亿。

2. Internet 提供的服务

（1）万维网。

万维网（World Wide Web，WWW）是欧洲粒子物理研究所（CERN）的 Timonthy Berners Lee 发明的，它使得浏览互联网上信息的变得更加容易，而且利用由美国国家超级计算应用中心编写的 Mosaic 浏览器，只需通过鼠标的点击，就可以浏览一个图文并茂的网页（Web Page），并且每一个网页之间都有超链接，通过点击超链接，用户就可以切换到该超链接指向的网页。由于 WWW 提供了一种简单、统一的方法来获取网络上丰富多彩的信息，无须关心一些技术性的细节，而且界面非常友好，因此一推出就迅速得到了爆炸性的发展。在 Mosaic 浏览器推出的第一年里，WWW 服务器的数量从 100 个增长到 7 000 个。

（2）E-mail。

E-mail（电子邮件）是 Internet 上使用最广泛的一种服务。用户只要能与 Internet 连接，具有能收发 E-mail 的程序及个人的 E-mail 地址，就可以与 Internet 上具有 E-mail 的所有用户方便、快速、经济地交换 E-mail。E-mail 中除文本外，还可包含声音、图像、应用程序等各类计算机文件。此外，用户还可以邮件方式在网上订阅电子杂志、获取所需文件、参与有关的公告和讨论组，还可浏览 WWW 资源。

收发 E-mail 必须有相应的软件支持。常用的收发 E-mail 的软件有 Exchange、Outlook Express 等，这些软件提供 E-mail 的接收、编辑、发送及管理功能。大多数 Internet 浏览器也都包含收发

E-mail 的功能，如 Internet Explorer 和 Navigator/Communicator。

邮件服务器在发送和接收邮件时必须遵守 TCP/IP 协议集中的协议，现在广泛使用的两种电子邮件协议是简单邮件传输协议（Simple Message Transfer Protocol，SMTP）和邮局协议版本 3（Post Office Protocol 3）。SMTP 是应用比较广的邮件协议，SMTP 不提供信件安全保障，不需要认证，即使发送邮件的用户不是 SMTP 服务器的合法用户，也可以通过某个 SMTP 服务器发送邮件。用 SMTP 发送的电子邮件通常容量较大，会占用较多的网络带宽和邮件存储空间。大部分接收邮件服务器遵循 POP3。用户必须拥有 ISP 提供的账户、口令，才能接收 POP3 邮件。

（3）Usenet。

Usenet（新闻组）是全世界最大的电子布告栏系统，由遍布全世界的成千上万台计算机和新闻组服务器组成，它根据管理员达成的协议，在这些计算机之间进行信息交换，用户可以在新闻组上提出自己在生活、工作中的问题，发布有关学术、商业及其他感兴趣的观点，这使得新闻组就像一个世界性的聊天广场，其覆盖了各种主题。

（4）FTP。

FTP（File Transfer Protocol，文件传输协议）是 Internet 上文件传输的基础，通常所说的 FTP 是基于该协议的一种服务。FTP 允许 Internet 上的用户将一台计算机上的文件传输到另一台上，包括文本文件、二进制可执行文件、声音文件、图像文件、数据压缩文件等几乎所有类型的文件。

FTP 实际上是一套文件传输服务软件，它以文件传输为界面，使用简单的 get 或 put 命令进行文件的下载或上传，如同在 Internet 上执行文件复制操作一样。大多数 FTP 服务器主机都采用 UNIX 操作系统，但普通用户通过 Windows 95 或 Windows 98 也能方便地使用 FTP。

FTP 最大的特点是用户可以使用 Internet 上众多的匿名 FTP 服务器。所谓匿名服务器，指的是不需要专门的用户名和口令就可进入的系统。用户连接匿名 FTP 服务器时，都可以用“anonymous”（匿名）作为用户名，以自己的 E-mail 地址作为口令登录。登录成功后，用户便可以从匿名服务器上下载文件。匿名服务器的标准目录为 pub，用户通常可以访问该目录下所有子目录中的文件。考虑到安全问题，大多数匿名服务器不允许用户上传文件。

（5）Telnet。

Telnet 是 Internet 远程登录服务的一个协议，该协议定义了远程登录用户与服务器交互的方式。Telnet 允许用户在一台联网的计算机上登录到一个远程分时系统中，然后像使用自己的计算机一样使用该远程系统。

要使用远程登录服务，必须在本地计算机上启动一个客户应用程序，指定远程计算机的名字，并通过 Internet 与之建立连接。一旦连接成功，本地计算机就像通常的终端一样，直接访问远程计算机系统的资源。远程登录软件允许用户直接与远程计算机交互，通过键盘或鼠标操作，客户应用程序将有关的信息发送给远程计算机，再由服务器将输出结果返回给用户。用户退出远程登录后，用户的键盘、显示控制权又回到本地计算机。一般用户可以通过 Windows 的 Telnet 客户程序进行远程登录。

3. IP 地址

借助于各种传输介质和网络设备将分布在不同地域的计算机连成网络以后，计算机之间相互通信是依靠计算机的网络地址（相当于人们的通信地址，每台计算机都不相同）进行的，发送方在传送的信息上写明接收方计算机的网络地址，信息就能通过网络传递到接收方。

在 Internet 中，计算机的地址由 IP 协议负责定义与转换，所以又称 IP 地址。目前使用的 IP 协议的版本为 IPv4，它规定计算机的 IP 地址为 32 位二进制数（占 4 字节）。要记住每台计算机的

32 位二进制编号很困难，所以人们通常用 4 个十进制数来表示 IP 地址，每个十进制数对应 IP 的 8 位二进制位，十进制数之间用“.”分开，这种方法又称点分十进制。例如，“11111111111111111111111100000111”就表示为“255.255.255.7”，其转换规则是将 IP 地址的每个字节分别转换为十进制数，因为 8 位二进制数最大为 255，所以 IP 地址中每位十进制数不超过 255。IP 地址是有限资源，目前基本上已经用完。人们为此设计了 IPv6，它采用 128 位二进制数表示 IP 地址，拥有足够多的地址资源，IPv6 将是未来网络地址的标准。

如果要查看某台计算机的 IP 地址，具体操作步骤如下。

（1）打开“网络和共享中心”窗口。

（2）查看本地连接状态，如图 3-1-3 所示，单击“详细信息”按钮，弹出“网络连接详细信息”对话框，即可查看 IP 地址，如图 3-1-4 所示。

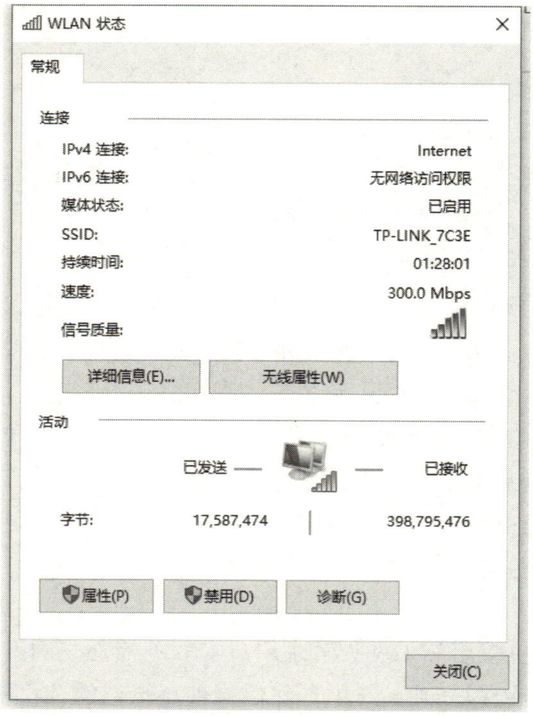

图 3-1-3　本地连接状态

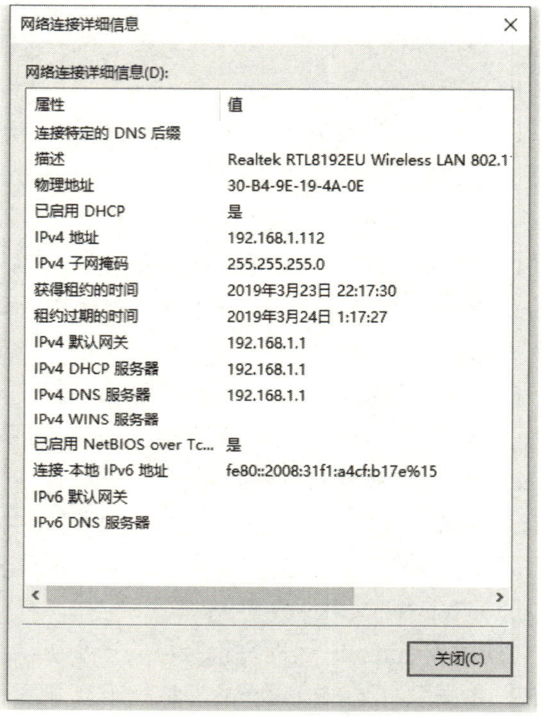

图 3-1-4　查看 IP 地址

4. 域名系统

（1）域名。

域名（Domain Name）是由一串用点分隔的名字组成的 Internet 上某一台计算机或计算机组的名称，用于在数据传输时标识计算机的电子方位（有时也指地理位置）。

由于 IP 地址是数字标识，使用时难以记忆和书写，因而产生了域名这一种字符型标识。域名由一串用点分隔的名字组成，其通用格式是计算机主机名.机构名.网络名.顶级域名。例如，ibm330.ihep.ac.cn，其中 ibm330 表示这台主机的名称；ihep 表示中科院高能物理所；ac 表示科研院所；cn 表示中国。

顶级域名目前采用两种划分方式：①以所从事的行业领域作为顶级域名；②以国别作为顶级域名。部分国家（和地区）及机构的顶级域名如表 3-1-1 所示。

表 3-1-1　部分国家（和地区）及机构的顶级域名

代　　码	机构名称	代　　码	国家名称
.com	商业机构	.cn	中国
.edu	教育机构	.jp	日本
.gov	政府机构	.hk	中国香港
.int	国际组织	.uk	英国
.mil	军事机构	.ca	加拿大
.net	网络服务机构	.de	德国
.org	非营利机构	.fr	法国

（2）域名系统。

域名系统（Domain Name System，DNS）是 Internet 的一项核心服务，它作为可以将域名和 IP 地址相互映射的一个分布式数据库，能够使人更方便地访问 Internet，而不用去记住能够被机器直接读取的 IP 地址数串。

例如，www.wikipedia.org 是一个域名，和 IP 地址 208.80.152.2 相对应。DNS 就像一个自动的电话号码簿，我们可以直接拨打 wikipedia 的名字来代替电话号码（IP 地址）。我们直接调用网站的名字以后，DNS 就会将便于人类使用的名字（如 www.wikipedia.org）转化成便于机器识别的 IP 地址（如 208.80.152.2）。

5. 统一资源定位符

统一资源定位符（Uniform Resource Locator，URL）也称网页地址，用来标识 WWW 中的页面和资源，一般格式为协议://IP 地址或域名/路径/文件名。

例如，网页地址 http://www.gxibvc.net/info/1829/6206.htm，这里 http 指超文本传输协议，www.gxibvc.net 是域名，/info/1829/6206.htm 是路径和文件名。

Internet 上的每个文件都有一个唯一的 URL，它包含的信息指出文件的位置及浏览器应该怎么处理它。

6. 超文本传输协议

超文本传输协议（HyperText Transfer Protocol，HTTP）是从 WWW 服务器传输器传输超文本到本地浏览器的传输协议，它不仅保证计算机正确快速地传输超文本文档，还确定传输文档中的哪一部分，以及哪部分内容首先显示（如文本先于图形）等。

7. HTML

HTML 是一种用于创建网页文档的简单标记语言，使用 HTML 标记和元素创建的文档就是 HTML 文档，此类文档以.htm 或.html 作为扩展名保存在 Web 服务器上。

任务二　连接 Internet

活动一　接入 Internet

Internet 是将横跨全球的各种不同类型的计算机网络连接起来的一个全球性的网络。在 Internet 上有取之不尽、用之不竭的信息财富。随着信息技术的发展，人们对网络的依赖性日益增强，日常办公和学习等工作都需要借助 Internet 这一工具来完成，对于家庭用户和小型企业来说，让计算机或小型局域网接入 Internet 的主要方法有 ADSL 接入、小区宽带接入和 4G 网络接入等，本案例主要讲解以 ADSL 方式接入 Internet。

以 ADSL 方式接入 Internet，首先需要去宽带服务提供商（如中国电信、中国联通等公司）开通相关的服务，然后需要准备一台 ADSL Modem。

1. 单台计算机连接 Internet

单台计算机通过 ADSL 连接 Internet，网络连接如图 3-2-1 所示。具体设置步骤如下。

（1）选择“开始”→“控制面板”命令，打开“控制面板”窗口，选择“网络和共享中心”选项，打开“网络和共享中心”窗口，如图 3-2-2 所示。

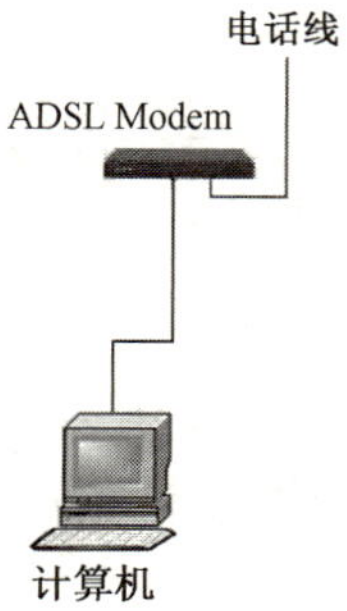

图 3-2-1　ADSL 连接

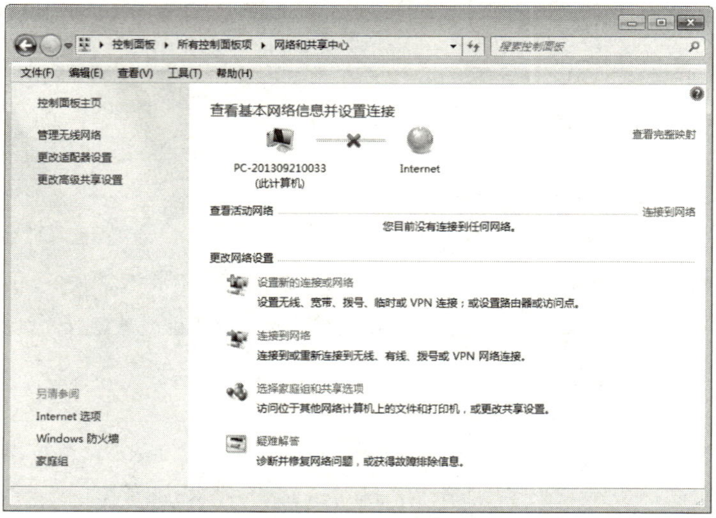

图 3-2-2　“网络和共享中心”窗口

（2）选择“更改网络设置”选项组中的“设置新的连接或网络”选项，打开“设置连接或网络”向导，如图 3-2-3 所示。

（3）按照向导的提示，选择“连接到 Internet”选项，然后单击“下一步”按钮，如图 3-2-3 所示。

（4）Windows 7 操作系统会根据计算机所连接的设备自动推荐连接方式，如图 3-2-4 所示。

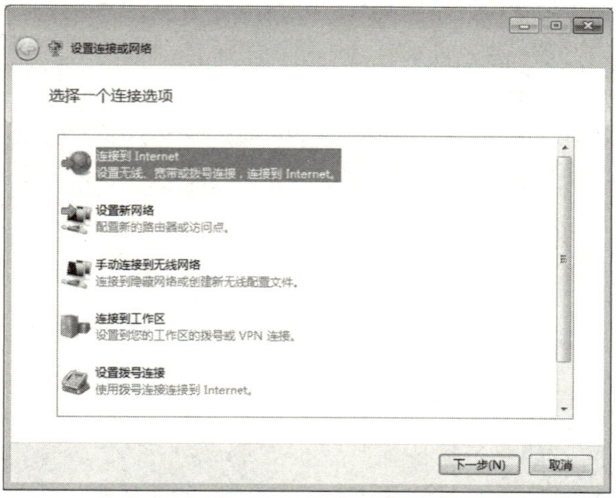

图 3-2-3　选择网络连接类型

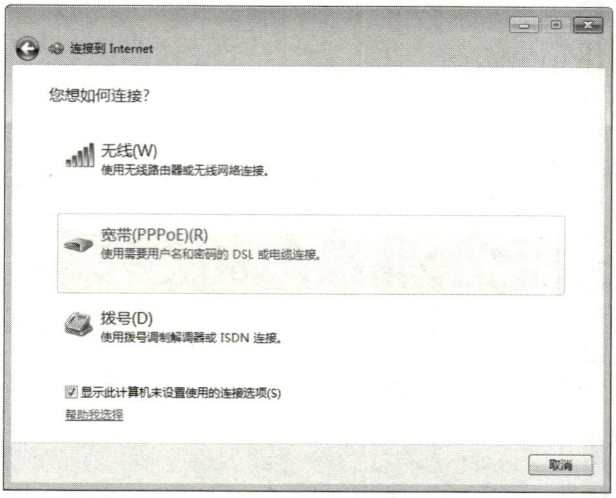

图 3-2-4　选择连接方式

（5）在图 3-2-5 中分别输入运营商提供的用户名、密码等信息后，单击“连接”按钮。

（6）连接上网络后，在状态栏中可看到图标。单击该图标，进入如图 3-2-6 所示的界面，可选择断开连接或者打开“网络和共享中心”窗口。

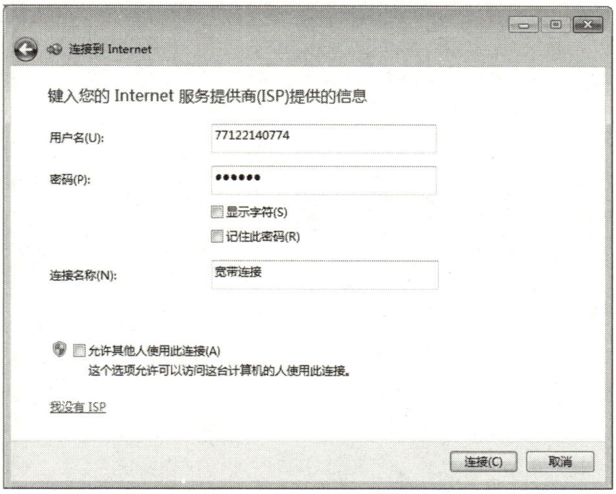

图 3-2-5　输入用户名和密码

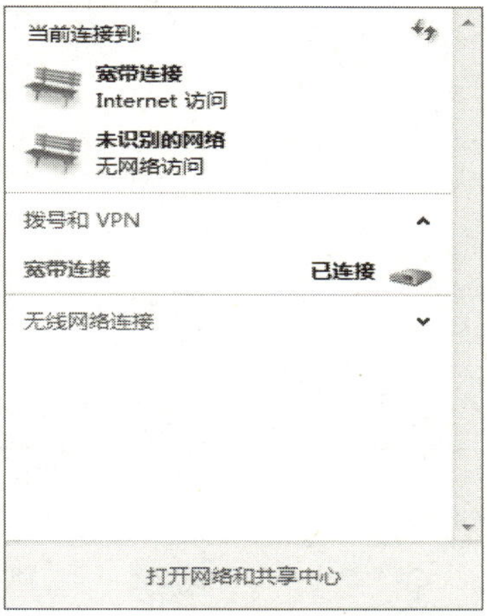

图 3-2-6　网络连接状态

（7）此时若打开“网络和共享中心”窗口，效果如图 3-2-7 所示。

（8）下次开机要联网，首先双击桌面上的“宽带连接”图标，然后输入用户名和密码，单击“连接”按钮即可接入 Internet，如图 3-2-8 所示。

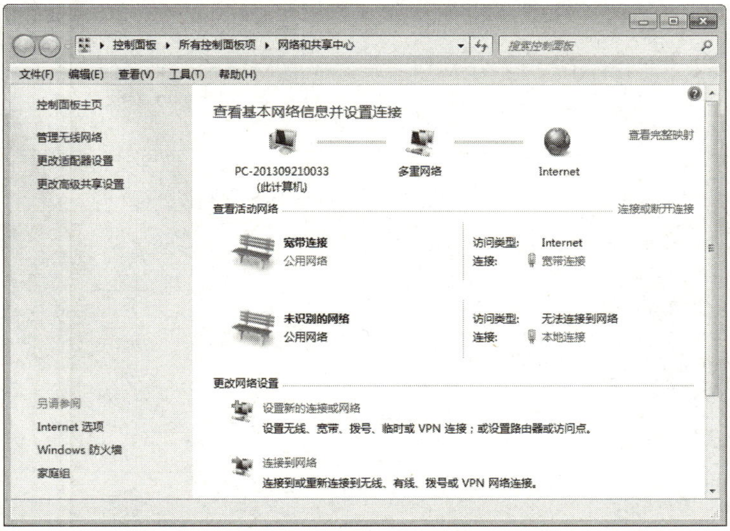

图 3-2-7　“网络和共享中心”窗口

图 3-2-8　连接 Internet

2. 多台计算机共享 ADSL 上网

多台计算机通过路由器共享 ADSL 上网，网络连接如图 3-2-9 所示。具体设置步骤如下。

（1）首先将所需接入 Internet 的计算机组成带路由器的局域网，然后使 ADSL Modem 与路由器相连。一般情况下路由器默认的 IP 地址为 192.168.1.1，所以其他计算机的 IP 应该从 192.168.1.2 开始设置，如果路由器开启 DHCP 功能，那么其他计算机选中“自动获得 IP 地址”和“自动获得 DNS 服务器地址”单选按钮，如图 3-2-10 所示。

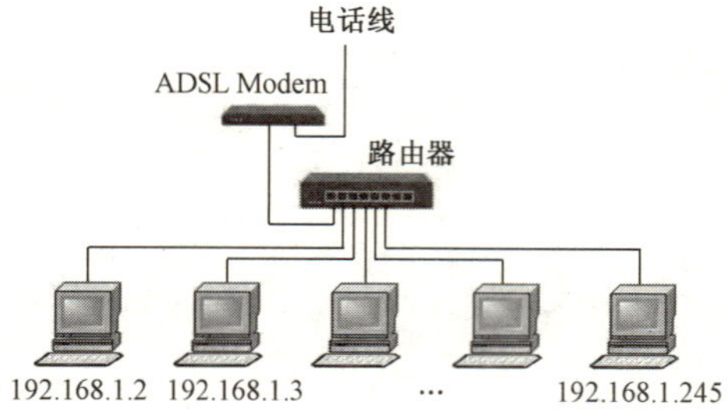

图 3-2-9　共享 ADSL 上网的网络连接

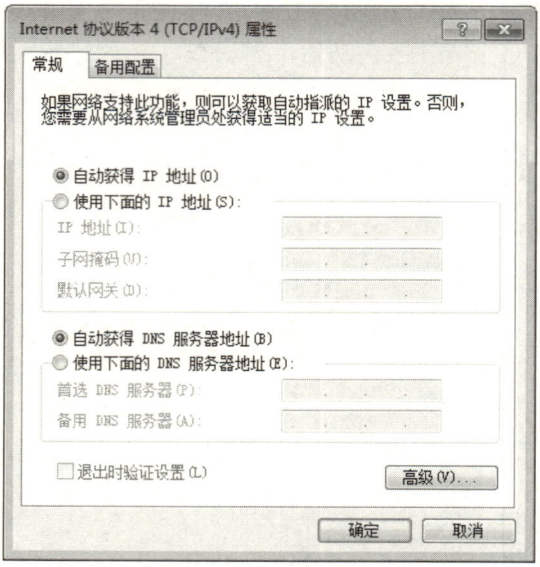

图 3-2-10　设置 IP 地址

（2）将局域网线插入无线路由器的“WAN”端口，一般路由器都有几个网线接口，分为两种颜色，有一个口的颜色和其他口不同，这就是“WAN”端口。将一根 1 米左右的两头都有水晶头的网线，一头插到以前能上网的家庭电脑的网卡上，一头插到路由器的其他任何一个端口。给无线路由器接通电源，如图 3-2-11 所示。

（3）选择其中一台计算机，打开 IE 浏览器，在地址栏中输入“192.168.1.1”，按【Enter】键后进入用户登录界面。在“用户名”和“密码”栏中分别输入“admin”和“admin”就可以登录路由器了（本案例以迅捷 FW150R 家用路由器为例，路由器的默认 IP 地址为“192.168.1.1”，默认用户名为“admin”，密码为“admin”），如图 3-2-12 所示。

图 3-2-11　路由器的连接

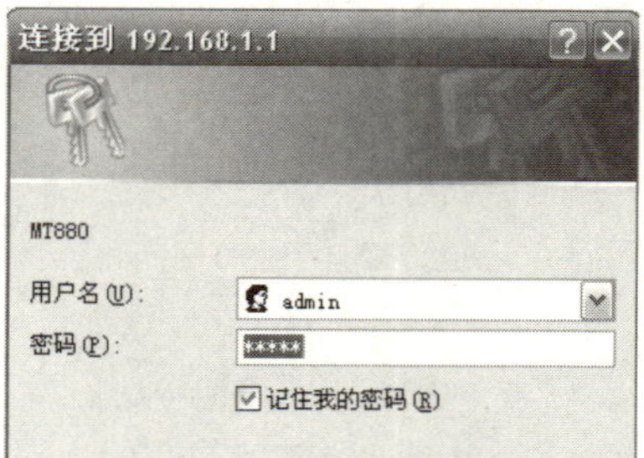

图 3-2-12　登录路由器

（4）进入路由器设置界面以后，选择“网络参数”→“WAN 口设置”选项，进入如图 3-2-13 所示的界面。

（5）在 WAN 口设置中，WAN 口的连接类型为“PPPoE”，输入从宽带提供商那里申请到的用户名和密码，其他参数使用默认值，设置完毕后单击“连接”按钮向宽带提供商拨号，拨号成功后，局域网网内的其他计算机就可以通过该路由器共享 ADSL 访问 Internet 了，如图 3-2-14 所示。

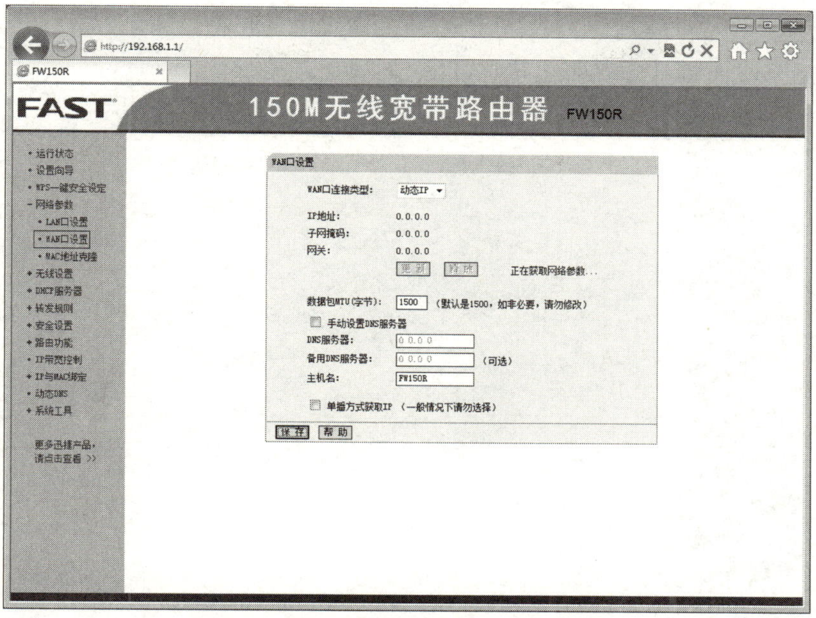

图 3-2-13　路由器配置界面

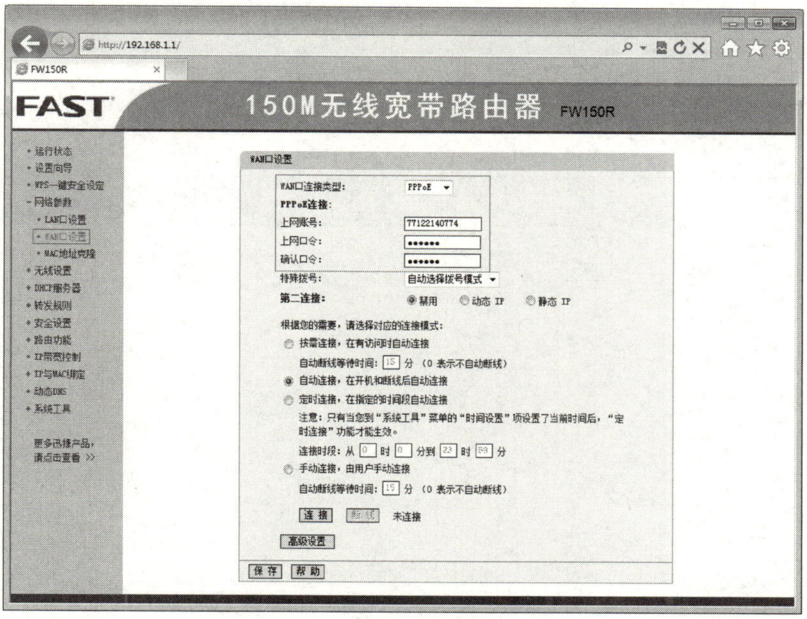

图 3-2-14　WAN 口设置

活动二　设置 Wi-Fi

（1）选择局域网中的一台计算机，打开 IE 浏览器，在地址栏中输入“192.168.1.1”，按【Enter】键后进入用户登录界面。在“用户名”和“密码”栏中分别输入“admin”和“admin”后就可以登录路由器了（本案例以迅捷 FW150R 家用路由器为例，路由器的默认 IP 地址为“192.168.1.1”，默认用户名为“admin”，密码为“admin”）。

（2）进入路由器设置界面以后，选择“无线设置”→“基本设置”选项，进入如图 3-2-15 所示的界面。在该界面中，可以设置 SSID 号，即无线网络名称，然后单击“保存”按钮。

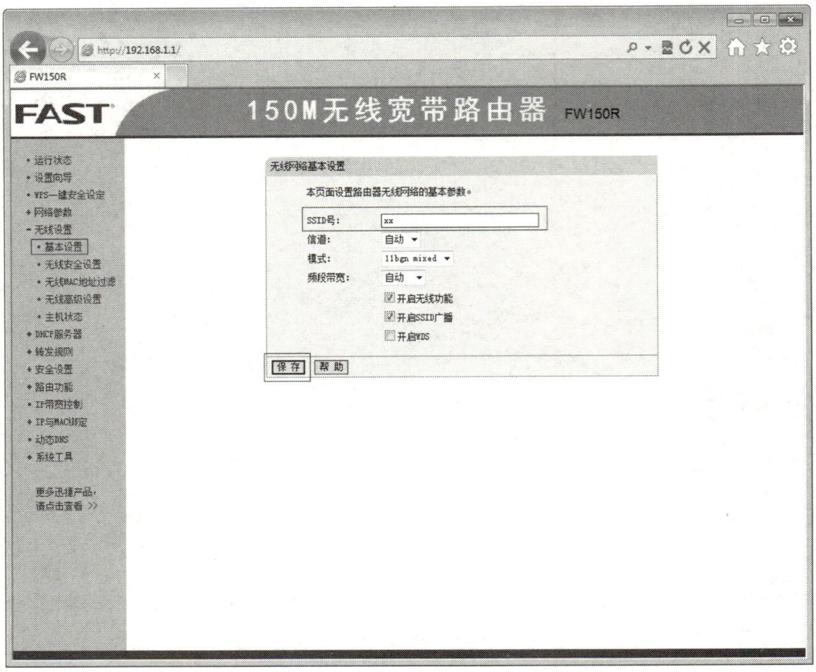

图 3-2-15　无线网络基本设置界面

（3）选择“无线设置”→“无线安全设置”选项，进入如图 3-2-16 所示的界面。

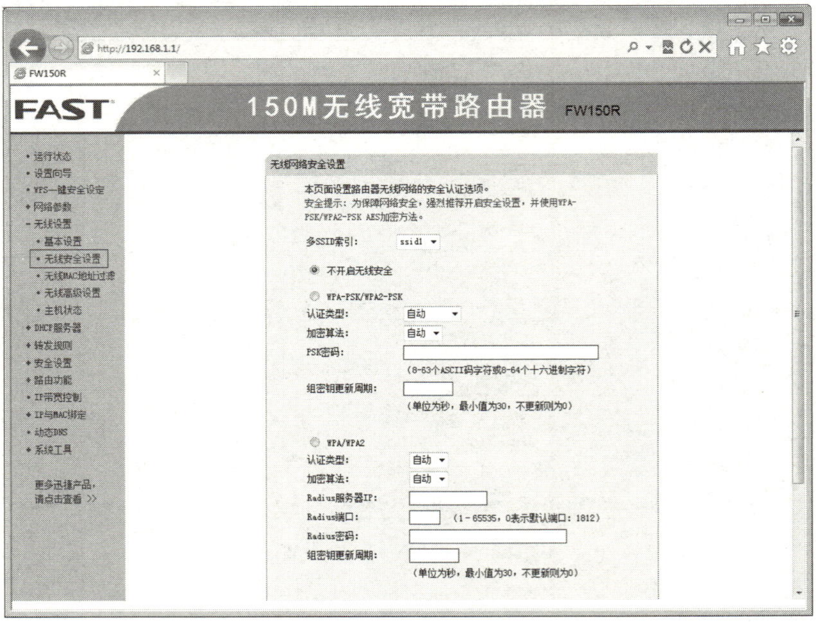

图 3-2-16　无线网络安全设置界面

（4）在选中“WPA-PSK/WPA2-PSK”单选按钮，设置认证类型为“自动”，加密算法为“AES”，在“PSK 密码”中设定 Wi-Fi 的密码，密码要求输入 8 个以上的字符，然后单击“保存”按钮，如图 3-2-17 所示。

（5）修改路由器的登录密码。选择“系统工具”→“修改登录口令”选项，输入原用户名、原口令、新用户名、新口令、确认新口令信息后，单击“保存”按钮。进入如图 3-2-18 所示的界面。

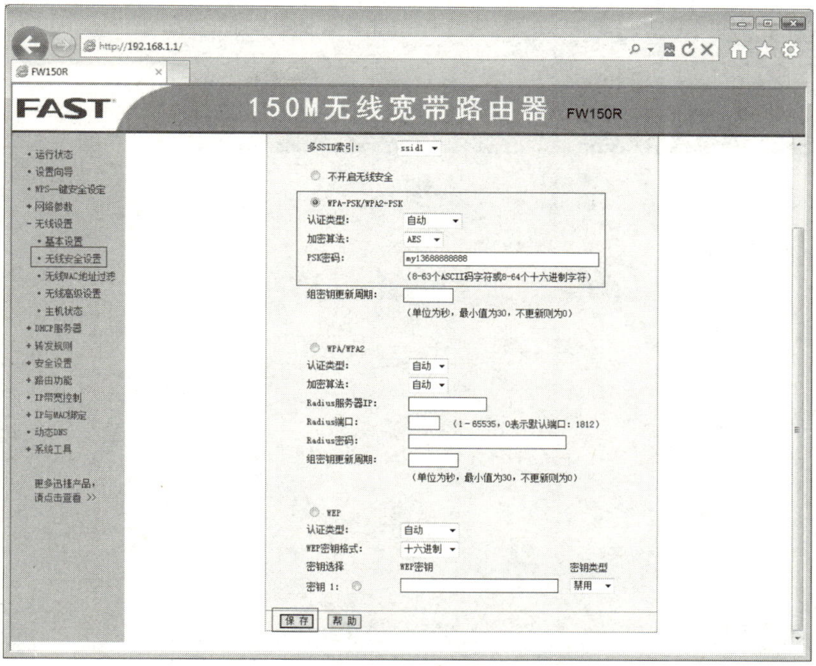

图 3-2-17　无线网络安全设置

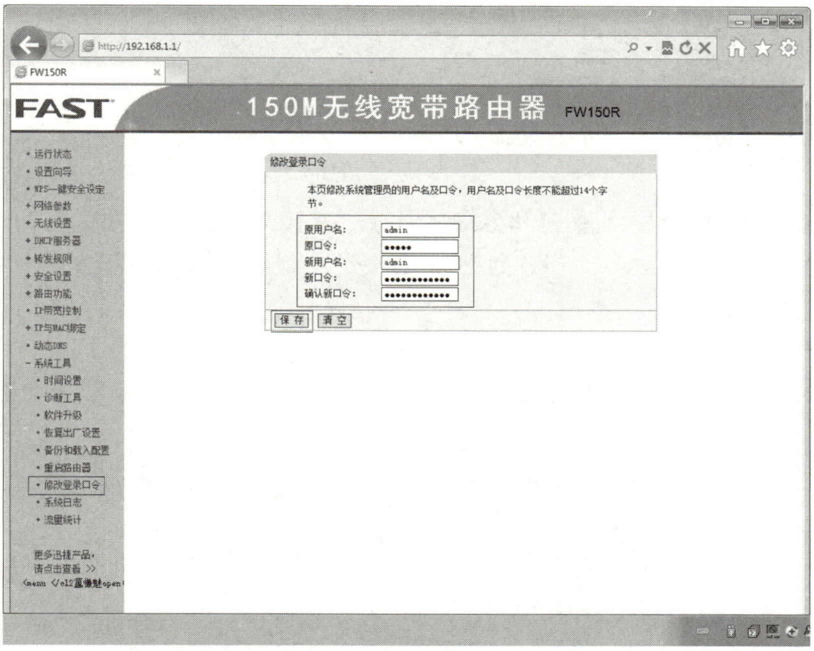

图 3-2-18　修改路由器的登录密码

（6）重启路由器。选择“系统工具”→“重启路由器”选项，进入如图 3-2-19 所示的界面，单击“重启路由器”按钮重启路由器。重启后，刚才所配置的信息生效。

（7）配置完成后，单击任务栏中的图标，找到刚才设置的无线网络名称“xx”，单击连接，并输入该 Wi-Fi 的密码，就可以连接上网络了，如图 3-2-20 所示。

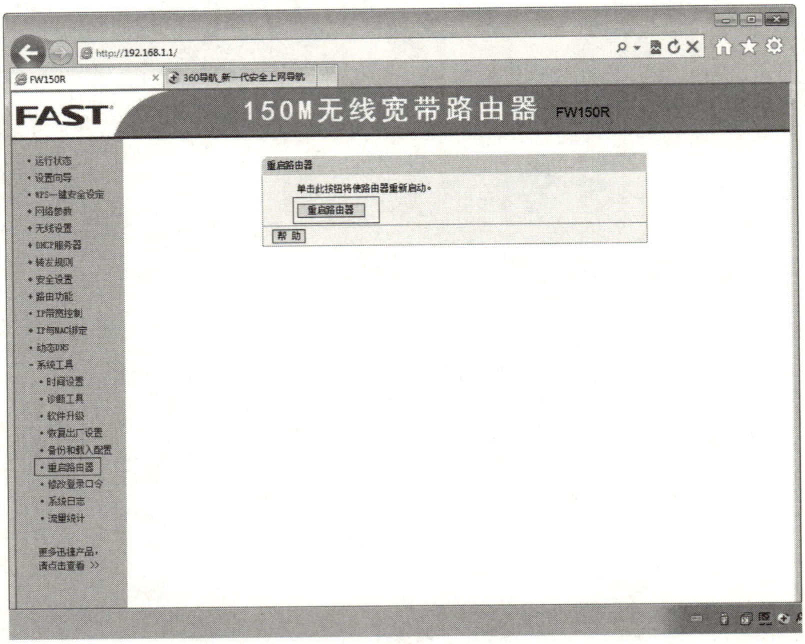

图 3-2-19　重启路由器

图 3-2-20　连接上 Wi-Fi

任务三　信息浏览与搜索

活动一　IE 浏览器

Internet 网站包含丰富的可用信息和多媒体资源，人们可以通过一个被称为 Web 浏览器的应用程序来访问这些信息。Windows 系统中包含的 IE 是一个最流行的 Web 浏览器，可以搜索、查看和下载 Internet 上的各种信息。

1. 使用 IE 浏览器上网

（1）双击 Windows 7 操作系统桌面上的“Internet Explorer”图标或者单击任务栏上的 IE 图标（），运行 IE 浏览器，如图 3-3-1 所示。

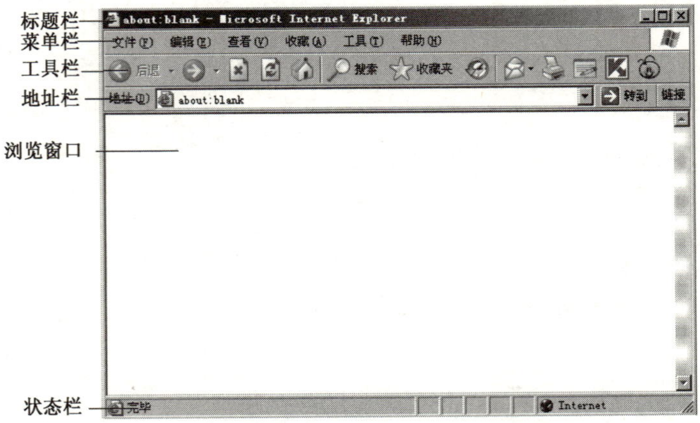

图 3-3-1　IE 浏览器的主界面

提示：

IE 浏览器主界面的构成部分如下。

① 标题栏：显示浏览器图标和网页标题。

② 菜单栏：包括“文件”“编辑”“查看”“工具”“收藏”和“帮助”等菜单项。

③ 工具栏：在标准工具栏部分包括“后退”“前进”“停止”“刷新”“主页”“搜索”“收藏夹”“历史”“邮件”“打印”等按钮。

④ 地址栏：又称 URL 文本框，在这里显示当前 URL 页的地址，用户在这里可以输入、修改或搜索 URL 地址。

⑤ 浏览窗口：显示网页的窗口，如果网页的内容在屏幕上显示不全时，在右侧会出现滚动条，利用鼠标可以上下移动浏览的区域。

⑥ 状态栏：显示当前浏览器的工作状态。例如，在打开一个网页时，状态栏中会显示连接的状态，正在连接或是连接完毕。

（2）在 IE 浏览器的地址栏中输入要访问的网站地址。例如，访问新浪网站，就在地址栏中输入地址“http://www.sina.com.cn”，然后按【Enter】键，就会进入新浪网首页，如图 3-3-2 所示。

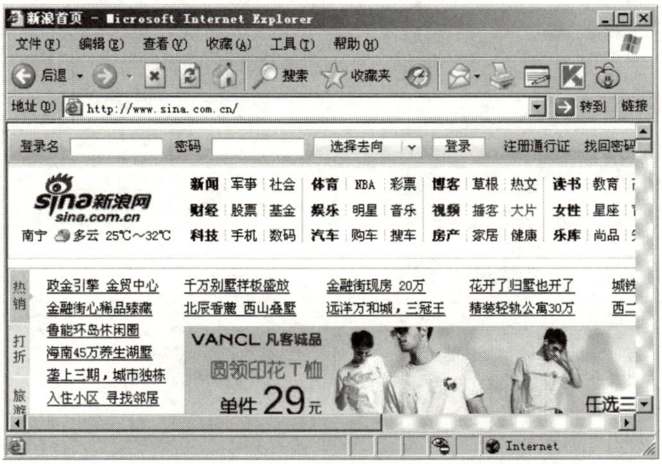

图 3-3-2 新浪网首页

（3）为了便于下次访问，可以将访问过的网站添加到个人收藏夹。选择“收藏”→“添加到收藏夹”命令，如图 3-3-3 所示。

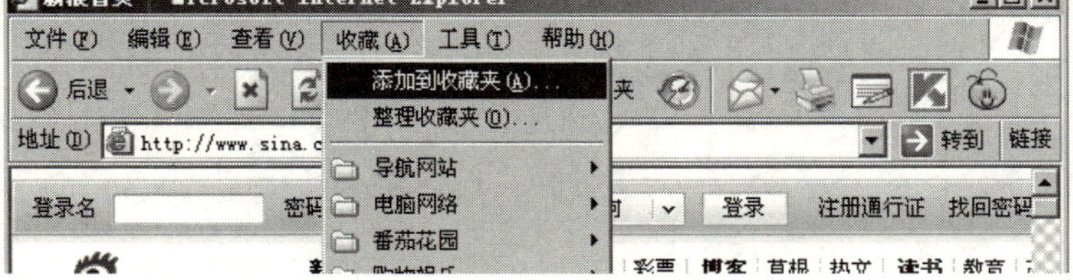

图 3-3-3 “添加到收藏夹”命令

（4）弹出“添加到收藏夹”对话框，如图 3-3-4 所示，在该对话框中进行收藏项目的设定。首先选择是否“允许脱机使用”，然后在“名称”栏中输入网站的名称。在“创建到”列表框中选择需要添加网站的收藏路径，如果直接放到“收藏夹”菜单中就选择“Favorite”选项；如果需要添加到其他的地方，可以选择下面的文件夹或者直接单击“新建文件夹”按钮重新创建一个文件夹收藏。

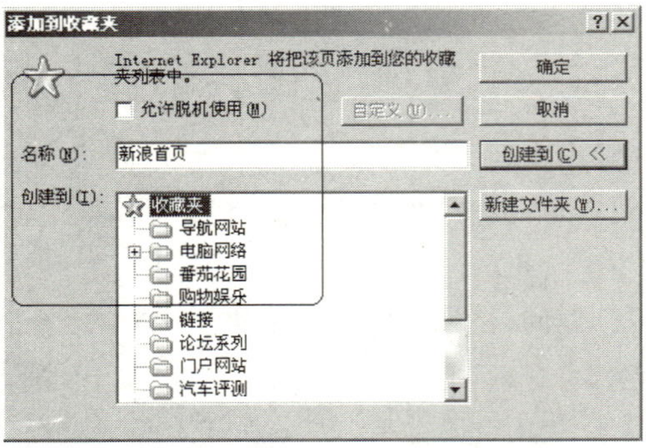

图 3-3-4 “添加到收藏夹”对话框

2. IE 浏览器的设置

（1）打开 IE 浏览器，选择“工具”→“Internet 选项”命令，弹出“Internet 选项”对话框，如图 3-3-5 所示。

（2）选择“常规”选项卡，在“地址”栏中输入网站地址可以进行默认主页设置。单击“删除 Cookies”按钮可以删除 Cookie 信息。单击“清除历史记录”按钮可以对上网历史记录进行清除，如图 3-3-6 所示。

（3）选择“安全”选项卡，对网站的信任级别及该区域的安全级别进行设置，如图 3-3-7 所示。

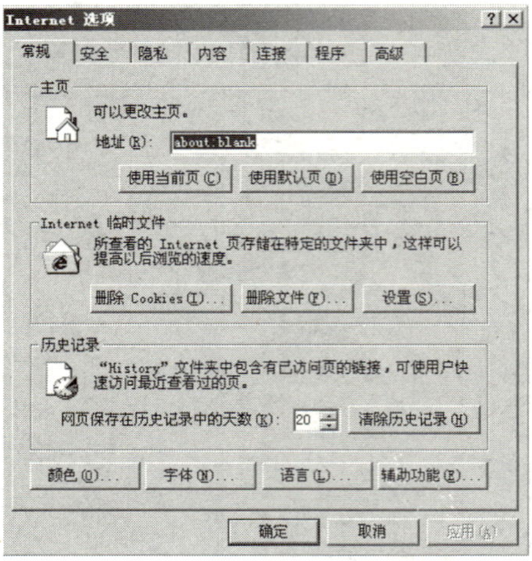

图 3-3-5 “Internet 选项”对话框

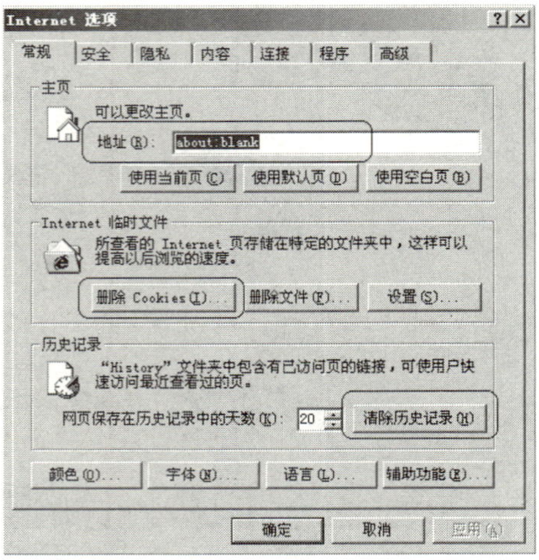

图 3-3-6 “常规”选项卡

（4）选择“隐私”选项卡，进行上网隐私设置。不少网站的服务内容是在用户打开 Cookie 的前提下提供的，为了保护个人隐私，有必要对 Cookie 的使用进行必要的限制，如图 3-3-8 所示。

（5）选择“内容”选项卡，如图 3-3-9 所示，单击“分级审查”选项组中的“启用”按钮，进入内容审查程序界面，进行内容分级审查设置。

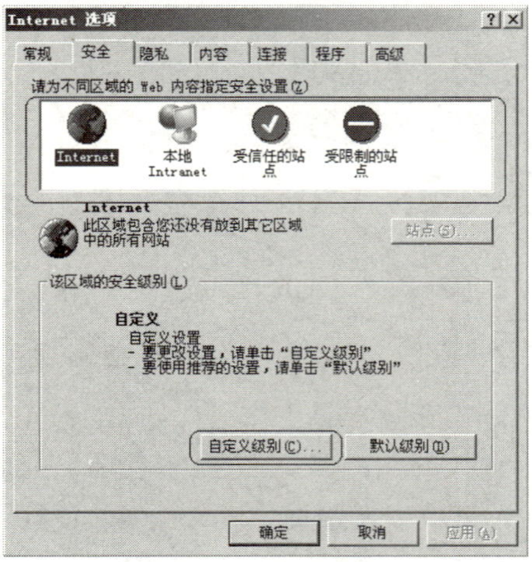

图 3-3-7 “安全”选项卡

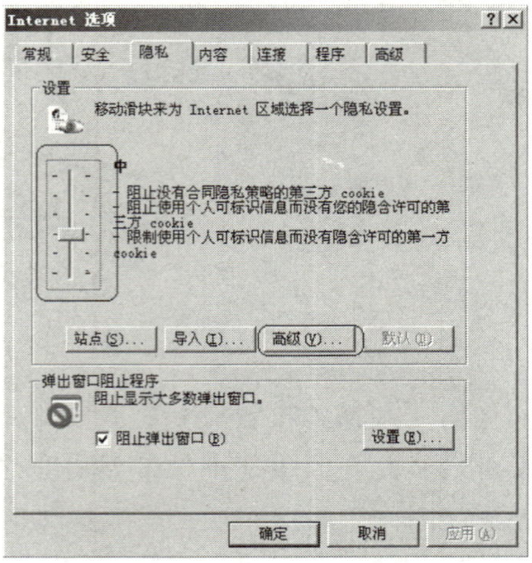

图 3-3-8 “隐私”选项卡

（6）选择“高级”选项卡，进行 IE 功能的个性化设置，如图 3-3-10 所示。

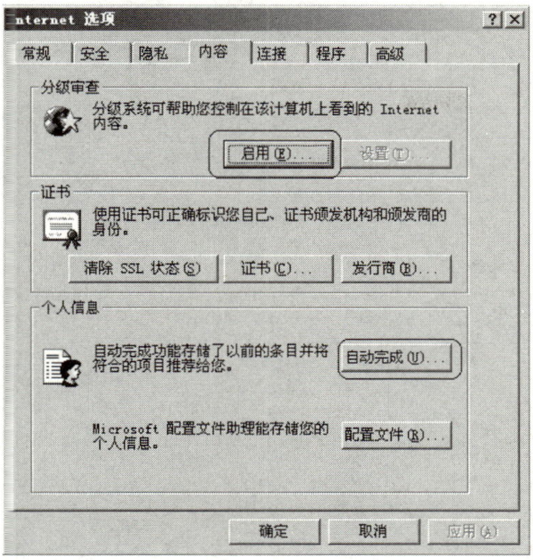

图 3-3-9　“内容”选项卡

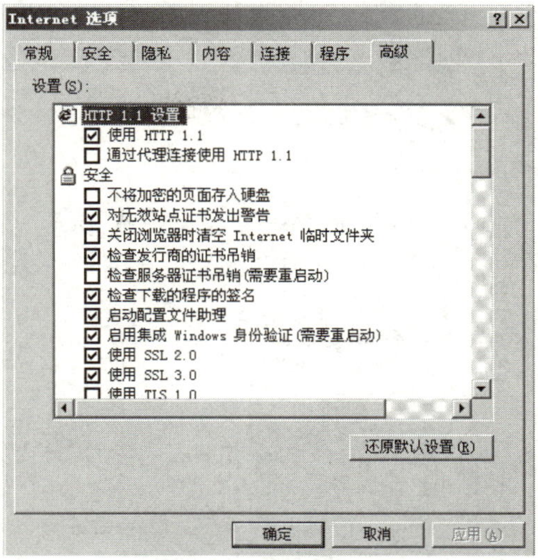

图 3-3-10　“高级”选项卡

活动二　信息搜索

Internet 上的信息浩如烟海，如何才能快速地找到需要的信息呢？这时需要使用搜索引擎来搜索网上的信息。搜索引擎就是让用户以数据检索的方法，输入想要搜索的某个特定数据，再在数据库中自动寻找符合用户要求的相关信息。国内常用的搜索引擎有 Google 搜索引擎（http://www.google.com）、百度搜索引擎（http://www.baidu.com）。

（1）打开 IE 浏览器，在地址栏中输入“http://www.baidu.com”，按【Enter】键便可以进入百度主页，如图 3-3-11 所示。

图 3-3-11　百度主页

（2）如果用户需要了解计算机等级考试的相关情况，可以在百度主页中输入“计算机等级考试”，然后单击“百度一下”按钮，搜索引擎会自动根据输入的搜索关键词搜索出相关的网站信息，如图 3-3-12 所示。

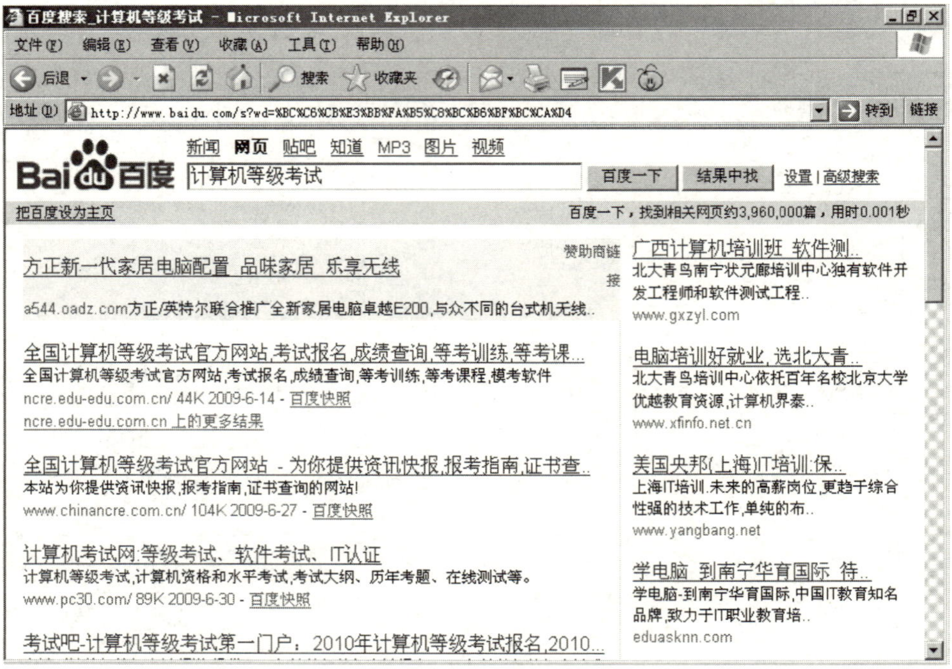

图 3-3-12　搜索结果

（3）用户如果需要了解更详细的信息，可以直接在搜索结果中单击某个链接信息进入相应的网站。

（4）如果用户想保存相关网站的信息，选择“文件”→“另存为”命令，可以对网页进行下载保存，如图 3-3-13 所示。

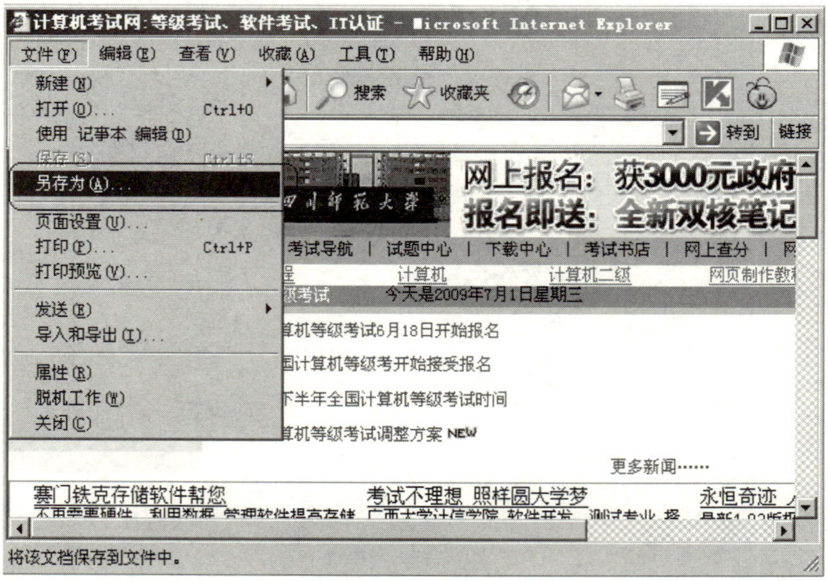

图 3-3-13　“另存为”命令

（5）如果要保存网页上的某张图片，先选中该图片，然后右击，在弹出的快捷菜单中选择“图片另存为”命令，如图 3-3-14 所示，弹出“保存图片”对话框，选择图片保存路径，输入图片名称和选择图片类型后，单击“保存”按钮完成图片的保存操作，如图 3-3-14 所示。

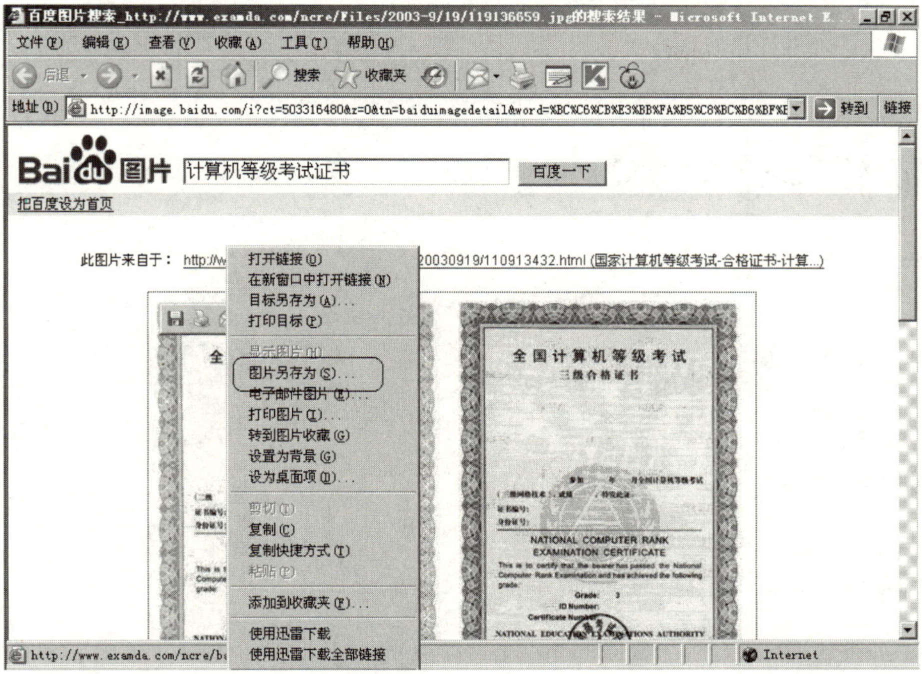

图 3-3-14　“图片另存为”命令

活动三　下载工具

随着网络技术的发展，网上信息的交流和传播也越来越广泛。越来越多的人开始从网络上浏览有关的信息和下载需要的资料。但是由于网络硬件故障、传输速度慢、连接不稳定、使用费用高等因素的影响，用户往往花费了大量的时间和金钱而没能从网上下载到所需的资料。这时网络下载软件就应运而生了。它采用了多点下载、断点续传、定时下载等技术，来帮助用户从 Internet 上快速有效地下载所需要的文件和软件，从而大大节省用户的上网时间和金钱。

本活动通过具体的实例，详细地介绍如何利用一款优秀的下载软件——迅雷，来下载资料。

1. 迅雷概述

迅雷是一款新型的基于多资源超线程技术的下载软件，作为宽带时期的下载工具，迅雷针对宽带用户做了特别的优化，能够充分利用宽带上网的特点，带给用户高速下载的全新体验。同时，迅雷还推出了“智能下载”的全新理念，通过丰富的智能提示和帮助，让用户真正享受到下载的乐趣。

迅雷主要有以下功能。

（1）多资源超线程技术：显著提升下载速度。

（2）功能强大的任务管理功能：可以选择不同的任务管理模式。

（3）智能磁盘缓存技术：可有效防止高速下载对硬盘的损伤。

2. 迅雷的主界面介绍

安装并运行迅雷软件，进入迅雷的主界面，如图 3-3-15 所示。

迅雷的主界面包括登录栏、工具栏、标签栏、任务列表和应用栏等。在登录栏中，用户可以输入“账号”和“密码”。工具栏主要包含“新建”“开始”“暂停”和“删除”等常用的按钮，方便用户使用。任务列表中显示正在下载的任务的状态。

3. 迅雷的基本功能设置

（1）进入迅雷的主界面，单击“最小化”按钮左边的下拉按钮，弹出下拉列表，如图 3-3-16 所示。

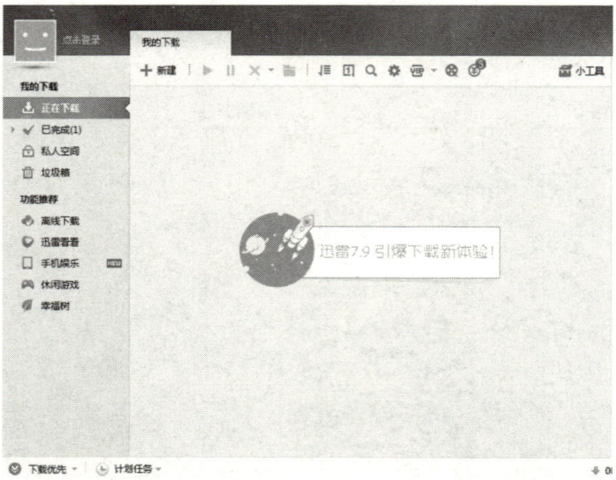

图 3-3-15　迅雷的主界面

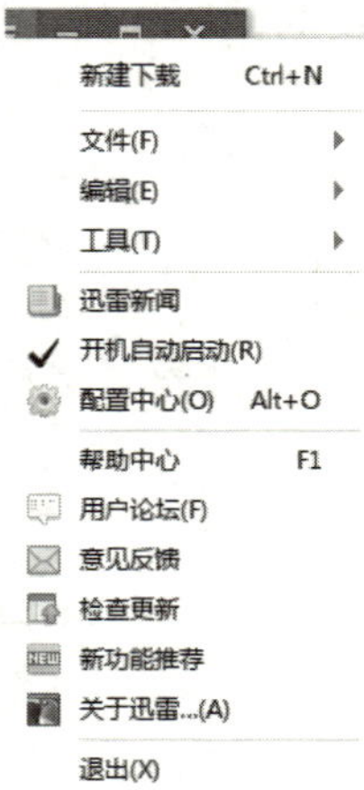

图 3-3-16　迅雷的菜单选项

（2）选择“工具”→“配置中心”选项，弹出“系统设置”对话框，如图 3-3-17 所示。在“基本设置”选项卡中选择“常规设置”选项，可以进行启动设置、下载目录等基本设置，单击“应用”按钮，保存设置。

（3）选择“我的下载”选项卡，选择“常用设置”选项，可以设置“任务管理”“模式设置”的属性，单击“应用”按钮，保存设置，如图 3-3-18 所示。

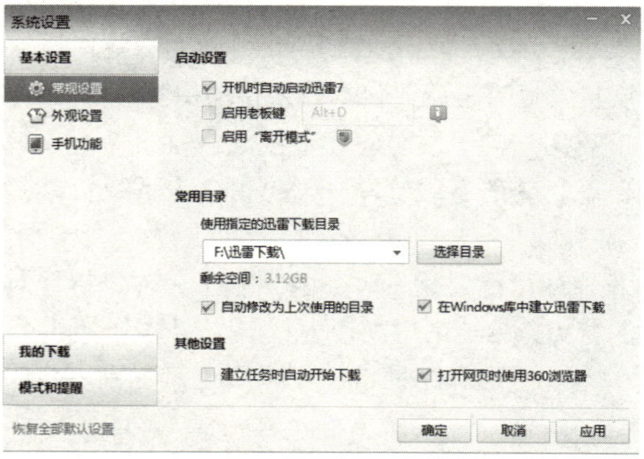

图 3-3-17　基本设置中的“常规设置”选项

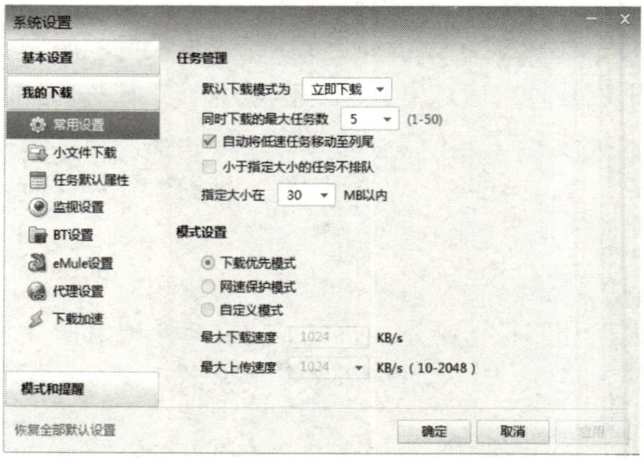

图 3-3-18　常用设置

（4）在迅雷主界面的左下角单击“计划任务”下拉按钮，在弹出的下拉列表中选择“下载完成后”选项，可以设置下载完成后让计算机自动“关机”或“睡眠”等，如图 3-3-19 所示。

4. 使用迅雷下载文件

使用迅雷下载歌手杨培安的歌曲《我相信》。

（1）利用百度的“MP3”网页，找到“杨培安 我相信”的 MP3 超链接，右击，在弹出的快捷菜单中选择“使用迅雷下载”命令，如图 3-3-20 所示。

（2）弹出下载设置对话框，如图 3-3-21 所示，选择存放路径之后单击“立即下载”按钮，迅雷就会立即下载歌曲，如图 3-3-22 所示。

（3）下载完成后如图 3-3-23 所示。

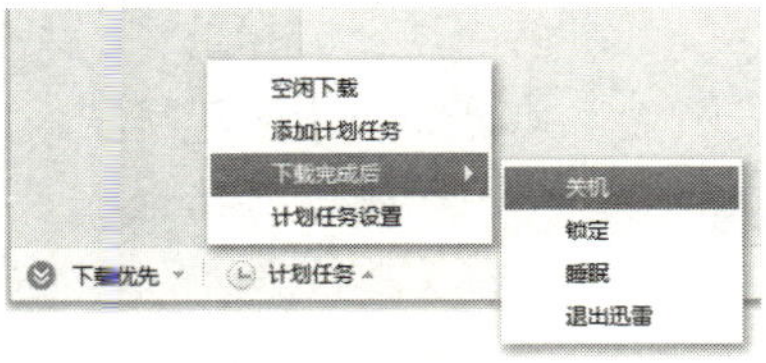

图 3-3-19　迅雷的计划任务

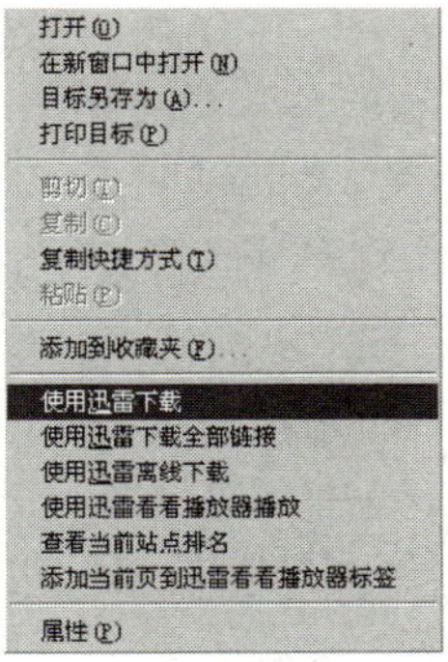

图 3-3-20　“使用迅雷下载”命令

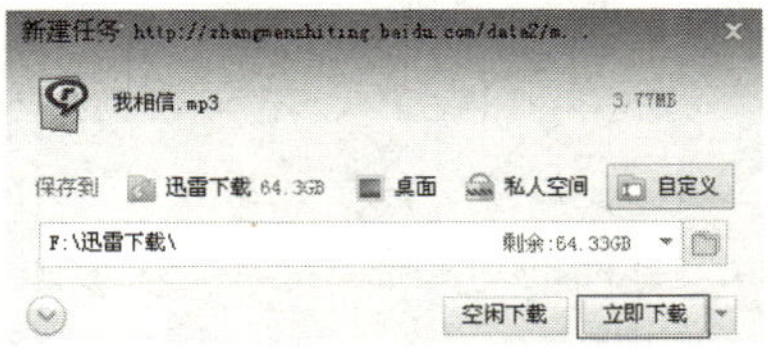

图 3-3-21　下载设置对话框

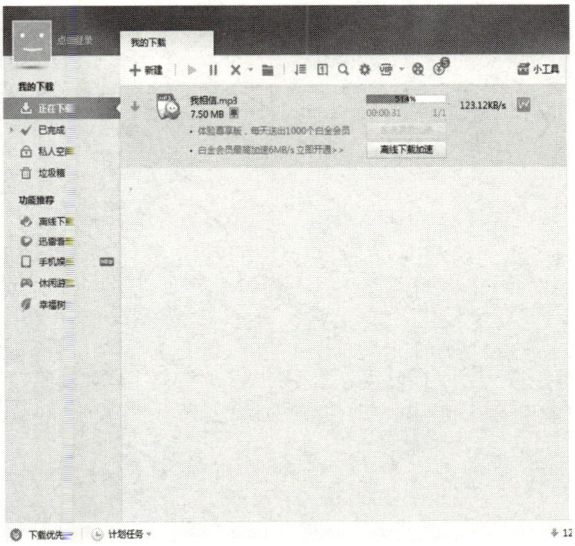

图 3-3-22　正在下载界面

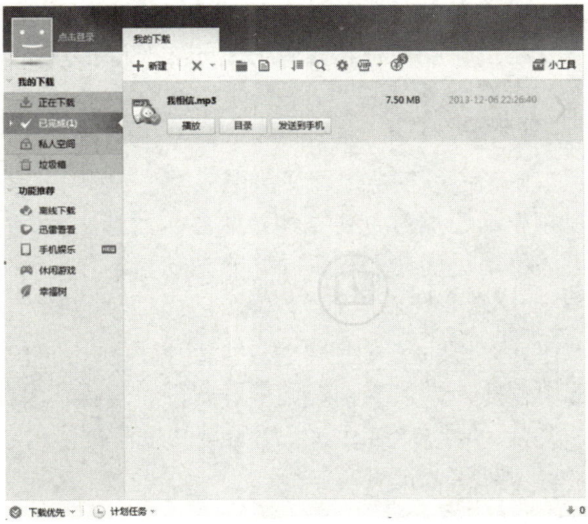

图 3-3-23　下载完成界面

任务四　常用软件介绍

对于 IT 公司和 IT 工作者来说，常用办公软件已经成为一个不可缺少工具。对于职场新人来说，在自己的计算机上安装好所有的办公软件可以提高自己的工作效率，从而迅速成为一名办公老手。

活动一　收发 E-mail

E-mail 是一种通过计算机网络与其他用户进行联系的现代化通信手段。在企业办公时，E-mail 已经成为一个不可缺少的“伙伴”。

E-mail 的传递是由一个标准化的简单邮件传输协议（Simple Mail Transfer Protocol，SMTP）来完成的。SMTP 是 TCP/IP 的一部分，概述了 E-mai 的信息格式和传输处理方法。

收发 E-mail 的首要条件是要拥有一个电子邮箱，即 E-mail 地址。其结构是用户名@邮件服务器。

从国内 E-mail 软件的使用情况来看，目前国内主流的电子软件有 Foxmail 和 Outlook。

1. Foxmail

Foxmail 是一个中文版 E-mail 客户端软件，支持全部的 Internet E-mail 功能。

Foxmail 是中国最著名的软件产品之一，其设计优秀、体贴用户、使用方便并且提供了全面而强大的 E-mai 处理功能，具有很高的运行效率等特点。

2. Outlook Express

Outlook Express 是微软自带的一种 E-mail，简称 OE，是微软公司开发的 E-mai 客户端软件，它是一个全功能的 E-mail 及新闻阅读程序，该程序允许用户通过 Internet 发送和接收 E-mail，通过新闻组订阅并交换信息等，在桌面上实现了全球范围的联机通信。

使用 Outlook Express 软件，可以同时使用多个 E-mail 账号，也可以与多个用户共享一个账号。

活动二　网上聊天

聊天工具又称 IM（Instant Messaging，即时通信）软件或者 IM 工具，这是一种可以让使用者在网络上建立某种私人聊天室的实时通信服务。从技术上讲，主要分为基于服务器的 IM 工具软件和基于 P2P 技术的 IM 工具软件。

1. 腾讯 QQ

腾讯 QQ 简称 QQ，是腾讯公司开发的一款基于 Internet 的 IM 软件。腾讯 QQ 支持在线聊天、视频电话、点对点断点续传文件、共享文件、网络硬盘、自定义面板、QQ 邮箱等多种功能，并可与移动通信终端等多种通信方式相连。

2. 微信

微信（WeChat）是腾讯公司于 2011 年 1 月 21 日推出的一个为智能终端提供即时通信服务的免费应用程序。微信支持跨通信运营商、跨操作系统平台，通过网络快速发送语音短信、视频、图片和文字，同时，也可以使用通过共享流媒体内容的资料和基于位置的社交插件 “朋友圈”、“公众平台”、“语音记事本” 等。

3. 阿里旺旺

阿里旺旺是将原先的淘宝旺旺与阿里巴巴贸易通整合在一起的新品牌，是淘宝网和阿里巴巴为商人量身定做的免费网上商务沟通软件。它能帮用户轻松找客户，发布、管理商业信息，及时把握商机，随时洽谈生意。

活动三　压缩软件

随着计算机技术的不断发展，文件占有的空间越来越大，使得数据的保存和传输过长且极为不便。通过对文件进行压缩和解压缩处理来解决这种矛盾就显得十分实用和必要。一般而言，压缩软件的工作过程是把一个或几个文件通过一定的算法压缩后存放在一个特定后缀的管理文件中，以便于存储和交换。常用的数据压缩软件有 WinRAR、WinZip、WinAce、ForastZip、TurboZip、WinImp、ZipMagic 等。

从压缩软件的市场及使用习惯来看，用户只要了解 WinRAR 和 WinZip 两款产品即可。当然从众多使用者的经验来看，WinRAR 的功能设计更贴近用户一些。首先其支持的压缩格式比较多，另外，其界面及使用方法也更为简捷方便。

1. WinRAR

WinRAR 是一款功能强大的压缩包管理器，它是档案工具 RAR 在 Windows 环境下的图形界面。该软件可用于备份数据，缩减 E-mail 的大小，解压缩从 Internet 上下载的 RAR、ZIP 2.0 及其他文件，并且可以新建 RAR 及 ZIP 格式的文件。

WinRAR 的特点如下。

（1）WinRAR 采用独创的压缩算法。这使得该软件比其他同类的压缩工具拥有更高的压缩率，尤其是可执行文件、对象链接库、大型文本文件等。

（2）WinRAR 针对多媒体数据，提供了经过高度优化后的可选压缩算法。WinRAR 对 WAV、BMP 声音及图像文件可以用独特的多媒体压缩算法大大提高压缩率，虽然我们可以将 WAV、BMP 文件转为 MP3、JPG 等格式节省存储空间，但不要忘记 WinRAR 的压缩可是标准的无损压缩。

（3）WinRAR 完全支持 RAR 及 ZIP 压缩包，并且可以解压缩 CAB、ARJ、LZH、TAR、GZ、ACE、UUE、BZ2、JAR、ISO、Z、7Z 格式的压缩包。。

（4）WinRAR 支持 NTFS 文件安全及数据流。

（5）WinRAR 提供了 Windows 经典互交界面及命令行界面。通过“开始”菜单打开 WinRAR 软件，在其主界面中选择“选项”→“设置”命令，弹出“设置”对话框，通过设置相应参数，可以更好地使用 WinRAR。

2. WinZip

WinZip 是一款功能强大并且易用的压缩实用程序，支持 ZIP、CAB、TAR、GZIP、MIME，以及更多格式的压缩文件。其特点是紧密地与 Windows 资源管理器集成，可不用打开资源管理器而进行压缩/解压缩。

活动四 杀毒软件

病毒越来越多，杀毒软件的竞争也越来越激烈，杀毒软件已成为微型计算机必备的装机软件之一， 这些杀毒软件既能帮助我们很好地清理、防御计算机病毒，还可以让我们坦然地使用正版杀毒软件。以下为大家介绍几款功能强大的杀毒软件。

1. 360 安全卫士

360 安全卫士是一款由奇虎公司推出的安全类上网辅助工具软件，它拥有查杀恶意软件、插件管理、病毒查杀、诊断及修复、保护等数个强劲功能，同时还提供弹出插件免疫、清理使用痕迹及系统还原等特定辅助功能。并且提供对系统的全面诊断报告，方便用户及时定位问题所在，为用户提供全方位的系统安全保护。

2. Avira AntiVir Personal

Avira AntiVir Personal（小红伞）是一款个人版本的德国著名防病毒、杀毒软件，它能有效地保护微型计算机及工作站。它可以检测并移除超过 60 万种病毒，支持网络更新。它的功能很全面，杀毒迅速准确，获过很多奖项。

3. 超级巡警

超级巡警（Anti-Spyware Toolkit）是一款轻松对付熊猫烧香、维金、灰鸽子、我的照片、机器狗、AV 终结者、ARP 病毒、盗号木马等流行病毒的强大杀毒软件，它拥有业内前沿的系统局部保险箱防御理念，有针对性地保护用户的账号和密码，并可以清除网页中的恶意代码而不影响浏览。

4. Dr.Web CureIt

Dr.Web 的全称是 Dr.Web Antivirus for Windows，即“大蜘蛛”，这是一款俄罗斯出品的功能强大的杀毒防毒工具，采用新型的启发式扫描方式，提供多层次的防护方式，紧紧和用户的操作系统融合一起，拒绝接纳任何包含恶意的代码进入用户的计算机，如病毒、蠕虫、特洛伊木马及广告软件、间谍软件等。其中包括各种高复杂多变异型的病毒。

活动五 视频播放器

通常所说的视频播放器是指能播放以数字信号形式存储的视频软件，也指具有播放视频功能的电子器件产品。除了少数波形文件外，大多数视频播放器携带解码器以还原经过压缩的媒体文件，视频播放器还要内置一整套转换频率及缓冲的算法。当然，大多数的视频播放器还支持播放音频文件。

1. 暴风影音

暴风影音是暴风网际公司推出的一款视频播放器，该播放器兼容大多数的视频和音频格式。暴风影音具有海量在线高清影片，让用户可以享受视觉盛宴；它独有的视频资源盒子，每日更新大量影视资源，同时独有的 SHD 视频专利技术，满足了 1M 带宽用户流畅观看 720P、1080P 高清在线影片的需求。

2. QQ 影音

QQ 影音是由腾讯公司推出的一款支持任何格式影片和音乐文件的本地播放器。QQ 影音首创轻量级多播放内核技术，深入挖掘和发挥新一代显卡的硬件加速能力，追求更小、更快、更流畅的视听享受。

活动六 ACDSee 图像浏览软件

ACDSee 是 ACD Systems 开发的一款数字资产管理、图片管理编辑工具软件，提供良好的操作界面，简单人性化的操作方式，优质的快速图形解码方式，支持丰富的 RAW 格式，强大的图形文件管理功能等。

ACDSee 可快速开启，浏览大多数的影像格式，可以使图片放大/缩小，调整图片大小使适应视窗大小，全荧幕浏览影像，并且支持 GIF 动态影像。它不但可以将图片转成 BMP、JPG 和 PCX 格式，而且可将图片设成桌面背景，此外，ACDSee 还提供了方便的电子相本，有十多种排序方式，可以树状列表形式显示资料夹；提供了快速缩图检视、拖动功能，能够播放 WAV 音效档案，可以整批变更档案名称并编辑程式的附带描述说明。

活动七 PDF 工具

PDF（Portable Document Format）文件格式是电子发行文档事实上的标准，是便携文档格式的简称。它是由 Adobe 公司所开发的独特的跨平台文件格式。它可把文档的文本、格式、字体、颜色、分辨率、链接及图形图像、声音、动态影像等所有的信息封装在一个特殊的整合文件中。

打开 PDF 文件的软件有很多，常用有以下几种 Adobe Acrobat、Adobe Photoshop、Adobe Reader、Foxit Reader、Foxit PDF Editor、Foxit Phantom、CAJViewer、ScanSoft PDF Converter Professional 等。

PDF 阅读器能够将当前页面转换成图片，支持的格式有 BMP、JPG、PNG、TIF、GIF、PCX 等。它能够将页面转换成文本文件，支持目录功能，支持热链接，具有文本选择和查找功能

任务五 计算机与网络信息安全

人们可以利用计算机网络工作学习、游戏娱乐，充分享受计算机网络带来的快乐。同时，人类社会也面临着来自网络的新威胁。网络病毒、网络攻击、信息网络盗窃、网络侵权、网络战争等问题，使人们不得不把网络安全提升到国家安全的战略高度予以关注。

计算机与网络信息安全是指信息不会被故意的或偶然的非法授权泄露、更改、破坏，不会被非法系统辨识、控制，人们能有益、有序地使用信息。

计算机与网络信息安全主要涉及信息存储安全、信息传输安全、信息应用安全 3 个方面，包括操作系统安全、数据库安全、网络安全、访问控制、病毒防护、加密、鉴别 7 类技术问题，可以通过保密性、完整性、真实性、可用性、可控性 5 种特性进行表述。

（1）保密性：信息不会泄露给非授权对象的特性。

（2）完整性：信息本身完整，且不会在未授权时发生变化的特性。

（3）真实性：保证信息内容及处理过程真实可靠的特性。

（4）可用性：合法对象能有效使用信息资源的特性。

（5）可控性：对信息资源能进行有效控制的特性。

计算机与网络信息安全控制是复杂的系统工程，需要安全技术、科学管理和法律规范等多方面协调，并构成层次合理的保护体系，只有这样最终才能达到保证信息安全的目的。安全防护技术是保证实体、软件、数据安全的基础，有效管理是保障安全技术发挥作用的前提，法律规范是制约和打击危害信息安全的武器。

活动一 产生计算机与网络安全威胁的原因

计算机网络应用领域的危害分为人为与非人为两种。非人为危害主要指自然灾害对计算机网络造成的危害，如地震、水灾、火灾、战争等原因出现的网络中断、系统破坏、数据丢失等。人为危害是指对网络人为攻击，达到破坏、欺骗、窃取数据等目的。与其他危害相比，计算机网络应用领域的危害具有较强的技术性，影响范围较大，由此造成的后果也更为严重。

危害计算机与网络安全的表现形式多种多样，危害后果和抑制手段也不尽相同，这里归类列出常见的几种。

（1）自然灾害。如果建造机房、安装设备时没有考虑防水、防火、防静电、抗震、避雷等问题，计算机网络工作环境抵御自然灾害的能力会很差，发生灾害后有可能给网络系统造成灭顶之灾。

（2）系统漏洞。网络系统大型化使控制管理网络的复杂程度不断增加，隐藏在其中的漏洞也越来越多，它们有可能引起网络系统崩溃，也有可能成为渗透网络系统的工具或通道。

（3）操作失误。工作人员缺乏责任心或因专业知识滞后造成操作失误。

（4）病毒侵袭。指遭受为达到某种目的而编制的，具有破坏计算机或毁坏信息的能力、自我复制和传染能力的程序攻击。

（5）人为恶意破坏。人为恶意的攻击、破坏是威胁网络安全的重要原因，也是最难控制和防范的危害因素。

（6）网络欺诈。网络欺诈已成为阻碍网络应用的重要顽疾，网络欺诈花样繁多严重影响了人们对网络信息的信任度。

（7）网络色情。色情信息的传播对青少年的身心健康带来了严重的恶果，也成为引发一系列社会问题的根源。

（8）网络赌博。网络赌博已经成为一种严重的灾害，成为危害国家经济建设和社会治安稳定的重要因素。

活动二　计算机病毒及防治方法

计算机病毒是指编制或者在计算机程序中插入的破坏计算机功能或者毁坏数据，影响计算机的正常使用，并能自我复制的一组计算机指令或者程序代码。计算机病毒是程序，但不一定是完整的程序，具备计算机病毒特征的一组指令或代码就是计算机病毒。计算机病毒的本质特征是主动传染性，这一特征使计算机病毒的危害范围和危害性成倍增加。计算机病毒对计算机的威胁是影响计算机发展的顽疾，防治计算机病毒是计算机网络安全工作的重中之重。

1. 计算机病毒的特点

计算机病毒是程序，是未经授权许可而执行的特殊程序，与其他正常的程序相比，它具有以下几个特点。

（1）破坏性。任何计算机病毒只要侵入系统，都会对系统及应用程序产生不同程度的危害，轻则占用系统资源，降低计算机系统的工作效率，重则会对系统造成重大危害，有些危害所造成的后果是难以设想的，它可以毁掉系统的部分数据，也可以破坏全部数据并使之无法恢复。

（2）传染性。传染性是计算机病毒的基本特征，也是区别计算机病毒与非计算机病毒的本质特征。计算机病毒会通过各种渠道从已感染的计算机扩散到未感染的计算机，在计算机应用环境中只要一台计算机染毒，病毒就会迅速扩散感染大量文件。

（3）隐蔽性。隐蔽性是服务于潜伏性的特性，为了满足潜伏的需要，计算机病毒必须想方设法隐藏自己。

（4）潜伏性。一个编制精巧的计算机病毒程序，在进入系统之后一般情况下除传染外，并不会马上发作破坏系统，而是在系统中潜伏一段时间。只有当特定的触发条件得到满足，病毒才被激活而去执行破坏系统的操作。

2. 计算机病毒的分类

不同的分类标准有不同分类结果，常见的计算机病毒分类方法有以下几种。

（1）按计算机病毒发作的后果分类。分为良性病毒和恶性病毒，一般认为前者没有严重的危害后果，后者则产生数据丢失、系统崩溃等严重后果。实际上一切病毒都是具有危害性的，只是危害程度不同。

（2）按照寄生方式分类。分为引导型病毒、文件型病毒、混合型病毒和宏病毒。引导型病毒寄生在磁盘的引导区，文件型病毒寄生在可执行文件，混合型病毒兼具引导型和文件型两种病毒的特征，宏病毒是一种寄生在 Office 文档中的特殊病毒。

（3）按照传播媒介分类。分为单机病毒和网络病毒，前者借助于磁盘、U 盘和光盘传播病毒，后者依靠网络传输介质传播病毒。

3. 计算机病毒的防治方法

对于计算机病毒的威胁，最有效的解决办法是防范。计算机病毒防范是指通过建立合理的计算机病毒防范体系和制度，及时发现计算机病毒侵入，并采取有效的手段阻止计算机病毒的传播和破坏，恢复受影响的计算机系统和数据。防范方法有以下几种。

（1）不使用不安全的外存和网络。

（2）使用正版或合法获得的计算机软件，不安装、或打开来源不明的软件。

（3）购买正版杀毒软件，并不断对杀毒软件升级换代。

（4）建立数据备份并妥善保管好备份的数据资料。

（5）建立完整的计算机安全管理制度，不要让无关人员随意使用计算机。

任务六　新一代信息技术

1. 物联网

物联网（The Internet of Things，IOT）是指通过各种信息传感器、射频识别技术、全球定位系统、红外感应器、激光扫描器等各种装置与技术，实时采集任何需要监控、连接、互动的物体或过程，采集其声、光、热、电、力学、化 学、生物、位置等各种需要的信息，通过各类可能的网络接入，实现物与物、物与人的泛在连接，实现对物品和过程的智能化感知、识别和管理。物联网是一个基于互联网、传统电信网等的信息承载体，它让所有能够被独立寻址的普通物理对象形成互联互通的网络。

物联网的应用领域涉及方方面面，在工业、农业、环境、交通、物流、安保等基础设施领域的应用，有效推动了这些方面的智能化发展，使得有限的资源更加合理地使用、分配，从而提高了行业效率、效益。在家居、医疗健康、教育、金融与服务业、旅游业等与生活息息相关的领域的应用，从服务范围、服务方式到服务的质量等方面都有了极大的改进，大大提高了人们的生活质量；在涉及国防军事领域方面，虽然还处在研究探索阶段，但物联网应用带来的影响也不可小觑，大到卫星、导弹、飞机、潜艇等装备系统，小到单兵作战装备，物联网技术的嵌入有效提升了军事智能化、信息化、精准化，极大提升了军事战斗力，是未来军事变革的关键。“到 2020 年，中国物联网产业将经历应用创新、技术创新、服务创新 3 个关键的发展阶段，成长为一个超过 5 万亿规模的巨大市场。”物联网的体系结构如图 3-6-1 所示。

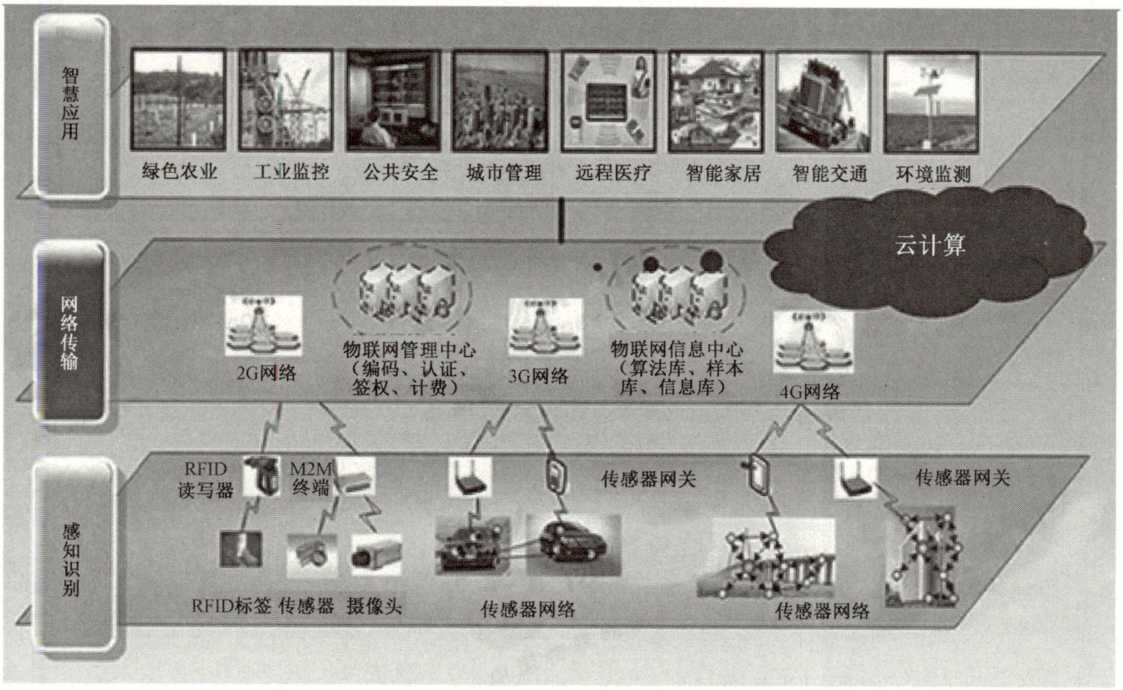

图 3-6-1　物联网的体系结构

2. 云计算

云计算（Cloud Computing）是分布式计算的一种，指的是通过网络“云”将巨大的数据计算处理程序分解成无数个小程序，然后通过多部服务器组成的系统进行处理和分析这些小程序得到结果并返回给用户。云计算早期，简单地说，就是简单的分布式计算，解决任务分发，并进行计算结果的合并。因而，云计算又称为网格计算。通过这项技术，可以在很短的时间内（几秒种）完成对数以万计的数据的处理，从而达到强大的网络服务云计算（Cloud Computing）是在 2009 年开始逐渐映入人们眼帘的，当时更多是被 IBM 这样的国际商业巨头在介绍其数据业务时所提及。相比于国外，中国的云计算起步虽然稍晚，但发展劲头却不容小觑。特别是到了 2015 年后，互联网巨头纷纷把云计算业务视作其战略性业务来重点发展。借此强劲的东风云计算由理论转向实践，横向延伸到多个行业领域，特别是在交通、通信、教育及医疗这四大领域。

云计算机的服务类型分为三类，即基础设施即服务（IaaS）、平台即服务（PaaS）和软件即服务（SaaS）。这 3 种云计算服务有时称为云计算堆栈，因为它们构建堆栈，它们位于彼此之上，以下是这三种服务的概述。

基础设施即服务（IaaS）：基础设施即服务是主要的服务类别之一，它向云计算提供商的个人或组织提供虚拟化计算资源，如虚拟机、存储、网络和操作系统。

平台即服务（PaaS）：平台即服务是一种服务类别，为开发人员提供通过全球互联网构建应用程序和服务的平台。Paas 为开发、测试和管理软件应用程序提供按需开发环境。

软件即服务（SaaS）：软件即服务也是其服务的一类，通过互联网提供按需软件付费应用程序，云计算提供商托管和管理软件应用程序，并允许其用户连接到应用程序并通过全球互联网访问应用程序。

亚马逊是最早意识到服务价值的公司，它把服务于公司内部的基础设施、平台、技术，成熟后推向市场，为社会提供各项服务，也因此成为全球云计算市场的领头羊。我国知名的云计算企业有阿里云、中国电信云、百度云、腾讯云等。云计算示意图如图 3-6-2 所示。

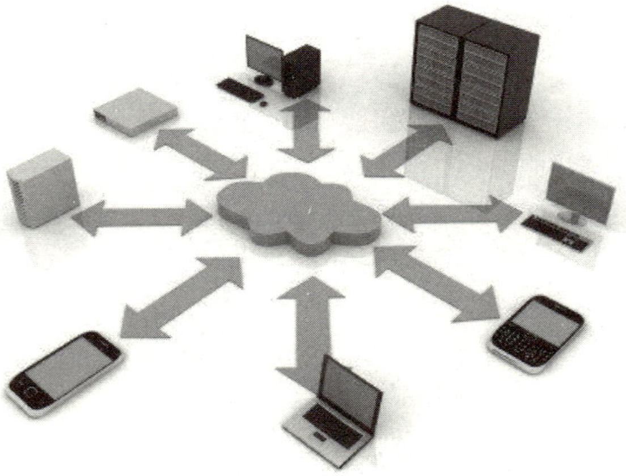

图 3-6-2　云计算示意图

3. 大数据

大数据是一个较为抽象的概念，正如信息学领域大多数新兴概念一样，大数据至今尚无确切、统一的定义，不同的机构和个人给出了不同的定义。

国际数据公司（International Data Company，IDC）对大数据的定义为：大数据一般涉及两种或两种以上的数据形式。它要收集超过 100TB 的数据，并且是高速、实时数据流；或者是从小数据开始，但数据每年会增长 60%以上。这个定义给出了量化标准，但只强调数据量大、种类多、增长快等数据本身的特征。

大数据研究机构，全球领先的信息技术研究和咨询公司——高纳德（Gartner）给出了这样的定义：大数据是海量、高增长率和多样化的信息资产，大数据需经过成本效益高的、创新的信息处理模式处理才能具有更强的决策能力、洞察力和流程优化能力。这个定义是一个描述性的定义，对大数据本质的刻画还是不够清晰。

再看看维基百科全书的大数据定义，大数据是指无法在可容忍的时间范围内使用常用的软件工具获取、管理和处理的数据集合。这个概念也不是一个精确的概念，因为对常用的软件工具和可容忍的时间范围不好界定。

亚马逊公司的大数据科学家 John Rauser 给出了一个简单的定义：大数据是任何超过了一台计算机处理能力的数据量。这同样是一个非常宽泛的定义。

人们对大数据的本质认识需要一个不断深化的过程。但这并不影响大数据科学的发展以及对大数据的应用。

大数据的特征：

虽然不同的企业或个人对大数据都有着自己不同的解读，但人们都普遍认为大数据具有海量的数据规模、高速的数据流转、多样的数据类、数据的真实性以及低的价值密度五大特征，简称为大数据的 5 个“V”的特征，即 Volume、Velocity、Variety、Veracity 和 Value。

Volume（海量）：数据体量巨大。这是指以秒为单位生成的数据量。

Variety（多样）：数据形态多样、类别丰富。大数据的数据类型丰富，包括结构化数据，半结构化和非结构化数据，其中，结构化数据占 10%左右，主要是指存储在关系数据库中的数据；半结构化、非结构化数据占 90%左右，它们的种类繁多，主要包括邮件、音频、视频、微信、微博、位置信息、链接信息、手机呼叫信息、网络日志等。

Velocity（高速）：数据产生和处理的速度快。通常，数据处理和分析的速度要达到秒级响应。这是指数据生成、存储、分析和移动的速度。随着互联网连接设备的可用性，无线或有线机器和传感器可以在创建数据后立即传递。这可以实现实时数据流，并帮助企业做出有价值的快速决策。

Veracity（真实）：数据应具有真实性。研究大数据就是从庞大的数据网络中提取出能够解释和预测现实事件的过程。

Value（价值）：价值密度低，商业价值高。数据价值密度低是大数据关注的非结构化数据的重要属性。大数据为了获取事物的全部细节，不对事物进行抽象、归纳等处理，直接采用原始的数据，保留了数据的原貌，因此在呈现数据全部细节的同时也引入了大量没有意义甚至错误的信息，因此相对于特定的应用，大数据关注的非结构化数据的价值密度偏低。但与此同时，由于大数据保留了数据的所有细节，所以通过分析数据可以发现巨大的商业价值。

4. 人工智能

人工智能（Artificial Intelligence，AI）是研究、开发用于模拟、延伸和扩展人的智能的理论、方法、技术及应用系统的一门新的技术科学。

1956 年夏季，以麦卡赛、明斯基、罗切斯特和申农等为首的一批有远见卓识的年轻科学家在一起聚会，共同研究和探讨用机器模拟智能的一系列有关问题，并首次提出了“人工智能”这一术语，它标志着“人工智能”这门新兴学科的正式诞生。IBM 公司“深蓝”电脑击败了人类的世界国际象棋冠军更是人工智能技术的一个完美表现。

人工智能的发展历史是和计算机科学技术的发展史联系在一起的。除了计算机科学以外，人工智能还涉及信息论、控制论、自动化、仿生学、生物学、心理学、数理逻辑、语言学、医学和哲学等多门学科。人工智能学科研究的主要内容包括：知识表示、自动推理和搜索方法、机器学习和知识获取、知识处理系统、自然语言理解、计算机视觉、智能机器人、自动程序设计等方面。

项目训练

1．Internet 中不同网络和不同计算机相互通信的基础是（　　）。

A．ATM　　B．TCP/IP　　C．Novell　　D．X.25

2．计算机网络最主要的功能在于（　　）。

A．扩充存储容量　　B．提高运算速度

C．传输文件　　D．共享资源

3．网络中使用的传输介质中，抗干扰性能最好的是（　　）。

A．双绞线　　B．光缆　　C．细缆　　D．粗缆

4．TCP/IP 是 Internet 的（　　）。

A．一种服务　　B．一种功能　　C．通信协议　　D．通信线路

5．接入 Internet 的每一台主机都有一个唯一的可识别地址，称为（　　）。

A．URL　　B．TCP 地址　　C．IP 地址　　D．域名

6．关于 E-mail，下列说法错误的是（　　）。

A．发送 E-mail 需要 E-mail 软件支持

B．发件人必须有自己的 E-mail 账号

C．收件人必须有自己的邮政编码

D．必须知道收件人的 E-mail 地址

7．下列选项中，计算机病毒不具备的特征是（　　）。

A．传染性和破坏性　　B．自行消失性和易防范性

C．传染性和可触发性　　D．潜伏性和隐蔽性

8．计算机病毒是一种（　　）。

A．微生物感染　　B．化学感染

C．程序　　D．幻觉

9．下列选项中，不是杀毒软件的是（　　）。

A．KV3000　　B．瑞星　　C．金山毒霸　　D．磁盘清理程序

10．下列 4 项中，不属于计算机病毒特征的是（　　）。

A．潜伏性　　B．传染性　　C．激发性　　D．免疫性

项目四　Word 2010 文字处理应用

Word 2010 是 Office 2010 系列办公组件之一，是微软公司推出的一款优秀的文字处理软件。Word 2010 集一组全面的书写工具和易用界面于一体，可以帮助用户创建和共享美观的文档。Word 2010 在保留旧版本功能的基础上新增和改进了许多功能，使得更易于学习、易于使用，例如，Word 2010 使用新增的“导航”窗格和搜索功能可以轻松处理长文档，用户可以在导航中快速切换至任何章节，也可以在搜索框中即时输入；Word 2010 内置了屏幕截图功能，并可将截图即时插入到文档中；在 Word 中插入图片后，用户还可以进行简单的抠图操作，而不需再使用 Photoshop。Word 2007 升级到 Word 2010 时，其最显著的变化就是使用“文件”按钮代替了 Word 2007 中的“Office”按钮，另外，Word 2010 同样取消了传统的菜单操作方式，操作界面方面大量采用了选项卡和功能区。

任务一　制作工作室招新海报

本任务以制作工作室招新海报（图 4-1-1）为例，介绍 Word 文档的基本操作。通过本任务，读者可以学会如下操作。

- 创建和保存文档。
- 设置页面。
- 格式化文档。
- 添加项目符号。
- 查找和替换。
- 预览与打印。

图 4-1-1　工作室招新海报

操作一　新建文档

操作要求：在 D 盘的“Word 项目”文件夹中新建一个“工作室招新海报”Word 文档，按样文输入一定的内容，并按要求进行页面设置。

操作步骤如下。

（1）选择“开始”→“所有程序”→“Microsoft Office”→“Microsoft Word 2010”命令，打开 Word 2010 软件。

打开软件后系统将自动创建一个空白文档，默认的文件名是“文档 1.docx”，如图 4-1-2 所示。

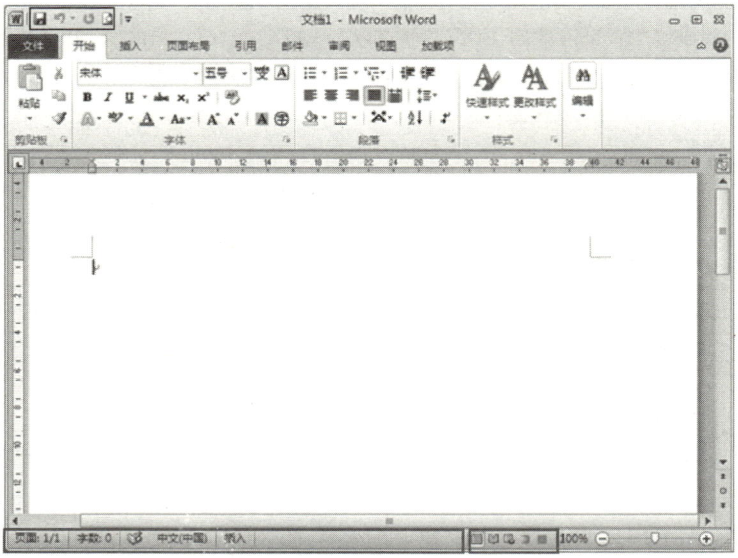

图 4-1-2　新建的空白文档

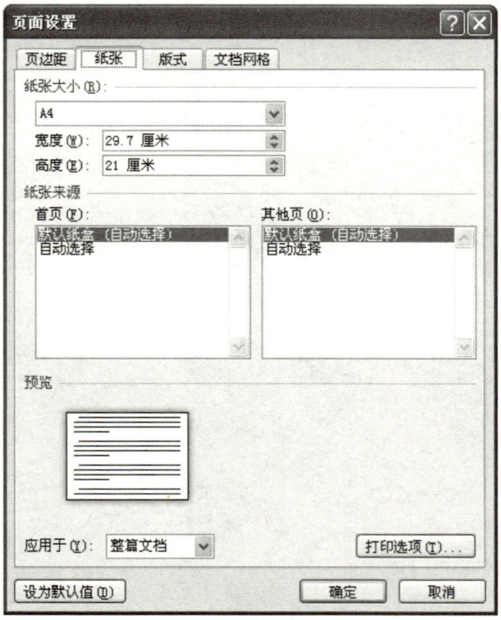

图 4-1-3　“页面设置”对话框

（2）按样文输入内容。

（3）调整页面设置。单击“页面布局”选项卡“页面设置”选项组中的“纸张大小”按钮，在弹出的下拉列表中选择“其他页面大小”命令，弹出“页面设置”对话框，如图 4-1-3 所示。在“纸张大小”的下拉列表中选择“A4”选项，选择“页边距”选项卡，纸张方向设置为“横向”，上、下边距均为“1 厘米”，左、右边距均为“2 厘米”，如图 4-1-4 所示。选择“版式”选项卡，设置页眉、页脚距边界为“1 厘米”，如图 4-1-5 所示。

（4）单击快速访问工具栏中的“保存”按钮，弹出“另存为”对话框，选择保存位置，如保存在 D 盘的“Word 项目”文件夹中，将文件名由“文档 1.docx”改为“工作室招新海报.docx”，如图 4-1-6 所示。

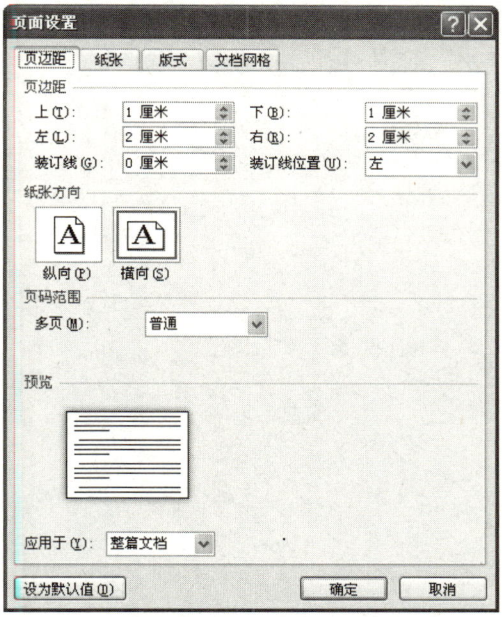

图 4-1-4 “页边距”选项卡

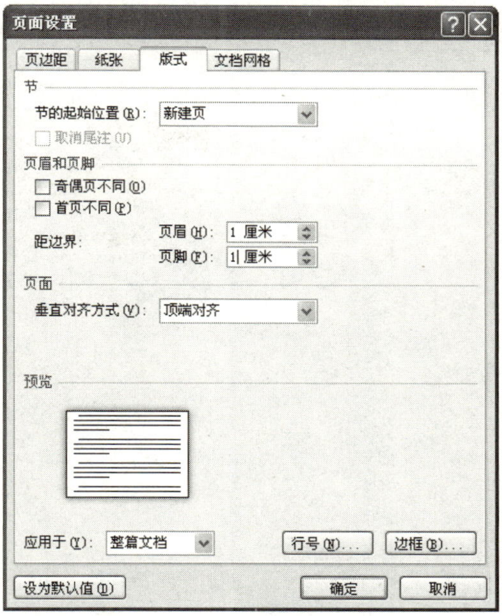

图 4-1-5 “版式”选项卡

图 4-1-6 “另存为”对话框

操作二 设置字符和段落的格式

操作要求：根据要求分别设置文档标题、正文的字符格式和段落格式，添加项目符号与编号。

编辑文档时，为了使版面清晰、规范、美观，增强文档的可读性，常常需要设置文档的各种格式，如字符格式、段落格式，这些操作也被称为文档的格式化。

1. 设置字符的格式

（1）选中标题文字“招新”，在“开始”选项卡的“字体”选项组中设置字体为“黑体”，字号为“100”号，字形为“加粗”，字体颜色为“红色”，如图 4-1-7 所示。

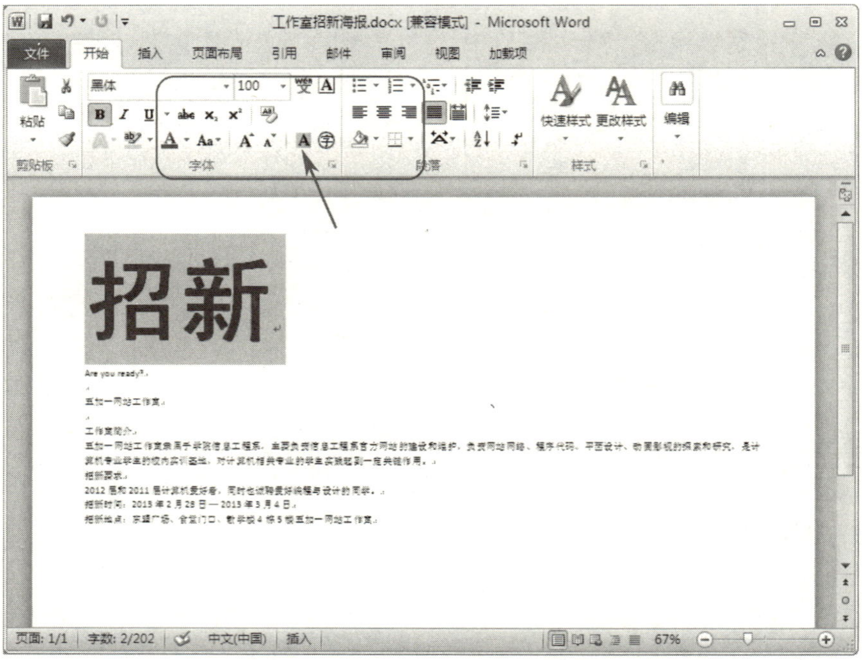

图 4-1-7　设置标题文本

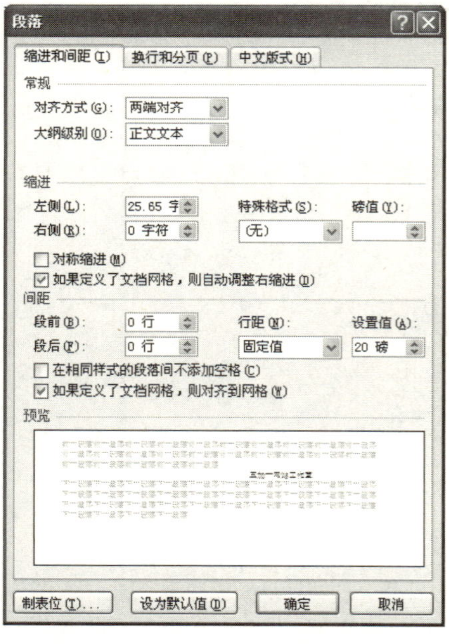

图 4-1-8　设置正文段落的格式

（2）选中副标题“Are you ready?”，在“开始”选项卡的“字体”选项组中设置字体为“Times New Roman”，字号为“初号”。

（3）选中文字“五加一网站工作室”，在“开始”选项卡中的“字体”选项组中设置字体为“华文彩云”，字号为“初号”。

（4）选中正文各段，在“开始”选项卡的“字体”选项组中设置字体为“黑体”，字号为“四号”。

2. 设置段落的格式

（1）选中全部正文段落。

（2）单击“开始”选项卡“段落”选项组中的对话框启动器按钮，弹出“段落”对话框。

（3）在“段落”对话框中设置段落格式为左侧缩进“25.65 字符”，行距为“固定值 20 磅”，如图 4-1-8 所示。然后单击“确定”按钮。

（4）用同样的方法设置“五加一网站工作室”段落的格式，设置段前间距为“2 行”，段后间距为“0.5 行”。

（5）设置完成后，退出“段落”对话框。

3. 添加项目符号和编号

（1）选中“五加一网站工作室”下面相应的段落，单击“开始”选项卡“段落”选项组中的“项目符号”下拉按钮，在弹出的下拉列表中选择“定义新项目符号”选项，弹出“定义新项目符号”对话框，如图 4-1-9 所示。

（2）单击“符号”按钮，弹出“符号”对话框，在其中选择所需的符号，如图 4-1-10 所示。

单击“字体”按钮，弹出“字体”对话框，设置字体颜色为“红色”，如图 4-1-11 所示。

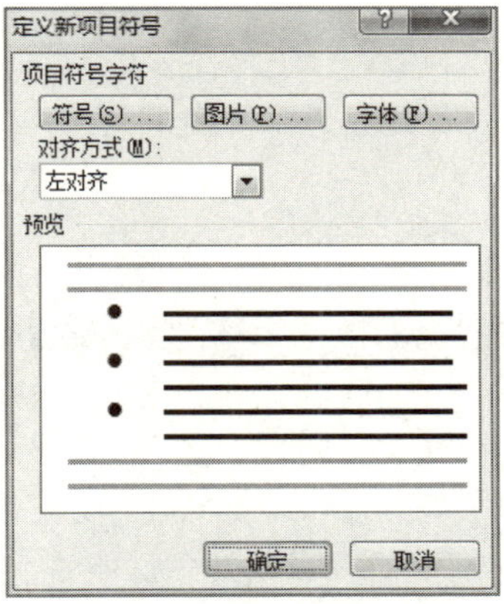

图 4-1-9 “定义新项目符号”对话框

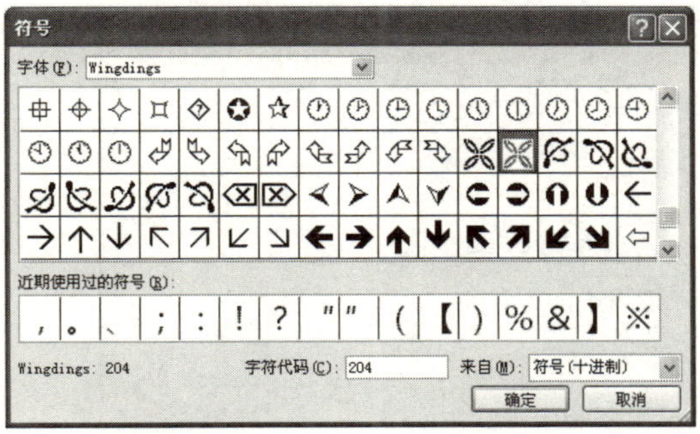

图 4-1-10 “符号”对话框

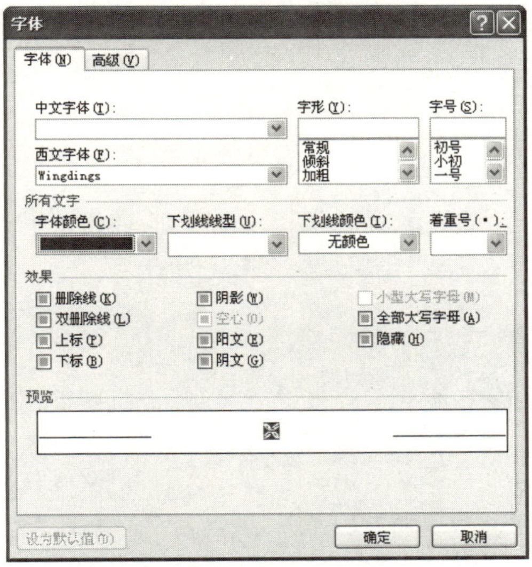

图 4-1-11 “字体”对话框

（3）单击“确定”按钮。

操作三 设置背景

操作要求：给文档设置一个图片背景。

操作步骤如下。

（1）单击“页面布局”选项卡“页面背景”选项组中的“页面颜色”按钮，在弹出的下拉列表中选择“填充效果”选项。

（2）弹出“填充效果”对话框，选择“图片”选项卡，如图 4-1-12 所示，单击“选择图片”按钮，弹出“选择图片”对话框，选择“Word 项目素材”文件夹中的“blue_sky.jpg”文件，单击“确定”按钮，完成背景图片的插入。

（3）也可以给文档设置水印背景。单击快速访问工具栏中的“撤销”按钮，撤销图片背景设置。单击“页面布局”选项卡“页面背景”选项组中的“水印”按钮，在弹出的下拉列表中选择“自定义水印”选项，弹出“水印”对话框，选中“图片水印”单选按钮，单击“选择图片”按钮，即可添加图片水印效果，如图 4-1-13 所示。

图 4-1-12　“填充效果”对话框

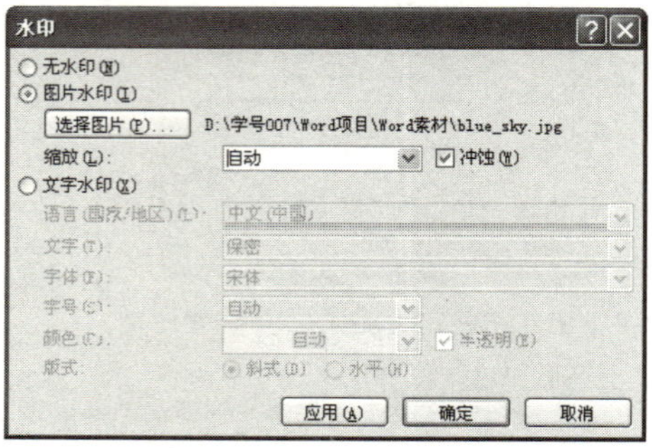

图 4-1-13　“水印”对话框

操作四　预览与打印

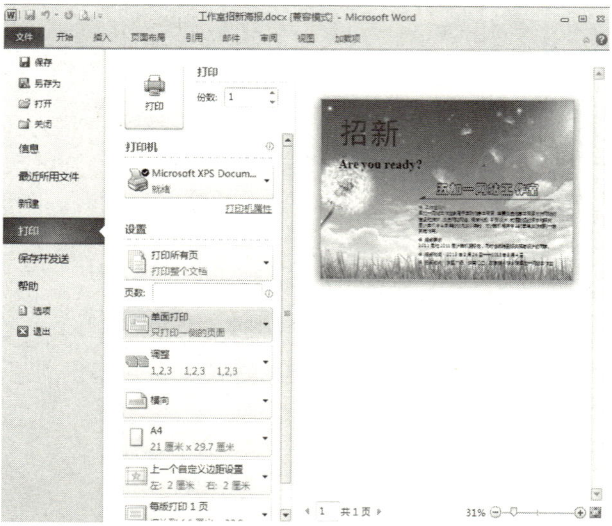

图 4-1-14　Word 2010 的打印预览

操作要求：预览编辑效果，并将其打印出来。

创建、编辑和排版文档的最终目的是获取纸质文档，Word 2010 具有强大的打印功能。打印前用户可使用 Word 中的打印预览功能，在屏幕上观看打印效果，如果不满意还可以对文档进行修改。

（1）打印预览。打开 Word 2010 文档，单击“文件”选项卡中的“打印”按钮，如图 4-1-14 所示，在界面右侧预览区域可以查看文档的打印预览效果，还可以通过调整预览区域下面的滑块改变预览视图的大小。

（2）在“打印”选项组中的“份数”栏中设置打印份数；在“打印机”下拉列表中选择打印机并查看打印机的状态、类型、位置等信息。单击“打印机属性”超链接，可对选择的打印机属性进行设置。

（3）在“设置”选项组中可设置打印的页数、单面打印、双面打印、调整页边距、选择纸张大小和方向等。设置完成后，单击“打印”按钮，即可打印输出文档。

相关知识

1. Word 2010 的工作界面

Word 2010 的工作界面主要由标题栏、功能区、文档编辑区及状态栏等部分组成，如图 4-1-15 所示。

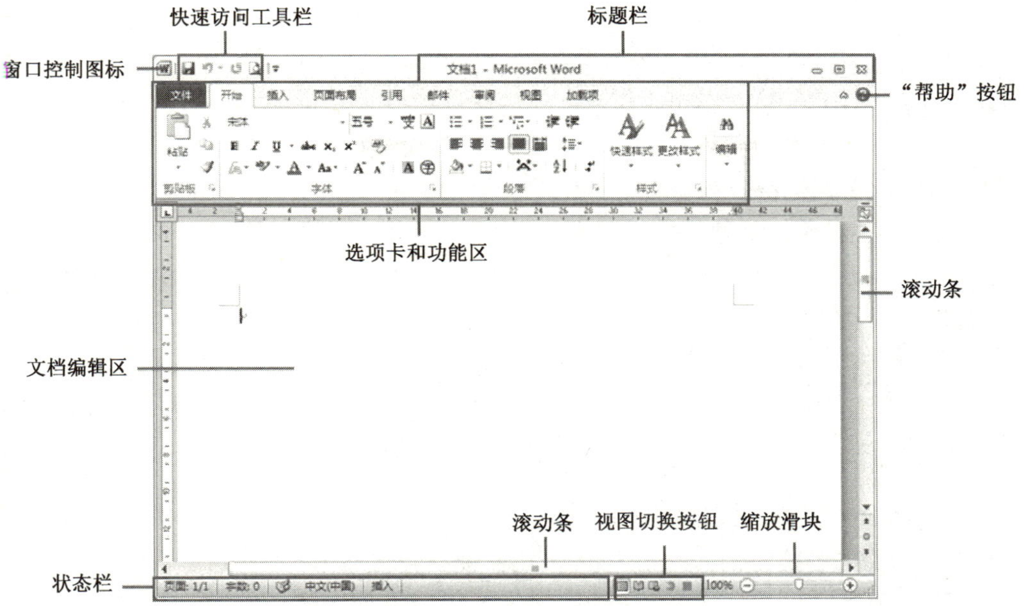

图 4-1-15 Word 2010 的工作界面

（1）窗口控制图标，单击该图标，可在弹出的菜单中完成最大化、最小化和关闭等操作。

（2）标题栏用于显示正在操作的文档的文件名和程序的名称等信息，其右侧有 3 个窗口控制按钮，即“最小化”“还原/最大化”和“关闭”按钮，单击不同按钮，可以控制窗口的大小和关闭。

（3）快速访问工具栏集成了最常用的命令，以实现快速操作的目的。在任意功能区右击想添加到快速访问工具栏的按钮，在弹出的快捷菜单中选择“添加到快速访问工具栏”命令，可以将其添加到快速访问工具栏中。

（4）单击“帮助”按钮可查找到用户所需的帮助信息。

（5）选项卡和功能区归类集成按钮，单击按钮可完成相应操作。

（6）文档编辑区显示正在编辑的文档，单击“视图”选项卡中的按钮，可以改变显示比例、显示模式等。

（7）视图切换按钮用于更改正在编辑的文档的视图模式，单击相应视图按钮，可切换到相应视图模式。

（8）滚动条用于更改编辑文档的显示位置，拖动滚动条可以找到需要显示的内容。

（9）缩放滑块用于更改编辑文档的显示比例，拖动可调整显示比例。

（10）状态栏显示正在编辑的文档的相关信息，单击其中的按钮，可以进行与之关联的操作。

图 4-1-16 从“开始”菜单启动 Word 2010

2. Word 文档的管理操作

（1）启动 Word 2010。

① 选择“开始”→“所有程序”→“Microsoft Office”→“Microsoft Word 2010”命令，如图 4-1-16 所示。

② 双击桌面上的快捷图标，也可以启动 Word 2010。

（2）退出 Word 2010。

完成文档的编辑操作后，需要正确退出 Word 2010，常用的退出操作有以下几种。

① 单击 Word 2010 窗口右上角的“关闭”按钮，退出 Word 2010。

② 双击 Word 2010 窗口左上角的窗口控制图标，可退出 Word 2010。

③ 单击“文件”选项卡的“退出”按钮，可关闭所有的文档，退出 Word 2010。

④ 按【Alt+F4】快捷键，可退出 Word 2010。

（3）保存文档的位置和类型。

在文档组织的过程中，要注意及时存盘。对新建文档或对某个已经保存过的文档进行修改后，都需要保存文档。保存文档时要重点关注保存的位置。

① 第一次保存或需改名保存时要注意保存的位置。

对新建文档第一次存盘时单击“文件”选项卡中的“保存”或“另存为”按钮，或单击快速访问工具栏中的“保存”按钮，均会弹出“另存为”对话框。

② 无须改名的保存。

对已经保存过的文档可以继续编辑修改，再次存盘时，只需单击“保存”按钮就可以原文件名保存修改结果。

③ 文档的扩展名。

保存 Word 文档时，可以选择保存为不同的文档类型，文档类型以文档的扩展名识别，Word 2010 常用的文档扩展名及其类型如表 4-1-1 所示。

表 4-1-1 Word 2010 常用的文档扩展名及其类型

扩 展 名	文 档 类 型
.docx	Word 2010 默认的保存文档类型
.doc	Word 97-2003 文档
.dotx	Word 2010 模板文档
.txt	纯文本
.htm 或.html	网页文档
.rtf	跨平台文档格式

3. 文本输入和编辑

在 Word 文档的编辑区有一个不断闪烁的竖条，这就是插入点，Word 中的插入点即为文字内容或对象输入的位置，插入点在文档中以“|”形光标的形式显现。当新建一个空白文档时，插入点自动定位于文档页面的左上角。文字输入从插入点开始，当输入到一行的结束时，Word 会自动将插入点转到下一行。如果需要另起一段，可以通过按【Enter】键实现。

（1）插入符号和特殊符号。

在输入文档内容时，有时需要插入符号和特殊符号，方法是单击“插入”选项卡“符号”选项组中的“符号”按钮，在弹出的下拉列表中选择“其他符号”选项，弹出“符号”对话框，选择所需的符号和特殊符号即可，如图 4-1-17 所示。

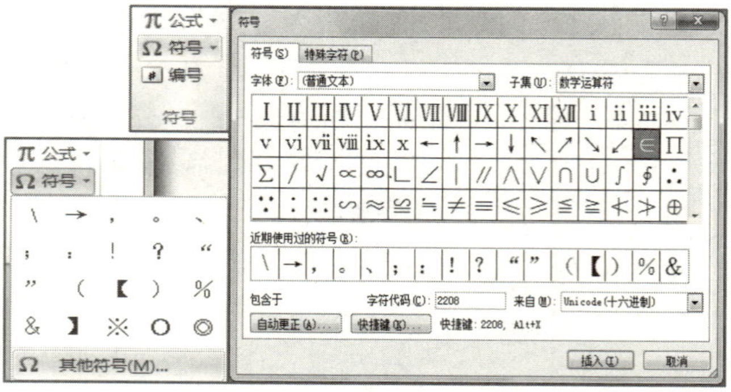

图 4-1-17 插入符号和特殊符号

（2）选取操作对象。

文档输入过程中，有时需要删除、移动、复制一段文字，或对字体进行修改。进行这些操作前，首先应选定要操作的文本（或表格、图形等对象）。在Word中选择文本的方式有很多种，用户既可以利用鼠标选择文本，也可以利用键盘选择文本，还可以两者结合进行选择文本。常用的对象选取方法如表4-1-2所示。

表4-1-2 常用的对象选取方法

对 象	选 取 方 法	作 用
一个区域	用鼠标拖动选择或按【Shift+上、下、左、右箭头】键	选定一个区域
字词	在字词中间双击	选定字词
句子	按住【Ctrl】键单击	选定句子
整行	鼠标在行首左边单击	选定整行
段落	在行首左边双击或在句子中单击3次	选定段落
全文	在行首左边单击3次或按【Ctrl+A】快捷键	选定全文
扩展区域	按一下【F8】键	设置选取段落的起点
	连续按两下【F8】键	选取一个字
	连续按三下【F8】键	选取一串句子
	连续按四下【F8】键	选取一段
	连续按五下【F8】键	全选

（3）复制、删除、移动文本。

先选中对象，再根据编辑目的选择表4-1-3中的操作方法。

表4-1-3 Word 2010编辑文档的常用操作

编 辑 目 的	操 作 方 法
移动对象	选定对象，将对象拖动到目标位置，松开鼠标左键即可
复制对象	方法1：先选定对象，单击“开始”选项卡“剪贴板”选项组中的“复制”按钮（或按【Ctrl+C】快捷键），再在目标位置的光标处按“粘贴”按钮（或按【Ctrl+V】快捷键），可完成复制
	方法2：选定对象，按住【Ctrl】键的同时拖动对象到目标位置，松开鼠标左键即可
删除对象	按【Delete】键删除光标右边的一个字符；按【Backspace】键删除光标左边的一个字符；选定对象，按【Delete】键删除所选对象
撤销和恢复	若文本删除有误，可单击快速访问工具栏中的“撤销”按钮（或按【Ctrl+Z】快捷键）撤销操作；单击快速访问工具栏中的“恢复”按钮（或按【Ctrl+Y】快捷键）恢复已撤销的操作
查找对象	单击“开始”选项卡“编辑”选项组中的“查找”按钮，在打开的“导航”窗格中输入查找内容即可显示所有查找结果，单击上、下箭头可上下查看结果
替换对象	单击“开始”选项卡“编辑”选项组中的“替换”按钮，弹出“查找和替换”对话框，输入查找内容和替换为内容进行替换操作

（4）剪贴板。

执行“复制”或“剪切”操作时，操作对象存储在名为“剪贴板”的缓存区中。执行“粘贴”操作后，对象在“剪贴板”中还保留一个备份，根据需要可以将对象进行多次粘贴。存放在“剪贴板”中的资料一直存于计算机的物理内存中（RAM），所以，剪贴的对象体积越大（如图像之类），耗用的内存就越多。单击“开始”选项卡“剪贴板”选项组中的对话框启动器按钮，可打开“剪贴板”窗格，如图4-1-18所示。

读者可以在“剪贴板”窗格中选择剪贴对象，还可以清空“剪贴板”删除所有剪贴对象。剪贴板不只是在Word中使用，Windows中的很多对象也都可以使用，因此在Word中也可以粘贴许多外部的对象。

图 4-1-18 “剪贴板”窗格

（5）查找和替换文本。

查找和替换是在长文本中快速定位并修改内容的好方法，若要将“工作室招新海报.docx”文件中所有的“工作室”修改为“gongzuoshi”，并设置为粗绿色黑体，可以使用查找和替换功能完成。

① 单击“开始”选项卡“编辑”选项组中的“替换”按钮，弹出“查找和替换”对话框，选择“替换”选项卡，如图 4-1-19 所示。

② 在“查找内容”栏中输入“工作室”。

③ 在“替换为”栏中输入“gongzuoshi”。

④ 单击“更多”按钮，将搜索范围设置为“全部”。

⑤ 单击“格式”按钮，在弹出的下拉列表中选择“字体”选项，弹出“查找字体”对话框，并设置字体为绿色、加粗、黑体，如图 4-1-20 所示。

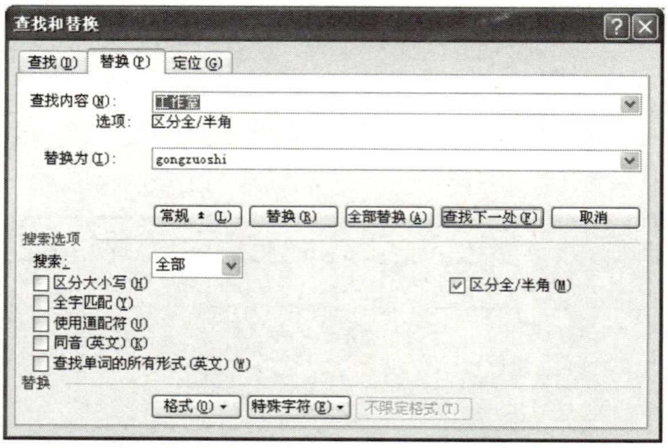

图 4-1-19 “查找和替换”对话框

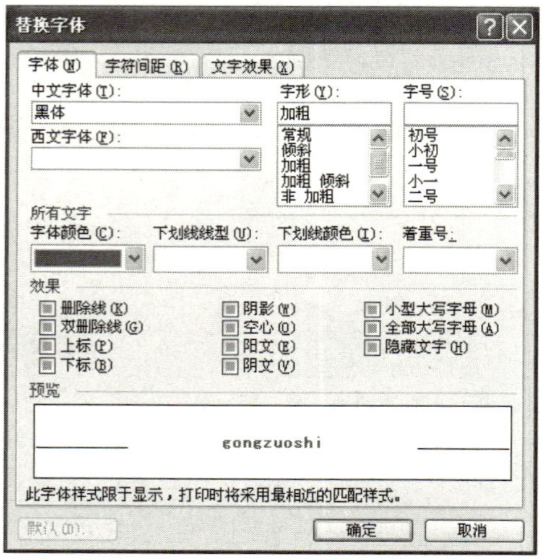

图 4-1-20 “替换字体”对话框

⑥ 在“替换字体”对话框中单击“确定”按钮，返回“查找和替换”对话框。

⑦ 单击“全部替换”按钮，替换全部文本。

4. 文档格式化

（1）字符格式化。

字符可以是一个汉字，也可以是一个字母、一个数字或一个单独的符号，字符的格式包括字符的字体、字号、字形、字符颜色、字符间距、文字效果及各种表现形式。

简单的字符格式可以在“开始”选项卡的“字体”选项组中设置，如设置字体加粗，可以单击“字体”选项组中的“加粗”按钮来实现；设置字体字号，可以单击“字体”选项组中的“字号”下拉按钮，在弹出的下拉列表中选择字号。设置操作也可以通过快捷键完成，如给字体设置下画线，可以按【Ctrl+U】快捷键。

但是，一些特殊的字体必须通过“字体”对话框才能完成设置。如果要制作出更具有艺术性的字符效果，如变形字体、旋转字等，可以通过艺术字完成。单击“开始”选项卡“字体”选项组中的对话框启动器按钮，弹出“字体”对话框，如图 4-1-21 所示。

（2）段落格式化。

段落是指以【Enter】键结束的内容，段落可以包括文字、图片、各种特殊字符等，段落的标记为“↵”。段落标记“↵”既标记了段落的结束，也存储了该段落的格式编排信息。段落格式的设置对象是包含段落标记“↵”的一些文本。因此，在有些操作中是否选中了段落标记“↵”操作的结果可能大不相同，所以在做段落格式编排时最好显示出段落标记，只要单击“显示|隐藏编辑标记”按钮就可以显示出段落标记等编辑符号。

在 Word 中还有一种类似段落的形式，那就是在输入时用【Shift+Enter】快捷键换行的人工换行符“↓”所形成的“段落”，大多数从网页上下载的文章往往含有大量的这种类似的“段落”，其末尾其实是人工换行符“↓”，如果选中含人工换行符“↓”这样的“段落”，是不能独立进行 Word 段落格式设置的，只有单击“显示|隐藏编辑标记”按钮才可以显示并分辨出究竟是段落标记“↵”还是人工换行符“↓”。

段落格式主要包括段落缩进格式、对齐方式、行间距、段间距、项目符号和编号、分栏、首字下沉和段落样式等。简单的段落格式可以在“开始”选项卡的“段落”选项组中进行设置，如设置段落居中对齐，可以单击“段落”选项组中的“居中”按钮来实现；减少段落缩进量，可以单击“段落”选项组中的“减少缩进量”按钮等。同样，复杂的段落格式设置必须通过“段落”对话框才能完成。单击“开始”选项卡“段落”选项组中的对话框启动器按钮，弹出“段落”对话框，如图 4-1-22 所示。

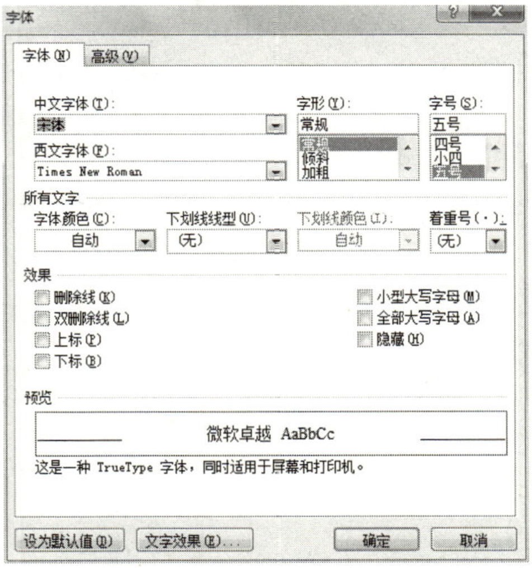

图 4-1-21 “字体”对话框

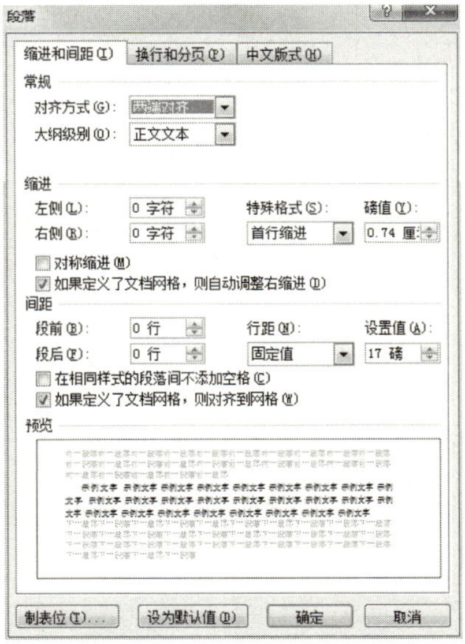

图 4-1-22 “段落”对话框

常用的段落格式设置可以通过单击“开始”选项卡“段落”选项组中的“增加缩进量”按钮，或按【Tab】键，或拖动水平标尺上的缩进游标来进行段落缩进的设置，如图 4-1-23 所示。

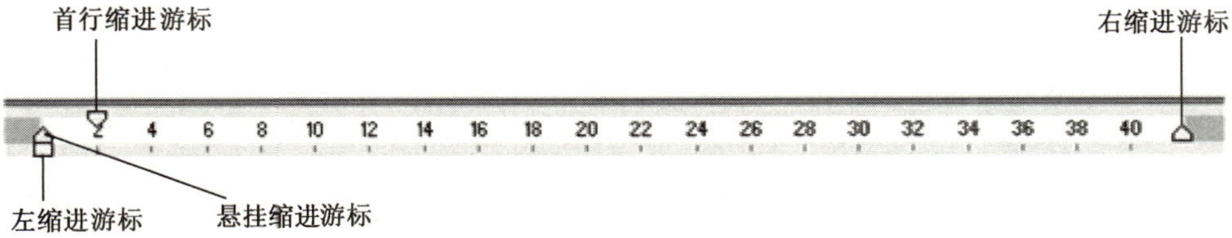

图 4-1-23 水平标尺上的 4 个缩进游标

首行缩进游标：在水平标尺上向右拖动此游标，就可控制光标所在段落中第一行第一个字的起始位置。一般在输入中文文档的第一段时，就将首行缩进定位在缩进两个字符的位置，以后各段只要按【Enter】键就自动继承首行缩进两个字的段落格式。

悬挂缩进游标、左缩进游标、右缩进游标：拖动相应游标，就可控制光标所在段落边界缩进的位置。

如图 4-1-24 所示，页边距是水平标尺中的深色部分，也就是版心边界与页面边界之间的距离。页边距的大小可由拖动水平标尺中深浅颜色的交界线来调整。注意不要混淆段落缩进与页边距的概念。页边距设置正文版心的最大宽度，而段落缩进是指调整文本与（左）页边距之间的距离。

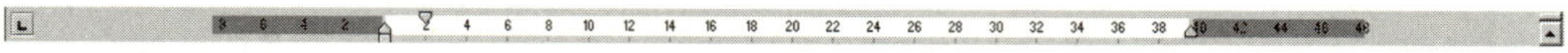

图 4-1-24　水平标尺

（3）格式刷。

格式刷是一个专门用于格式复制的工具，使用它可以将已经设置好的格式复制到需要设置相同格式的其他位置，避免了重复的格式设置和保证了格式设置的一致性。格式刷的使用方法是：选定已设置好格式的文字或将光标定位在已设置好格式的位置，单击“格式刷”按钮，此时鼠标指针变成一把带光标的小刷子“ ”，按住鼠标左键“刷”过欲复制格式的区域，则“刷”过的区域将具有相同的格式。如果需要多处复制相同的格式，双击“格式刷”按钮，可以将选定格式复制到多个位置。要取消格式刷，再次单击“格式刷”按钮或按【Esc】键，就可取消鼠标指针的格式复制状态。

（4）边框与底纹。

在 Word 中设置边框与底纹的对象，可以是字符，也可以是段落和页面，设置边框与底纹可以达到强化内容的效果。

① 字符边框与底纹的设置。首先选中要设置格式的文本对象，然后单击“开始”选项卡“段落”选项组中的“下框线”下拉按钮，在弹出的下拉列表中选择“边框和底纹”命令，弹出“边框和底纹”对话框，进行边框和底纹设置，如图 4-1-25 所示。如果只是设置字符的底纹，也可以单击“开始”选项卡“段落”选项组中的“底纹”下拉按钮，进行设置。

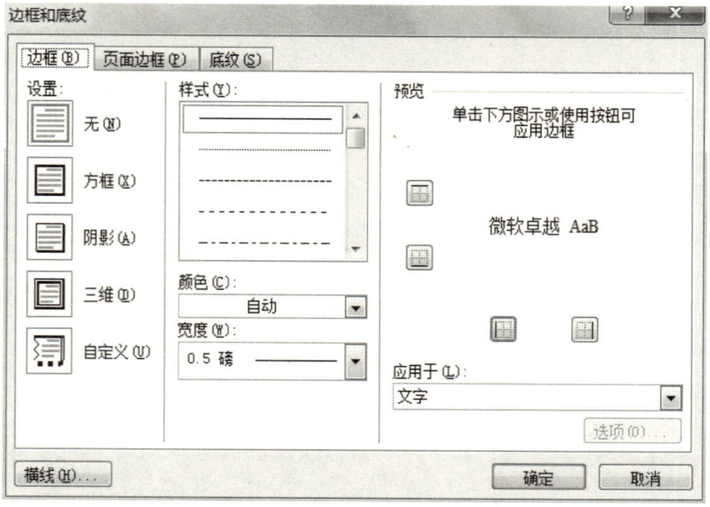

图 4-1-25　“边框和底纹”对话框

② 段落边框与底纹的设置。首先把光标定位到要设置格式的段落中，弹出“边框和底纹”对话框，可进行相应的设置。

③ 页面边框的设置。在要设置页面边框的文档中，单击“页面布局”选项卡“页面背景”选项组中的“页面边框”按钮，弹出“边框和底纹”对话框，进行相应的设置。

（5）编号和项目符号设置。

自动编号：选定列表项后，单击“开始”选项卡“段落”选项组中的“编号”下拉按钮，在弹出的下拉列表中选择一种所需的编号形式。

项目符号：选定列表项后，单击“段落”选项组中的“项目符号”下拉按钮，在弹出的下拉列表中选择一种所需的项目符号形式。

取消自动编号或项目符号：选定列表项后，单击“开始”选项卡“段落”选项组中的“编号”按钮或“项目符号”按钮。当然，也可单击这两个按钮设置段落的默认编号或项目符号。

5. 设置文档页面和打印输出

（1）Word 页面的构成。

Word 文档中的页面由版心及其周围的空白区域组成，如图 4-1-26 所示。

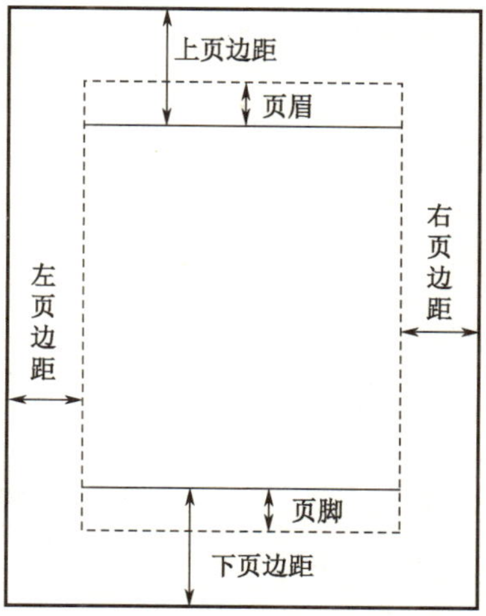

图 4-1-26 页面的结构

（2）页面设置。

文档给人的第一印象是它的整体布局，完善布局需要进行页面设置。页面设置包括文档的页面大小、页面走向、页边距、页眉、页脚等内容。

页边距是页面四周的空白区域。通常可以在页边距的可打印区域中插入文字和图形，也可以将某些项放在页边距中，如页眉、页脚和页码等，这些功能都集中在“页面布局”选项卡的“页面设置”选项组中。单击“页面设置”选项组中的对话框启动器按钮，弹出“页面设置”对话框，可以设置页面的相关内容。

（3）文档背景。

好的 Word 背景能够渲染主体，让文字、版面变得生动，给文章赋予活力。在默认情况下，Word 文档使用白纸作为背景，但有时为了增强文档的吸引力，需要为文档设置特殊背景。用户可以为背景应用渐变、图案、图片、纯色或纹理等效果，渐变、图案、图片和纹理将进行平铺或重复以填充页面。将文档保存为网页时，纹理和渐变被保存为 JPEG 文件，图案被保存为 GIF 文件。在文档中应用背景的具体操作步骤如下。

① 单击“页面布局”选项卡“页面背景”选项组中的“页面颜色”按钮，弹出下拉列表，如图 4-1-27 所示。

② 在下拉列表中选择所需的颜色。如果其中没有用户需要的颜色，可选择“其他颜色”选项，弹出“颜色”对话框，从中选择所需的颜色，如图 4-1-28 所示。

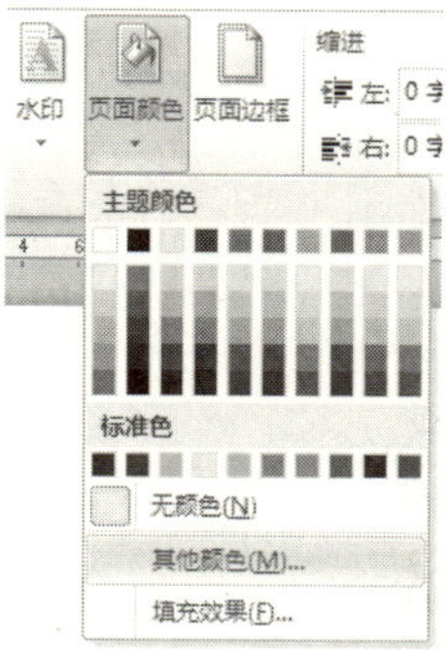

图 4-1-27 “页面颜色”下拉列表

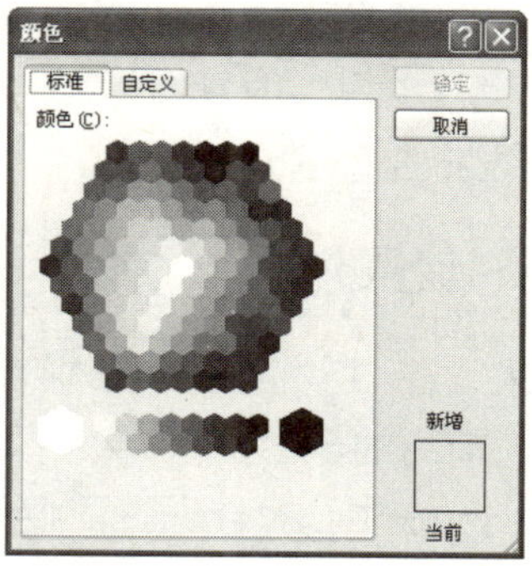

图 4-1-28 “颜色”对话框

任务二 制作个人简历

本任务以制作个人简历（图 4-2-1）为例，包含个人简历的封面、简历表格、简历正文内容，介绍 Word 文档中表格的基本操作。通过本任务，读者可以学会如下操作。

图 4-2-1 个人简历

- 插入图片和剪贴画。
- 绘制表格
- 插入表格。
- 合并与拆分单元格。
- 设置表格中内容的对齐方式。
- 设置表格的边框与底纹。

操作一 设置封面

操作要求：在 D 盘的“Word 项目”文件夹中新建一个名为“个人简历.docx”的 Word 文档，首先制作个人简历的封面。

在 Word 2010 中，可以通过简便的方法完成封面的制作，单击“插入”选项卡“页”选项组中的“封面”按钮，弹出下拉列表，其中包含很多内置的封面格式，如图 4-2-2 所示。

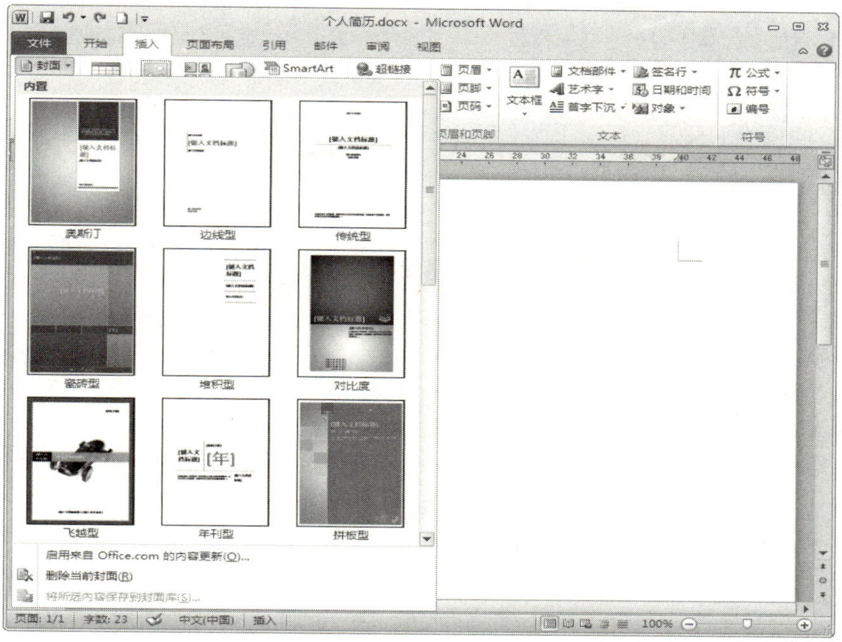

图 4-2-2　“封面”下拉列表

选择其中任意一种样式（如“现代型”），则文档会自动在文档的最前面插入一张封面，如图 4-2-3 所示。

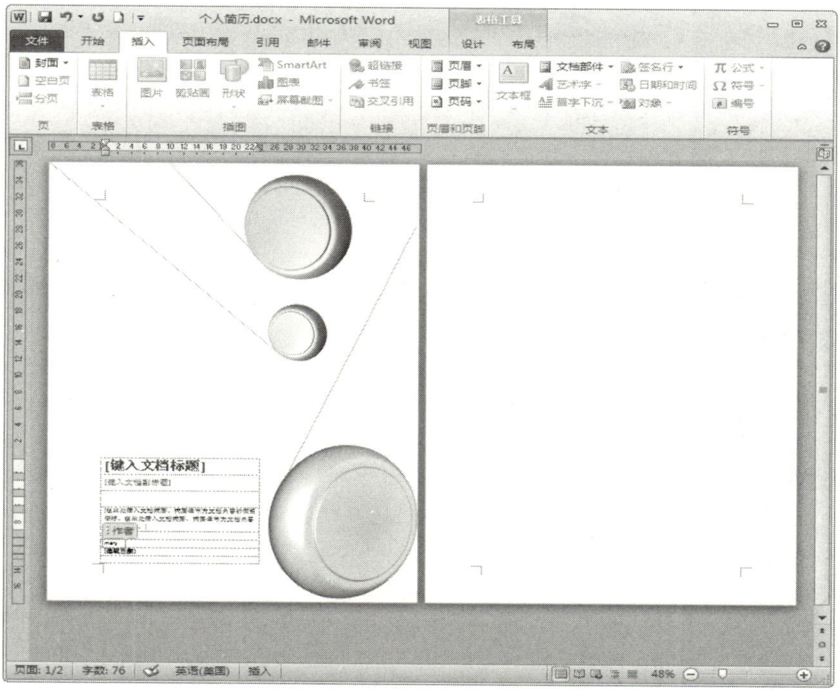

图 4-2-3　“现代型”内置封面

本任务中，我们不用 Word 2010 内置的封面，需要自制封面，操作步骤如下。

1. 输入文字

（1）将光标定位在文档的开始处。

（2）完成以下文字的输入，每段文字都需要按【Enter】键独立分段：“×××××职业技术学院”“个人简历”“姓名：”“专业：”“电话：”“邮箱：”，如图 4-2-4 所示。

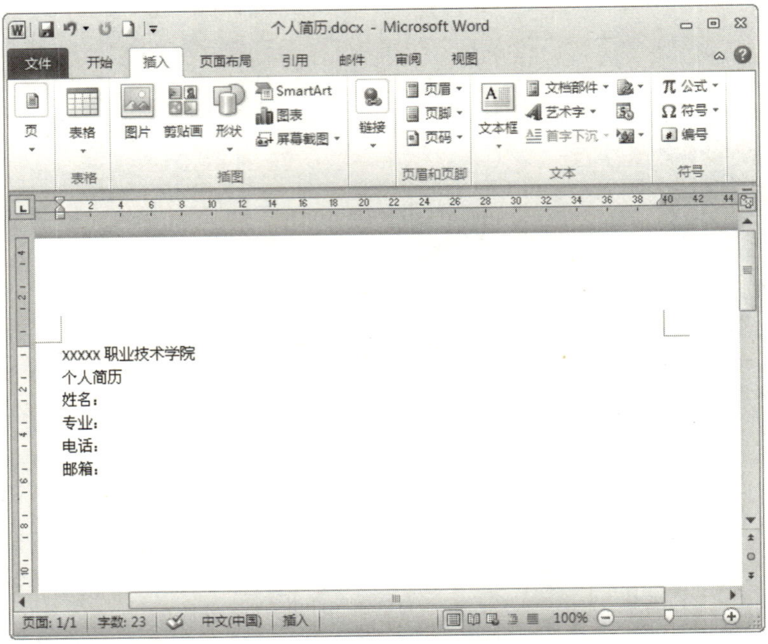

图 4-2-4　输入文字

2. 插入图片

（1）将光标定位在“个人简历”文字的后面，按【Enter】键新建一个空行，并将光标定位在此处。

（2）单击“插入”选项卡“插图”选项组中的“图片”按钮，弹出“插入图片”对话框，如图 4-2-5 所示，在“查找范围”中选择图片文件所在的路径，在“文件类型”栏中将列出最常见的图片格式，找到并选中要插入的图片，然后单击“插入”按钮，即可将图片插入到光标所在位置。

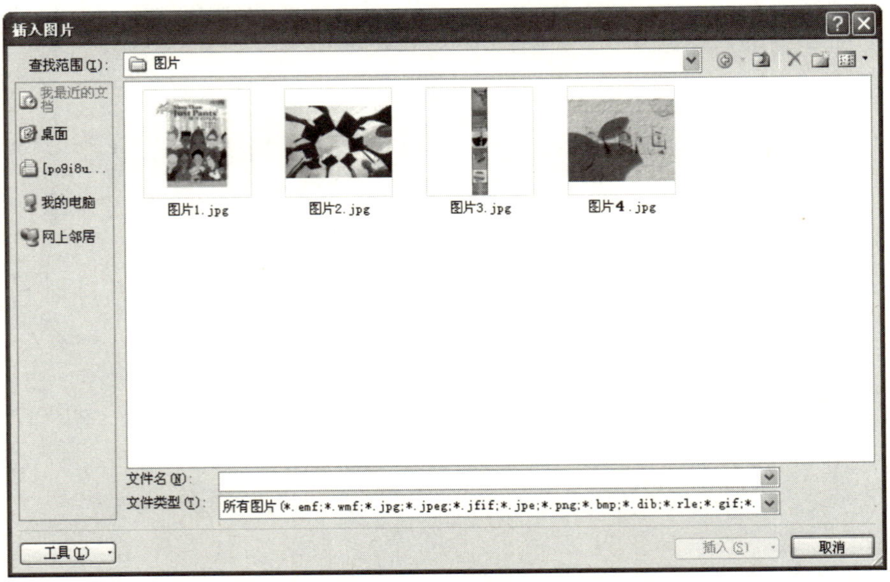

图 4-2-5　“插入图片”对话框

（3）如果没有事先准备好或是没有合适的图片文件，可通过插入剪贴画来代替，单击“插入”选项卡“插图”选项组中的“剪贴画”按钮，“剪贴画”窗格如图 4-2-6 所示，在“搜索文字”栏中输入搜索关键字（如“科技”），单击“搜索”按钮后将会显示一系列有关于“科技”的剪贴画，单击其中任意一张合适的图片即可将图片插入到文档的指定位置。

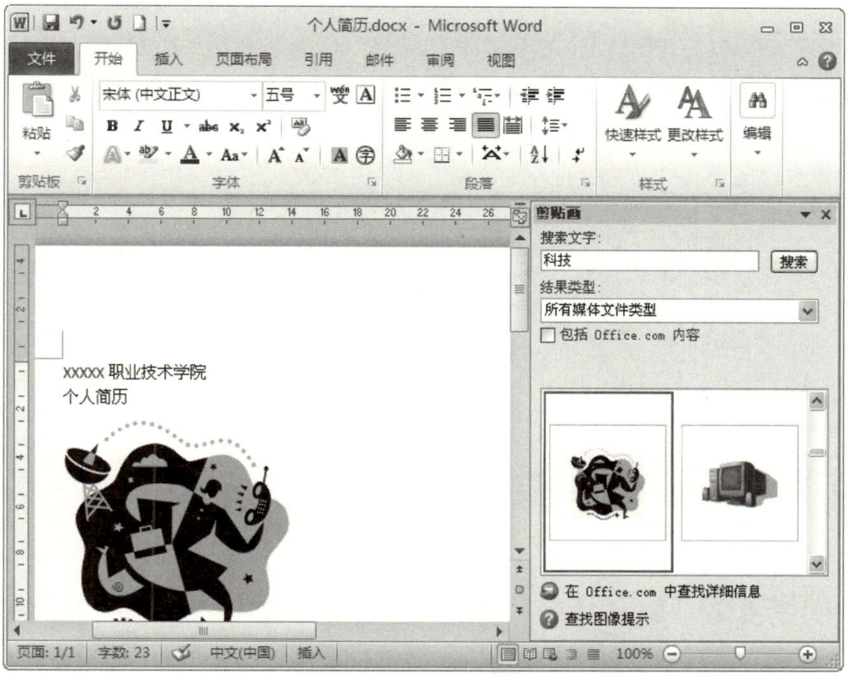

图 4-2-6　插入剪贴画

3. 调整文字和图片的大小和位置

（1）在“开始”选项卡的“字体”和“段落”选项组中对封面文字和段落进行设置。封面中各个文字的字体、段落格式设置如下。

①“×××××职业技术学院”。

设置字体为“方正舒体”，字号为“初号”，字形为“加粗”，对齐方式为“居中”。设置其段前、段后的间距分别为 1 行和 2 行。

②“个人简历”。

设置字体为“华文琥珀”，字号为“初号”，字形为“加粗”，对齐方式为“居中”。

③“姓名：”“专业：”“电话：”“邮箱：”。

均设置字体为“方正舒体”，字号为“三号”，字形为“加粗”。

（2）在“姓名：”“专业：”“电话：”“邮箱：”后加上若干个空格符，分别选中相应的空格为其加上下画线 **U**。

（3）选中“姓名：”“专业：”“电话：”“邮箱：”4 个段落，拖动左缩进游标调整这 4 行至合适的位置。

（4）选中图片，单击“开始”选项卡“段落”选项组的“居中”按钮，使图片水平居中，设置图片的段落格式，段前和段后间距分别为“3 行”和“6 行”。

（5）利用空行或通过设置段落格式适当增大各内容之间的距离，完成封面的排版，如图 4-2-7 所示。

图 4-2-7　个人简历封面

操作二　创建表格

操作要求：在封面页的下方新建一个页面，制作个人简历表格，如图 4-2-8 所示。

个人简历

<table>
<tr><td>姓名</td><td></td><td>出生日期</td><td colspan="2"></td><td rowspan="5">相片</td></tr>
<tr><td>性别</td><td></td><td>民　族</td><td colspan="2"></td></tr>
<tr><td>身高</td><td></td><td>政治面貌</td><td colspan="2"></td></tr>
<tr><td rowspan="3">地址</td><td>邮政编码</td><td></td><td>籍贯</td><td></td></tr>
<tr><td>E-mail</td><td></td><td>电话</td><td></td></tr>
<tr><td>家庭地址</td><td colspan="4"></td></tr>
<tr><td rowspan="3">专业技术</td><td>专　业</td><td></td><td>学历</td><td colspan="2"></td></tr>
<tr><td>毕业院校</td><td></td><td>学位</td><td colspan="2"></td></tr>
<tr><td>求职意向</td><td colspan="4"></td></tr>
<tr><td>教育经历</td><td colspan="5"></td></tr>
<tr><td>工作经历</td><td colspan="5"></td></tr>
<tr><td>个人荣誉</td><td colspan="5"></td></tr>
</table>

图 4-2-8　个人简历表格

1. 插入新页面

(1) 在封面页最后的文字“邮箱：”的后面新建一个空行，将光标定位在此处。

(2) 单击“开始”选项卡“样式”选项组中的“其他”按钮，在弹出的下拉列表中选择“清除格式”选项。

(3) 单击“插入”选项卡“页”选项组中的“分页”按钮，如图 4-2-9 所示，此时在此处插入一张新页。

2. 绘制表格的轮廓

(1) 在第二页开始处输入文字“个人简历”，在结束处按【Enter】键，生成一个新的段落，设置标题文字“个人简历”的字体为“隶书”，字号为“二号”，字形为“加粗”，对齐方式为“居中”。

(2) 将光标定位到“个人简历”下一行的最左端，单击“插入”选项卡“表格”选项组中的“表格”按钮，在弹出的下拉列表中选择“绘制表格”选项，首先绘制一个铺满整个页面的表格外轮廓，如图 4-2-10 所示，然后使用画笔依次绘制出表格内部的各种线条。

图 4-2-9 分页

图 4-2-10 表格外轮廓

3. 拆分及合并单元格

(1) 拆分单元格。

方法 1：右击需要拆分的单元格，在弹出的快捷菜单中选择“拆分单元格”命令，弹出“拆分单元格”对话框，分别设置需要拆分成的列数和行数，单击“确定”按钮完成拆分。

方法 2：单击“表格工具”/“布局”选项卡“合并”选项组中的“拆分单元格”按钮，如图 4-2-11 所示，弹出“拆分单元格”对话框，如图 4-2-12 所示，分别设置需要拆分成的列数和行数，单击“确定”按钮完成拆分。

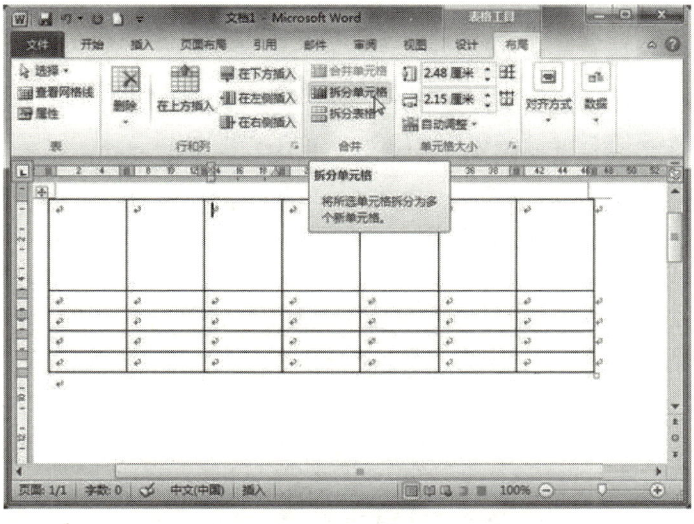

图 4-2-11 “拆分单元格”按钮

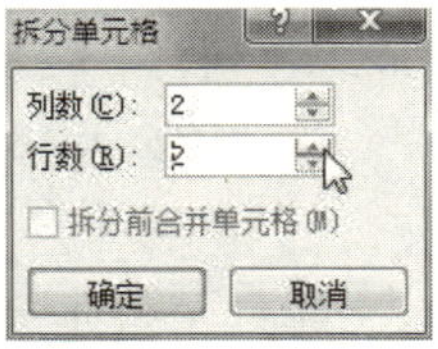

图 4-2-12 “拆分单元格”对话框

（2）合并单元格。

方法 1：选中表格中需要合并的两个或两个以上的单元格，右击选中的单元格，在弹出的快捷菜单中选择“合并单元格”命令即可。

方法 2：选中表格中需要合并的两个或两个以上的单元格，单击“布局”选项卡“合并”选项组中的“合并单元格”按钮即可。

方法 3：在表格中单击任意单元格，单击“表格工具”/“设计”选项卡“绘图边框”选项组中的“擦除”按钮，鼠标指针变成橡皮擦形状。在表格线上拖动鼠标左键即可擦除线条，如图 4-2-13 所示，将两个单元格合并。按【Esc】键或再次单击“擦除”按钮取消擦除状态。

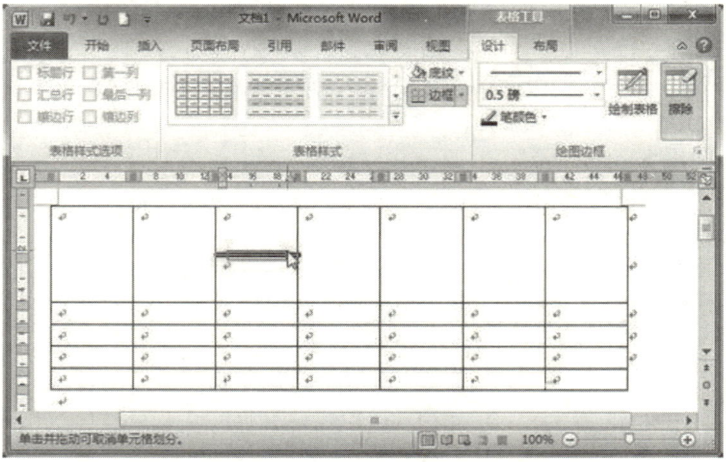

图 4-2-13 合并单元格

4. 为单元格添加文字

单击相应的单元格，完成文字的输入，得到一个完整的表格。

文字从上到下，从左到右，依次为“姓名”“出生日期”“性别”“民族”“身高”“政治面貌”“相片”“地址”“邮政编码”“籍贯”“E-mail”“电话”“家庭地址”“专业技术”“专业”“学历”“毕业院校”“学位”“求职意向”“教育经历”“工作经历”“个人荣誉”。

操作三 设置表格的属性

1. 调整表格单元格的宽度和高度

（1）将鼠标指针停留在表格的竖直框线上，直到鼠标指针变成“ ·||· ”形状，按住鼠标左键，窗口中出现一条竖直的虚线，此时拖动鼠标指针可以进行宽度的调整，将单元格的宽度调整到合适的大小。

（2）将鼠标指针停留在表格的水平框线上，直到鼠标指针变成“ ÷ ”形状，按住鼠标左键，窗口中出现一条水平的虚线，此时拖动鼠标指针可以调整其高度，将单元格的高度调整到合适位置。

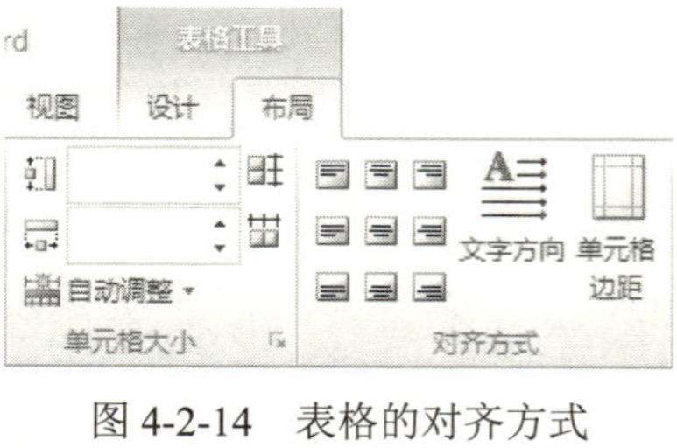

图 4-2-14 表格的对齐方式

2. 设置单元格中对象的对齐方式

选中需要设置的单元格，单击“表格工具”“布局”选项卡“对齐方式”选项组中的对齐方式按钮，将选中单元格中的文字按需要进行设置，本案例的单元格为“水平居中”，使文字在单元格内水平和垂直方向都居中，如图 4-2-14 所示。

3. 设置表格的边框

选中整个表格，在“表格工具”/“设计”选项卡的“表格样式”和“绘图边框”选项组中，设置表格的外框线为 1 磅的双实线，内框线为 0.5 磅的单实线，如图 4-2-15 所示。

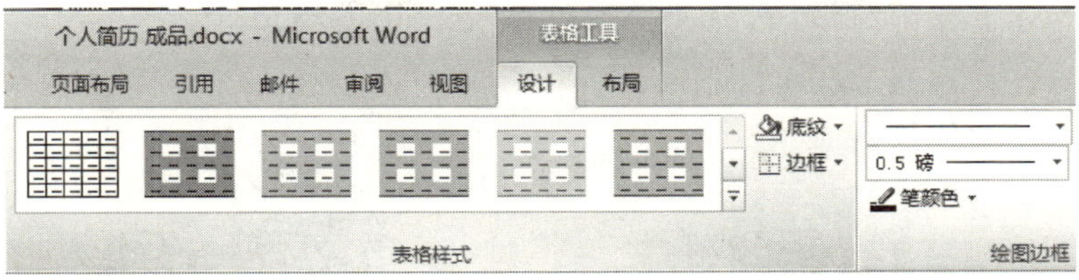

图 4-2-15　“表格样式”和“绘图边框”选项组

先在“绘图边框”选项组中选择笔样式为双实线，笔画粗细为“1 磅”，再单击“表格样式”选项组中的“边框”下拉按钮，在弹出的下拉列表中选择“外侧框线”选项，将 1 磅的双实线的线型应用于表格的外部框线。

先在“绘图边框”选项组中选择笔样式为单实线，笔画粗细为“0.5 磅”，单击“表格样式”选项组中的“边框”下拉按钮，在弹出的下拉列表中选择“内部框线”选项，将 0.5 磅的单线的线型应用于表格的内部框线，局部效果如图 4-2-16 所示。

个人简历

<table>
<tr><td>姓名</td><td></td><td>出生日期</td><td colspan="2"></td><td rowspan="5">相片</td></tr>
<tr><td>性别</td><td></td><td>民　族</td><td colspan="2"></td></tr>
<tr><td>身高</td><td></td><td>政治面貌</td><td colspan="2"></td></tr>
<tr><td rowspan="3">地址</td><td>邮政编码</td><td></td><td>籍贯</td><td></td></tr>
<tr><td>E-mail</td><td></td><td>电话</td><td></td></tr>
<tr><td>家庭地址</td><td colspan="4"></td></tr>
</table>

图 4-2-16　表格边框的局部效果

如需要可以为表格或单元格设置底纹。

操作四　制作简历的正文

操作要求：在第二页“个人简历”表格的下方新建一个页面，制作个人简历的正文部分。

1. 输入个人简历的正文内容

在“个人简历”表格的下方插入一个新页，单击“插入”选项卡“页”选项组中的“分页”按钮，此时在此处插入一张新页。需要事先准备好正文内容的文字素材，使用复制/粘贴的方法，将文字素材粘贴到“个人简历”表格的下方。

2. 格式化个人简历正文内容的字体

（1）选定正文所有的文字，将其设置为宋体、小四、加粗。

（2）选定要设置的小标题文本“一、应聘方向”，将其段落底纹设置为浅色。

单击“开始”选项卡“段落”选项组中的“下框线”下拉按钮，在弹出的下拉列表中选择“边框和底纹”选项，弹出“边框和底纹”对话框，选择“底纹”选项卡，如图 4-2-17 所示，选择填充色为标准色“浅蓝”，应用于“段落”。

（3）单击“开始”选项卡“剪贴板”选项组中的“格式刷”按钮，当鼠标指针变为格式刷形状（ ）时，选择同级小标题文本“二、工作经历”，完成格式设置。同时，“格式刷”按钮自动弹起表示格式复制功能已关闭（若要多次使用格式刷进行格式设置，可双击“格式刷”按钮，使用完毕后，按【Esc】键即可）。

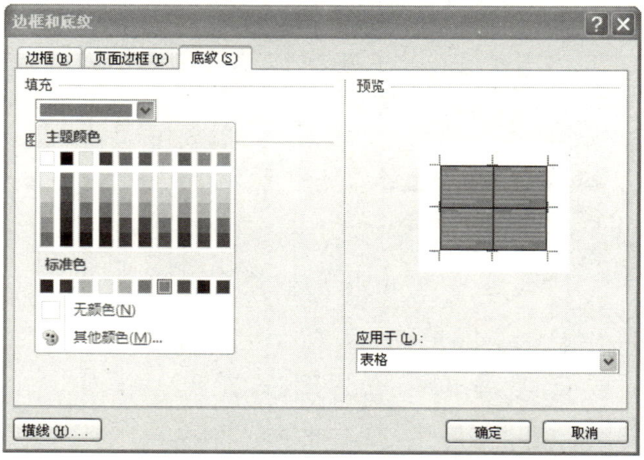

图 4-2-17 “边框和底纹”对话框中的“底纹”选项卡

（4）重复以上步骤对正文中其他同级的小标题文本进行相同的格式设置。

3. 格式化个人简历正文内容的段落

（1）按住【Ctrl】键，然后拖动鼠标指针选中除小标题外的所有正文。

（2）单击“开始”选项卡“段落”选项组中的对话框启动器按钮，弹出“段落”对话框，选择“缩进和间距”选项卡。

（3）在“常规”选项组中设置对齐方式为“两端对齐”。

（4）在“缩进”选项组中设置“特殊格式”为“首行缩进”“2 字符”。

（5）在“间距”选项组中设置行距为“多倍行距”“1.3”。

（6）将最后的日期对齐方式设置为左对齐。

（7）完成个人简历的正文排版，效果如图 4-2-18 所示。

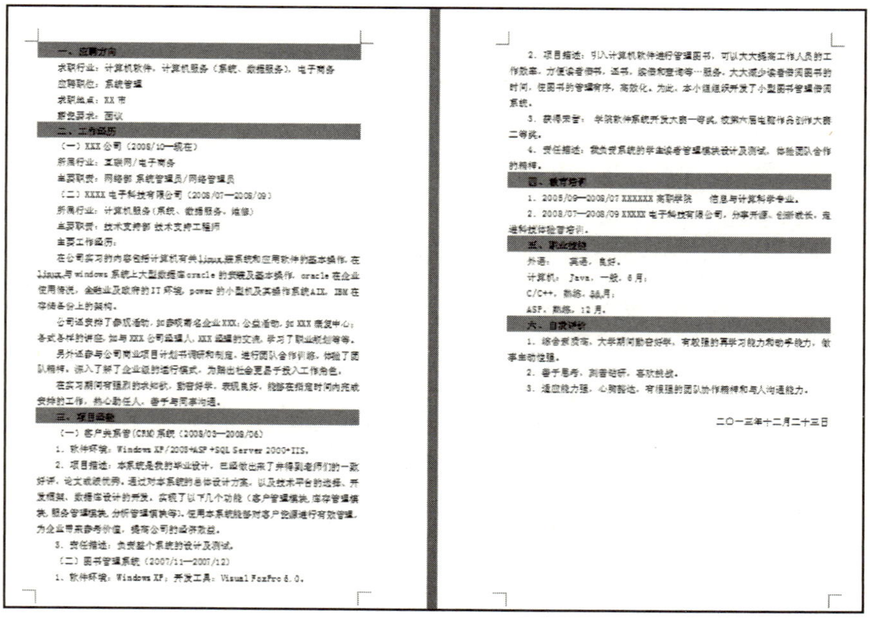

图 4-2-18 个人简历的正文效果

相关知识

1. 插入表格的 3 种方法

可以在 Word 文档中快速建立规则的简单表格。Word 表格中的每一个格子称为单元格，所有单元格都初始化成包含段落标记的段落。因此，对单元格的格式编排就是对段落的格式编排。

要在文本中插入一个空表，首先要定位插入点。

方法 1：单击“插入”选项卡“表格”选项组中的“表格”按钮，弹出下拉列表，在“插入表格”选项组中，按住鼠标左键，向右下方拖动至所需的行、列数，可创建规则的表格（页面范围内的表格），如图 4-2-19 所示。

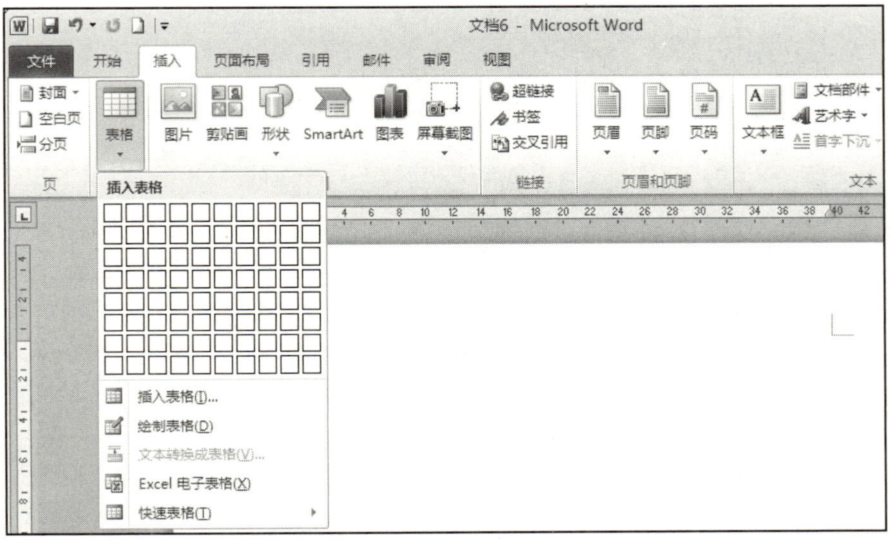

图 4-2-19　插入表格

方法 2：单击“插入”选项卡“表格”选项组中的“表格”按钮，在弹出的下拉列表中选择“插入表格”选项，弹出“插入表格”对话框，输入所需的行、列数，可以快速创建规则的表格（一页以上的大表格或小表格）。

方法 3：单击“插入”选项卡“表格”选项组中的“表格”按钮，在弹出的下拉列表中选择“绘制表格”选项，鼠标指针变为笔形状。单击“表格工具”/“设计”选项卡“绘图边框”选项组中的“擦除”按钮，鼠标指针变为橡皮擦形状，就可以如同拿着笔和橡皮一样在屏幕上方便自如地绘制自由表格。绘制时应先确定表格的外围边框，可以从表格的一角拖动至其对角，再绘制其中的各行各列。

空白表格绘制完成后，单击某个单元格，便可输入文字或插入图形。只是注意，当某个单元格中输入的文字等对象过多时，表格会自动折行，从而改变表格的整体结构。所以在绘制自由表格时，应事先充分考虑各单元格的大小，留足余地。

2. 表格工具

当选定表格或将鼠标指针停留在表格中的任一单元格中时，Word 2010 的标题栏中会出现“表格工具”选项卡，而当取消表格选择或使鼠标指针离开表格的任意区域时，“表格工具”选项卡消失，“表格工具”选项卡中有“设计”和“布局”两个子选项卡。

“设计”子选项卡：可以进行表格样式、边框与底纹的设置等，如图 4-2-20 所示。

“布局”子选项卡：可以进行行与列的插入、对齐方式的设置等，如图 4-2-21 所示。

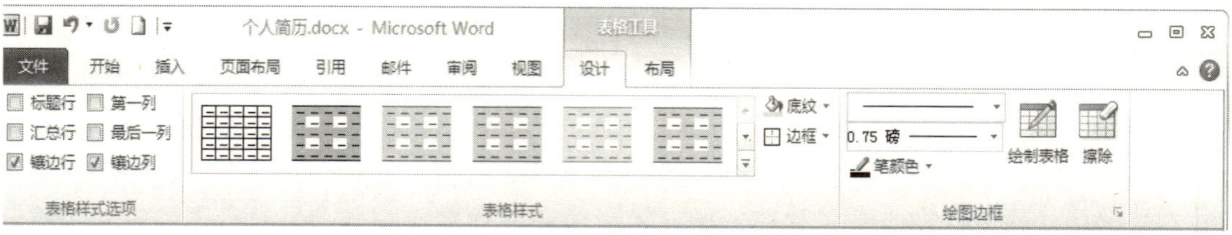

图 4-2-20　“设计”子选项卡

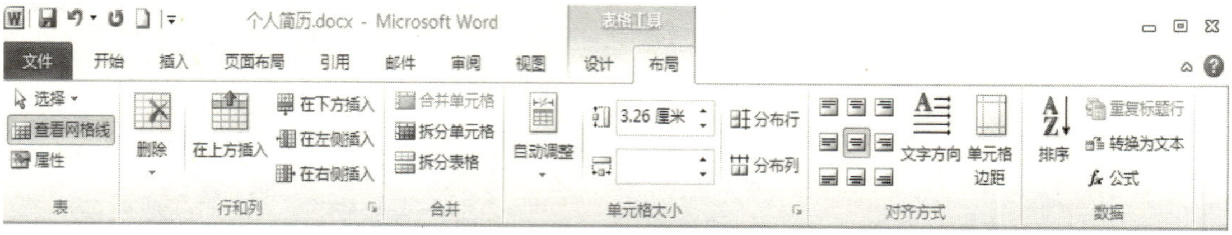

图 4-2-21　“布局”子选项卡

3. *表格线*

表格的灵魂是表格线，在 Word 中有两类表格线：一类是实框线，即打印和屏幕显示都出现的边框，这是真正的表格线，这一类表格线有粗细和各种不同的线形（包括虚线线形）；另一类是表格虚框，这是仅在屏幕上显示的表格虚框线，只用于识别单元格的位置，不会打印出来。以下所说的表格线，指的都是第一类，即实框线。表格虚框线可在特殊的情况下使用，如为了对齐大量表列形式的文本，就可以借助于虚框线形式的表格来放置文本，这样打印出来的文本就可以非常方便地对齐和调整。

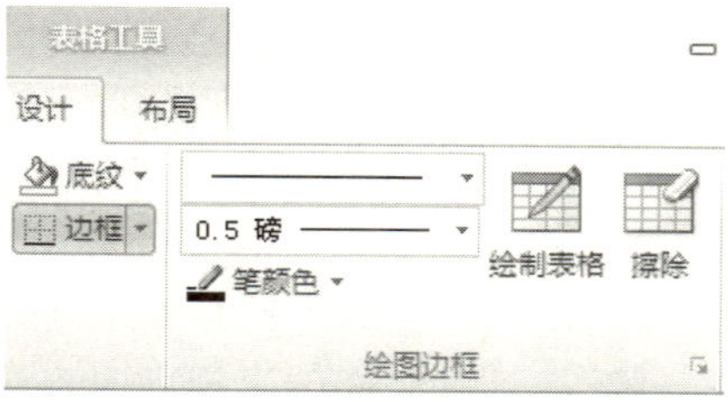

图 4-2-22　“绘图边框”组中的按钮

要想在单元格之间打印边框线，必须对表格运用实框线（包括以虚线或点画线形式打印的虚线边框，注意虚线边框不是虚框线）。制作表格线的方法有两个。

第一个方法是选定表格后，在“表格工具”/“设计”选项卡的“绘图边框”选项组中设置线型和磅值（粗细），如图 4-2-22 所示。再在“表格样式”选项组中的“边框”下拉列表中选择要画线的位置（如外框线、内框线）。

也可选择线型、粗细后，单击“绘图边框”选项组右上角的“绘制表格”按钮，当鼠标指针呈笔形状时，直接用笔画线，还可以画斜线。

第二个方法就是通过“边框和底纹”对话框画线，如图 4-2-23 所示。这个对话框中的设置不仅可以应用于表格框线，还可以作用于非表格形式的文字、段落和页面的边框线和底纹。

单击“表格工具”/“设计”选项卡“表格样式”选项组中的“边框”下拉按钮，在弹出的下拉列表中选择“边框和底纹”选项，弹出“边框和底纹”对话框。在“边框”选项卡的“样式”列表框中选择线型（即单线、双线、虚线等），在“宽度”下拉列表中，选择线的磅值（即线的粗细），在“颜色”下拉列表中选择线的颜色；选择“方框”选项，在“预览”选项组中显示所选择的边框线型。“边框和底纹”对话框也可以设置斜线、表格内线的粗细，方法是单击“预览”选项组中相应的按钮即可，所有的参数设置好以后，单击“确定”按钮。

4. *表格属性*

选中表格后右击，在弹出的快捷菜单中选择“表格属性”命令，弹出“表格属性”对话框，如图 4-2-24 所示。用“表格”选项卡来控制整体的布局和操作，用其他选项卡来控制行、列和单元格的属性。

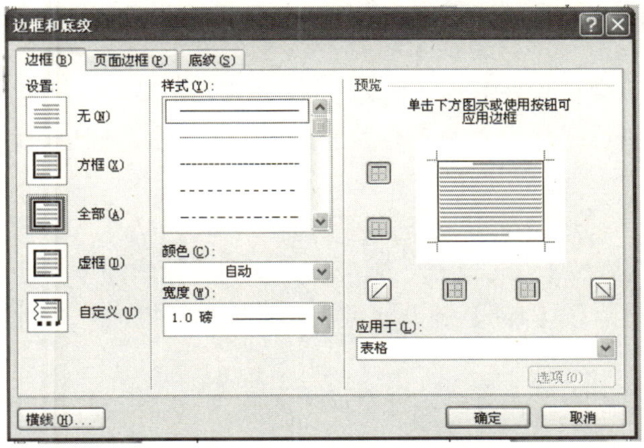

图 4-2-23 “边框和底纹”对话框

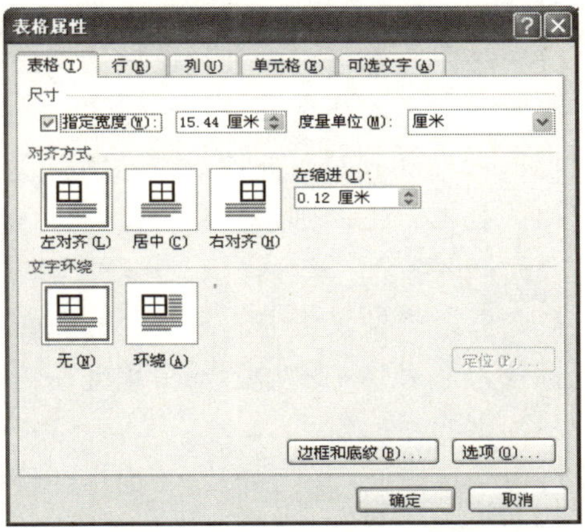

图 4-2-24 “表格属性”对话框

（1）指定宽度。

指定宽度为表格设置了一个目标宽度。然而，指定宽度并不是绝对的，因为表格包含文字和数据，而且受纸型和边界设置的约束。请注意，“自动调整”设置是不受指定宽度影响的。

（2）对齐方式。

表格的对齐方式影响当前整个表格相关左右页边距的设置。基于表格的对齐和单元格中文字的对齐不同，表格对齐让有些用户觉得头疼。尽管在功能区中的“对齐方式”选项组中能设置表格的对齐方式，但假如没有选中整个表格，“开始”选项卡“段落”选项组中的对齐工具只能影响表格中已经选中的部分。

5. 表格中的计算

用户可以借助 Word 2010 提供的数学公式运算功能对表格中的数据进行数学运算，包括加、减、乘、除、求和、求平均值等常见运算。例如，需要计算如图 4-2-25 所示的平均值，则先将光标定位于“平均值”下的第一个单元格中。

姓名	计算机网络	软件技术	电子商务	平均值
黄亮	80	88	79	
李小天	90	86	92	
林雪儿	95	69	81	

图 4-2-25 计算平均值

单击“表格工具”/“布局”选项卡“数据”选项组中的“公式”按钮，弹出“公式”对话框，如图 4-2-26 所示。默认公式“=SUM(left)”表示对左侧连续单元格内的数据求和，而图 4-2-26 中的“=AVERAGE(left)”表示对左侧连续单元格内的数据求平均值。关于函数的详细使用，在需要的时候可以按【F1】键查看帮助信息。按图 4-2-26 设置后单击“确定”按钮则可以得出第一个平均值，其他单元格的平均值计算可以采用同样的方法获得，最后结果如图 4-2-27 所示。

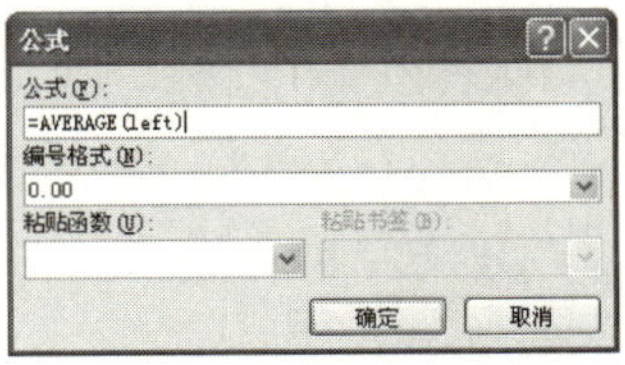

图 4-2-26 “公式”对话框

姓名	计算机网络	软件技术	电子商务	平均值
黄亮	80	88	79	82.33
李小天	90	86	92	89.33
林雪儿	95	69	81	81.67

图 4-2-27 平均值计算结果

6. 表格使用小技巧

（1）选定表格及行、列、单元格。

把鼠标指针移动到 Word 表格的左上角，当鼠标指针变成十字箭头时，单击即可选定整个表格，当鼠标指针移动到某单元格的左边时，鼠标指针变成实心的向右向上黑箭头时单击，则可选定该单元格，如果双击，则选定整行。

（2）插入新行、新列。

把光标定位到表格中的某一行的后面，然后按【Enter】键，即可在此行的后面增加一个新行。把光标定位到表格中的最后一个单元格内，然后按【Tab】键，即可在表格的最后增加一个新行。

（3）删除行、列。

选中某行或某列时右击，在弹出的快捷菜单中选择“删除行”或“删除列”命令即可。也可同时删除多个行或列。

（4）删除表格。

选定表格或某一部分后，单击“表格工具”/“布局”选项“行和列”选项组中的“删除”按钮，在弹出的下拉列表中选择删除的项目（表格、列、行、单元格）。选定表格或表格中的某一部分后，不能直接按【Delete】键删除；如果直接按此键，删除的只是内部的字符，而不能删除表格。如果同时按住【Shift】键和【Delete】键，则可以删除表格。

（5）将文本转换成表格。

姓名,性别,出生日期,专业
张三,男,1994-12-5,计算机网络
李四,男,1995-8-16,软件技术
王五,女,1998-11-11,电子商务

图 4-2-28 需转换为表格的文字

在文档中输入图 4-2-28 中的文字，每行 4 个词，每个词之间用英文逗号来隔开，共 4 行。然后将这 4 行文字同时选中，单击“插入”选项卡“表格”选项组中的“表格”按钮，在弹出的下拉列表中选择“文本转换成表格”选项，如图 4-2-29 所示，弹出“将文字转换成表格”对话框，如图 4-2-30 所示，单击“确定”按钮，即可得到如图 4-2-31 所示的表格。

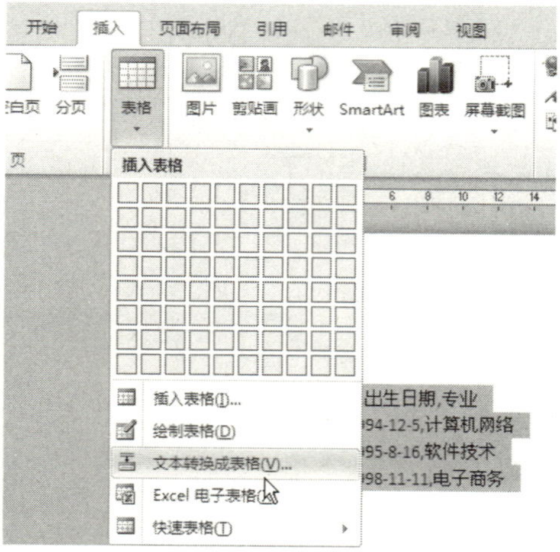

图 4-2-29 “文本转换成表格”选项

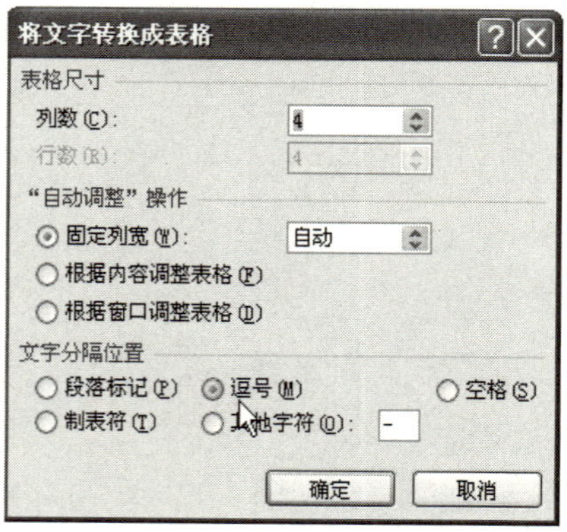

图 4-2-30 “将文字转换成表格”对话框

姓名	性别	出生日期	专业
张三	男	1994-12-5	计算机网络
李四	男	1995-8-16	软件技术
王五	女	1998-11-11	电子商务

图 4-2-31 文字转换后的表格

（6）移动表格。

将光标停留在表格内部。当表格移动控点出现在表格左上角后，将鼠标指针移动到控点上方，片刻后鼠标指针即可变成四向箭头光标，此时可以将表格拖动到页面的任意位置上。

（7）整体缩放表格。

将光标停留在表格内部，直到表格尺寸控点（一个口字）出现在表格右下角。移动鼠标指针至表格尺寸控点上，出现向左倾斜的双向箭头后，沿箭头指示方向拖动即可实现表格的整体缩放。

任务三　设计与制作电子简报

本任务以制作“旅游与健康”电子简报（图 4-3-1）为例，介绍 Word 中图文混排的各种操作。通过本任务，读者可以学会如下操作。

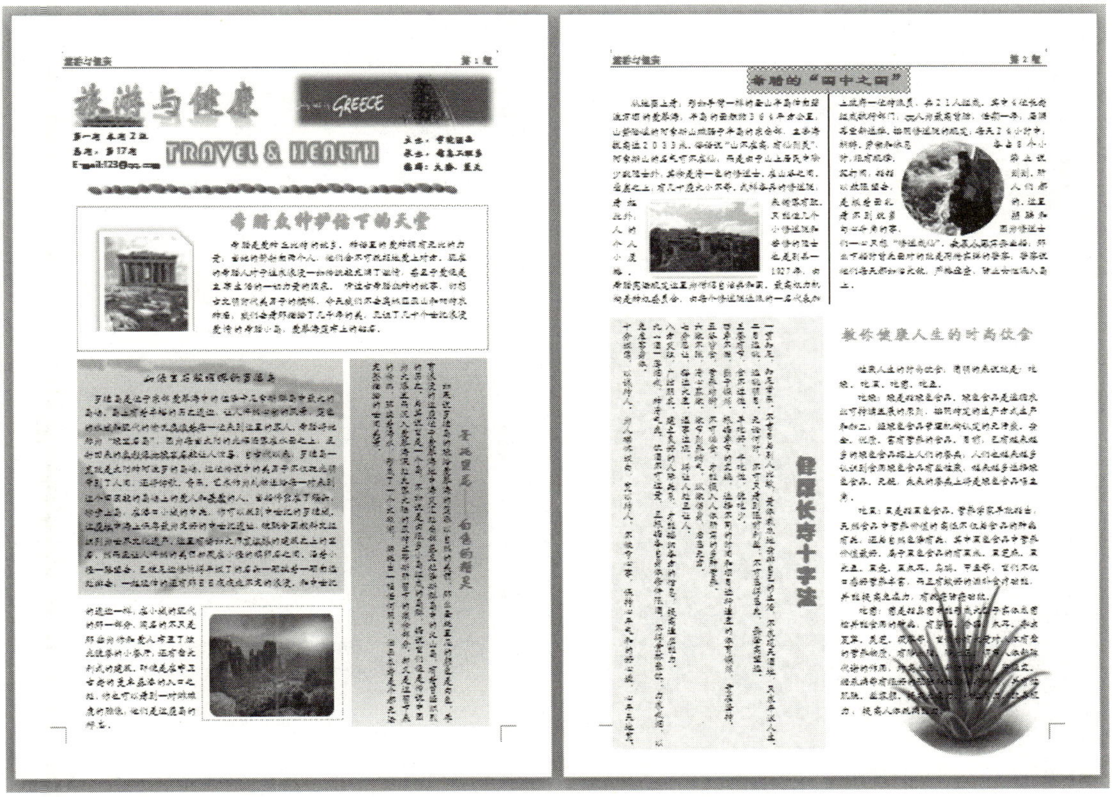

图 4-3-1　电子简报效果图

- 插入和设置艺术字。
- 创建及设置文本框。
- 利用分栏排版。
- 插入、编辑图片及设置图片的格式。
- 插入形状。

电子简报可以将文本框、图片、图形、表格等多种元素进行综合运用，其版面设计应遵循协调的原则，将不同的文字和图片素材合理地安放到页面上，再进行细节的处理，力求做到美观大方。

操作一 设置版面

操作要求：在 D 盘的“Word 项目”文件夹中新建一个名为“电子简报.docx”的 Word 文档，简报的文字及图片素材需要事先准备好，首先来进行版面设置。

1. 设置页面

（1）单击“页面布局”选项卡“页面设置”选项组中的对话框启动器按钮，弹出“页面设置”对话框。

（2）在“页边距”选项卡中设置页边距为上“2 厘米”、下“2 厘米”、左“2 厘米”、右“2 厘米”，方向为“纵向”，如图 4-3-2 所示。

2. 添加版面

（1）将光标定位在文档的开始处。

（2）单击“页面布局”选项卡“页面设置”选项组中的“分隔符”按钮，在弹出的下拉列表中选择“分页符”选项，则在文档的开始处插入一个空白页，如图 4-3-3 所示。

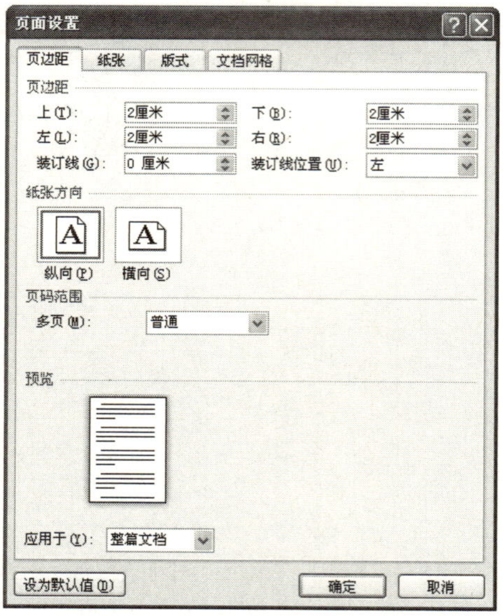

图 4-3-2 页面设置

图 4-3-3 添加版面

3. 设置页脚

页眉和页脚是指在每一页顶部和底部加入的信息。

（1）单击“插入”选项卡“页眉和页脚”选项组中的“页眉”按钮，在弹出的下拉列表中选择“空白”内置样式，进入页眉编辑状态，如图 4-3-4 所示。

图 4-3-4 页眉编辑状态

（2）将光标置于第 1 页的页眉左端，输入“旅游与健康”。

（3）按【Tab】键，移动光标到页眉的中间，输入“第　版”。

（4）将光标置于“第”和“版”字的中间，单击“插入”选项卡“页眉和页脚”选项组中的“页码”按钮，在弹出的下拉列表中选择“当前位置”→“普通数字”选项。

（5）选择页眉中的文字，然后单击“开始”选项卡“段落”选项组中的“两端对齐”按钮，将页眉的文字设置为“宋体”“5 号”“粗体”，得到如图 4-3-5 所示的页眉。

图 4-3-5　页眉效果图

（6）单击“关闭页眉和页脚”按钮，退出页眉编辑状态。单击“开始”选项卡“段落”选项组中的“两端对齐”按钮。

操作二　设计版面

制作电子简报的首要步骤就是进行版面设计，需要事先思考好如何划分不同的区域，以及各个区域中应存放哪些文字、图片、图表，需要有什么特殊显示效果，简报主要需要表达和传达的是什么，要突出重点。

1. 第 1 版的版面设计

（1）按照图 4-3-6 所示的第 1 版的内容，确定版面设计的大体轮廓，利用文本框绘制出整体布局的基本轮廓，如图 4-3-7 所示。

图 4-3-6　第 1 版效果图

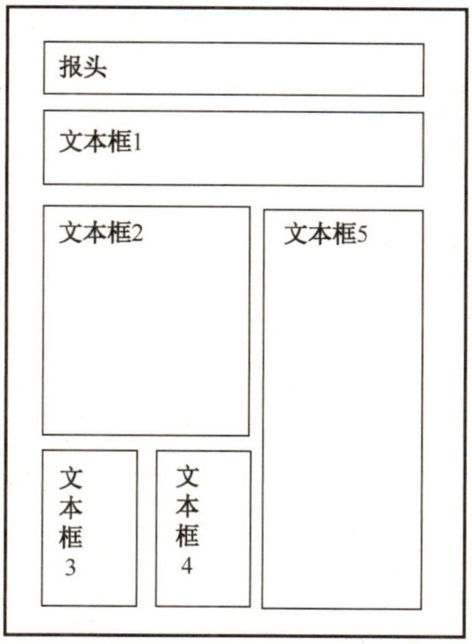

图 4-3-7　第 1 版版面设计的大体轮廓

（2）将各篇文章的文字复制到相应的文本框中，大致调整各个文本框的大小，使版面更加紧凑。

（3）第 1 版中的报头设计与制作是整个电子简报的重点。

2. 第 2 版的版面设计

（1）按照图 4-3-8 所示的第 2 版的内容，确定版面设计的大体轮廓，利用文本框绘制出整体布局的基本轮廓，鉴于在文本框和表格中的文字不能进行分栏，“希腊的‘国中之国’”一文不能用表格或文本框进行布局。第 2 版的版面设计的大体轮廓如图 4-3-9 所示。

（2）“健康长寿十字法”文本框的文字方向为垂直方向。

图 4-3-8　第 2 版效果图

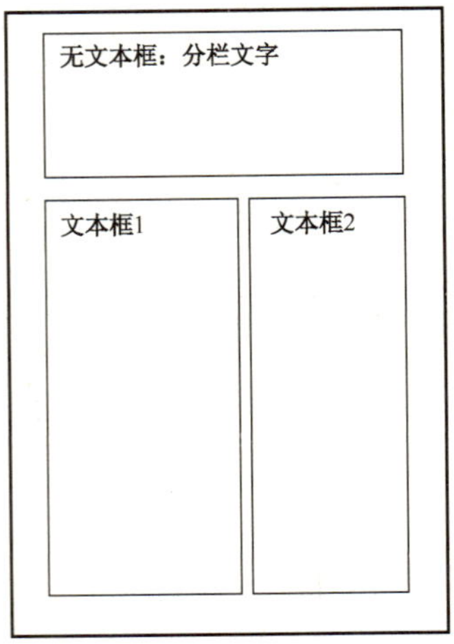

图 4-3-9　第 2 版版面设计的大体轮廓

操作三　设计艺术效果

1. 确定报头的元素布局

报头必须紧密配合主题内容，形象生动地反映手抄报的主要思想，报头的设计必须美观协调，能吸引人。报名要积极、健康、富有意义。报头一般由主题图形、报头文字和几何形体色块或花边组成，或严肃或活泼，或方形或圆形，或素雅或重彩。

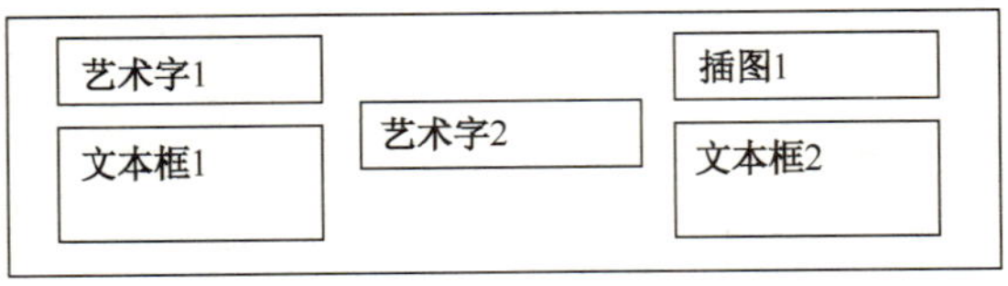

图 4-3-10　报头的版面设计

本案例通过艺术字、艺术化横线、图片、文字等元素进行报头的设计。制作如图 4-3-10 所示的报头，报头由两个艺术字、两个文本框、一张图片和一条横线组成。

2. 插入艺术字标题

（1）将光标定位到第 1 页左上角报头标题的位置。

（2）单击“插入”选项卡“文本”选项组中的“艺术字”按钮，弹出“艺术字”下拉列表，如图 4-3-11 所示。

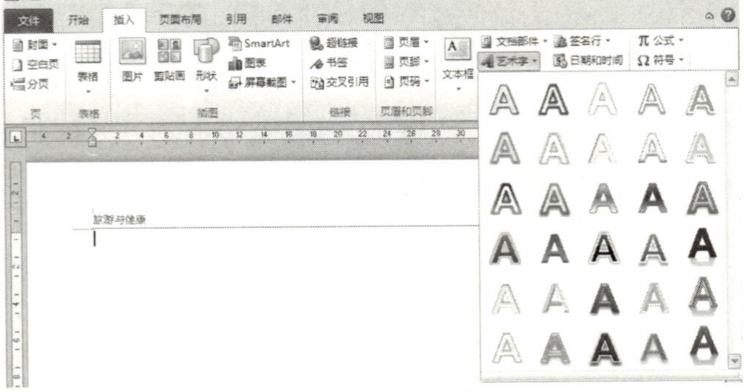

图 4-3-11　“艺术字”下拉列表

（3）在“艺术字”下拉列表中选择一个样式，此处可以选择第 5 行第 5 列的“填充-蓝色，强调文字颜色 1，塑料棱台，映像”，即可以得到如图 4-3-12 所示的艺术字。

图 4-3-12　艺术字 1

（4）艺术字创建好之后，当选择艺术字的时候，标题栏中将出现“绘图工具”/“格式”选项卡，如图 4-3-13 所示。

图 4-3-13　“绘图工具”/“格式”选项卡

（5）设置艺术字“旅游与健康”的字体为“华文新魏”，字号为“初号”，并调整其位置。

（6）在报头相应位置再插入一个艺术字“TRAVEL & HEALTH”，字体为“华文彩云”，字号为“小初”，并调整其位置，效果如图 4-3-14 所示。

图 4-3-14　艺术字 2

3．插入图片

（1）将光标定位到需要插入图片的位置上。

（2）单击“插入”选项卡“插图”选项组中的“图片”按钮，弹出“插入图片”对话框，选择需要的图片，单击“确定”按钮。这里报头插入的是如图 4-3-15 所示的图片。

图 4-3-15　报头图片

（3）图片插入之后，当选择图片的时候，标题栏中将出现“图片工具”/“格式”选项卡，如图 4-3-16 所示。

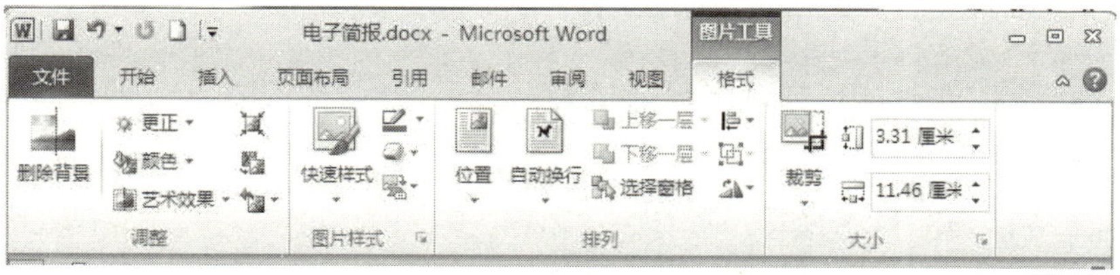

图 4-3-16　“图片工具”/“格式”选项卡

（4）调整图片大小，将图片缩小至原图的 80%，将图片移至合适的位置。图片版式设置为“四周型”环绕，图片样式设置为“柔化边缘矩形”。

4．插入文本框

单击“插入”选项卡“文本”选项组中的“文本框”按钮，在弹出的下拉列表中选择“绘制文本框”选项，在相应位置拖动鼠标指针至适当位置，即可得到一个文本框，向文本框中输入文字，并调整其位置，文字字体为“华文新魏”，字号为“5号”，文字颜色为“主题颜色，深蓝，文字2”，如图4-3-17所示。

图4-3-17　报头文本框

5. 插入艺术化横线

由于艺术化横线无法与图形、图片、文本框进行组合，这里利用文本框将艺术化横线画在文本框中，以方便整个报头元素的组合。

（1）单击“插入”选项卡“文本”选项组中的“文本框”按钮，在弹出的下拉列表中选择“绘制文本框”选项，在报头的下方绘制一个长条的文本框。

（2）将光标定位到文本框中，单击“开始”选项卡“段落”选项组中的“下框线”下拉按钮，在弹出的下拉列表中选择“边框和底纹”选项，弹出“边框和底纹”对话框。

（3）在“边框和底纹”对话框中单击“横线”按钮，弹出“横线”对话框。

（4）在“横线”对话框中选择合适的艺术化横线，单击“确定”按钮，如图4-3-18所示。

（5）将文本框的形状轮廓设置为无色，调整艺术化横线及文本框的大小和位置至合适。

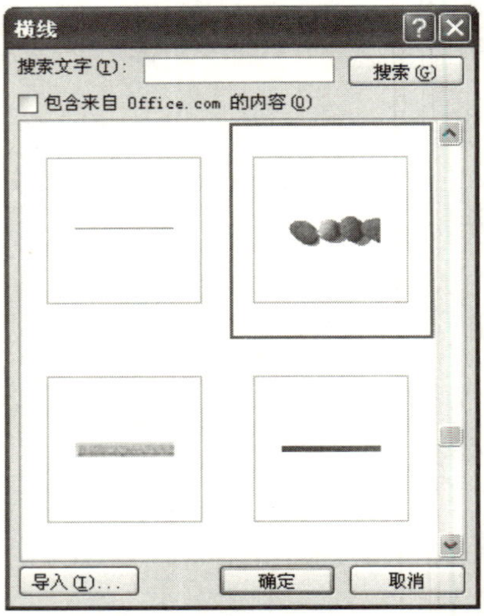

图4-3-18　“横线”对话框

6. 组合表头元素

（1）按住【Shift】键，依次单击选定要组合的元素，如图4-3-19所示。

图4-3-19　组合报头

（2）选择完毕后，移动鼠标指针至指针形状变为“✥”时右击，在弹出的快捷菜单中选择“组合”→“组合”命令，完成组合操作，此时表头各元素可作为一个整体进行移动和操作。

（3）至此，完成报头的艺术设计，如图4-3-20所示。

图4-3-20　报头效果图

操作四　排版内容

1. 在相应的文本框中输入文字及设置文字的格式

将素材中的文字内容依次复制到相应的文本框中，设置各文本框中文字的字体和字号。

（1）将各篇文章的正文设置为楷体、五号。

（2）各文章的标题文字的设置如下。

- “希腊众神护佑下的天堂”设置为艺术字，样式为“填充橄榄色，强调文字颜色 3，粉状棱台”。
- “如绿宝石般耀眼的罗德岛”设置为“方正舒体，四号，黑色”。
- “圣托里尼—白色的精灵”设置为“方正舒体，三号，标准色-蓝色”。
- “希腊的‘国中之国’”设置为“隶书，小二，标准色-蓝色”，设置标题的边框和底纹为 1.5 磅的波浪线和橙色的底纹，应用于文字，如图 4-3-21 所示。

图 4-3-21　小标题

- “健康长寿十字法”设置为“华文琥珀，二号，标准色-绿色”，标题和内容的文字方向均为竖型。设置文本框的背景为羊皮纸纹理。
- “教你健康人生的时尚饮食”设置为楷体，三号，主题色为橙色，强调文字颜色 6。

2. 设置和调整各文本框的格式

（1）用鼠标选取需调整的文本框，当鼠标指针呈“✥”形状时拖动鼠标指针进行文本框位置的调整。

（2）用鼠标选取文本框（出现控点），如图 4-3-22 所示，将鼠标指针移动到控点处（鼠标指针呈双向箭头），拖动鼠标指针进行文本框大小的调整。

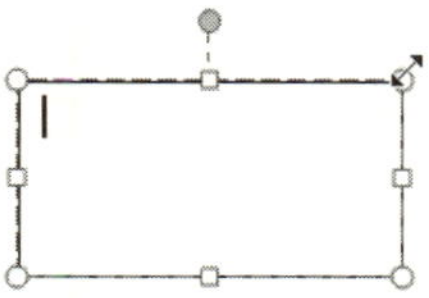

图 4-3-22　文本框的控点

（3）用鼠标选取需调整的文本框，右击，在弹出的快捷菜单中选择“设置形状格式”命令，弹出“设置形状格式”对话框，如图 4-3-23 所示。

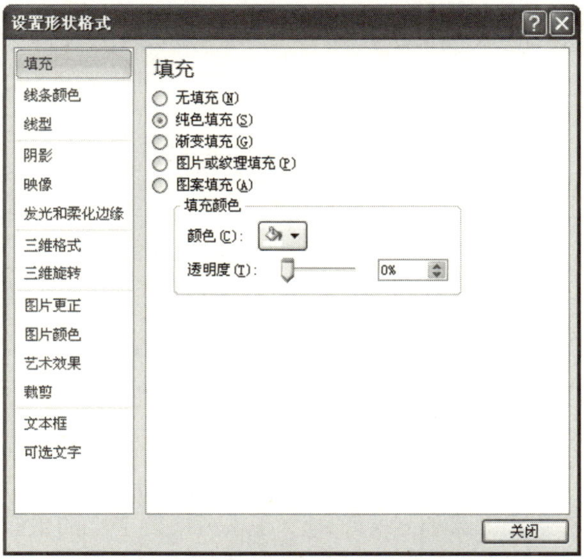

图 4-3-23　“设置形状格式”对话框

（4）通过设置“填充”的属性，可调整文本框的背景色和透明度。例如，第 1 版中的文本框

2 和文本框 3 分别设置了图片填充和渐变填充，而第 2 版中的文本框 1 则设置了纹理填充—兰皮纸。

（5）通过设置线条的属性，可调整文本框边框的颜色、虚实、线型、粗细等属性。例如，第 1 版中的文本框 1 和文本框 4 分别设置了蓝色的虚线边框和橙色的短画线边框，而文本框 2、文本框 3 和文本框 5 的边框均设置为无色，即形状轮廓为无。第 2 版中的文本框 2 的边框也是无色填充。插入文本框时，其底纹默认都是白色的，在第 2 版的文本框 2 中，将其文本框的底纹设置为无色，插入的图片的版式设置为“衬于文字下方”，得到如图 4-3-24 所示的效果。

（6）其他属性设置也能在“绘图工具”/“格式”选项卡中找到。

3. 插入及设置图片

（1）插入图片、修改样式。

① 单击需要插入图片的相应位置。

② 单击“插入”选项卡“插图”选项组中的“图片”按钮，弹出“插入图片”对话框，选择需要的图片，单击“确定”按钮。

③ 选中图片，在“图片工具”/“格式”选项卡中可以对图片进行调整、修改样式、排列和大小设置等。例如，修改第 1 版中的文本框 1 中的图片样式为“剪裁对角线，白色”，效果如图 4-3-25 所示。

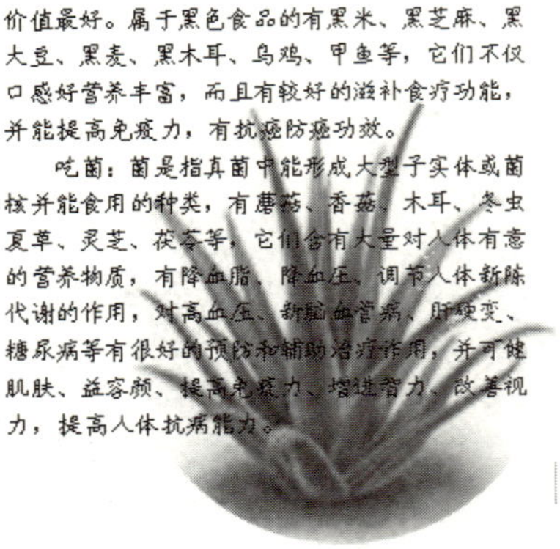

图 4-3-24　设置文本框底纹和图片版式

图 4-3-25　修改图片样式后的效果

（2）修改版式，设置文字环绕方式。

制作出比较美观的图文并茂的文档，往往需要按照版式要求安排图片的位置。Word 2010 中有 3 种方法可以设置图片的文字环绕方式，从而使图片的位置能够灵活移动。

① 第一种方法。

选中想要设置文字环绕的图片。

单击“图片工具”/“格式”选项卡“排列”选项组中的“位置”按钮。

在弹出的下拉列表中选择符合我们实际需要的文字环绕方式，可以选择“顶端居左，四周型文字环绕”“顶端居中，四周型文字环绕”等，如图 4-3-26 所示。

② 第二种方法。

选中想要设置文字环绕的图片。

单击“图片工具”/“格式”选项卡“排列”选项组中的“自动换行”按钮。

在弹出的下拉列表中可以选择“四周型环绕”“紧密型环绕”“穿越型环绕”“上下型环绕”“衬于文字下方”和“浮于文字上方”等多个选项之一来设置图片的文字环绕方式，如图 4-3-27 所示。

图 4-3-26 “位置”下拉列表

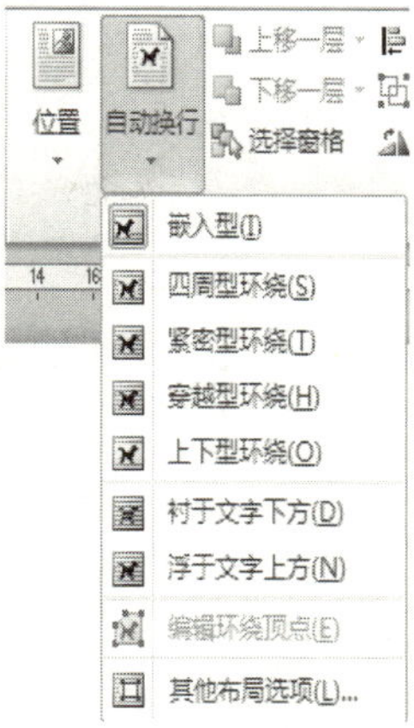

图 4-3-27 “自动换行”下拉列表

③ 第三种方法。

单击“图片工具”/“格式”选项卡“排列”选项组中的“自动换行”按钮。

在弹出的下拉列表中选择“编辑环绕顶点”选项。

拖动图片周围出现的环绕顶点，按照版式要求设置环绕形状后单击文字即可应用该形状。

（3）形状与图片的结合。

形状与图片结合可以很容易地制作出不规则的图形。

单击“插入”选项卡“插图”选项组中的“形状”按钮，在弹出的下拉列表中选择其中的一种图形，如“圆角矩形”或是“椭圆形”，然后为形状添加图片背景，就可以得到不规则的图片形状，如图 4-2-28 和图 4-2-29 所示。

图 4-3-28 圆角矩形图片

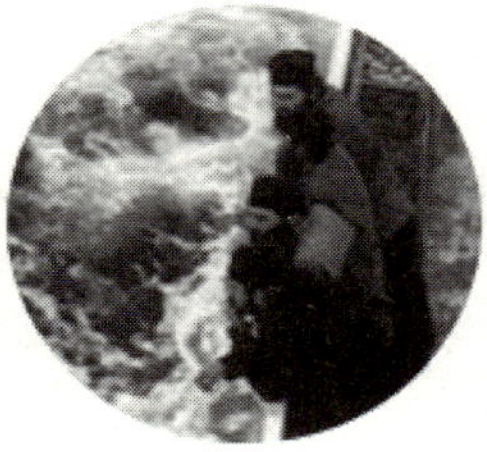

图 4-3-29 椭圆形图片

调整图片的大小，修改图片的版式，将图片移至合适的位置。

4. 利用分栏进行页面排版

第 2 版的“希腊的‘国中之国’”一文按排版的要求进行分栏显示并插入图片，因此不能用文本框进行排版，这里采用 Word 的分栏方法进行排版，具体操作步骤如下。

（1）选定该篇文章的所有段落，包括段落标记。

（2）单击“页面布局”选项卡“页面设置”选项组中的“分栏”按钮，在弹出的下拉列表中选择“更多分栏”选项，弹出“分栏”对话框，如图 4-3-30 所示。

（3）在“预设”选项组中选择“两栏”选项，“宽度和间距”参数不调整，选中“分隔线”复选框，在“应用于”下拉列表中选择“整篇文档”选项，单击“确定”按钮。

（4）插入相应图片，并对图片的环绕方式、大小、位置进行调整。分栏后的排版效果如图 4-3-31 所示。

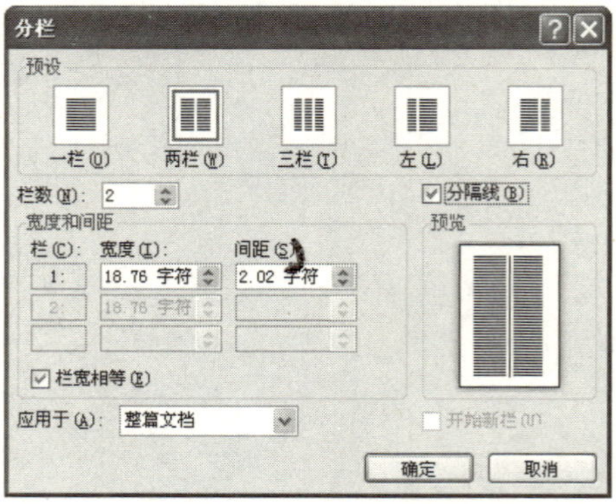

图 4-3-30 “分栏”对话框

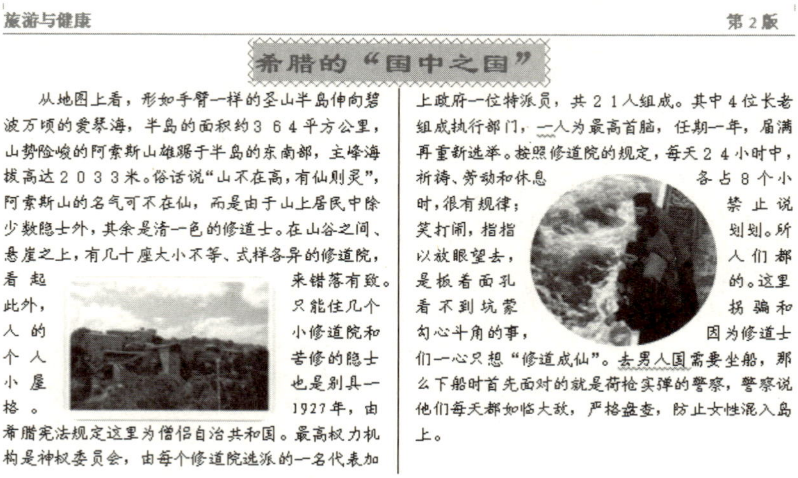
旅游与健康 第2版

希腊的“国中之国”

从地图上看，形如手臂一样的圣山半岛伸向碧波万顷的爱琴海，半岛的面积约364平方公里，山势险峻的阿索斯山雄踞于半岛的东南部，主峰海拔高达2033米。俗话说“山不在高，有仙则灵”，阿索斯山的名气可不在仙，而是由于山上居民中除少数隐士外，其余是清一色的修道士。在山谷之间、悬崖之上，有几十座大小不等、式样各异的修道院，看起来错落有致。此外，只能住几个人的小修道院和个人苦修的隐士小屋也是别具一格。1927年，由希腊宪法规定这里为僧侣自治共和国。最高权力机构是神权委员会，由每个修道院选派的一名代表加上政府一位特派员，共21人组成。其中4位长老组成执行部门，一人为最高首脑，任期一年，届满再重新选举。按照修道院的规定，每天24小时中，祈祷、劳动和休息各占8个小时，很有规律；禁止说笑打闹，指指划划。所以放眼望去，人们都是板着面孔的。这里看不到坑蒙拐骗和勾心斗角的事，因为修道士们一心只想“修道成仙”。去男人国需要坐船，那么下船时首先面对的就是荷枪实弹的警察，警察说他们每天都如临大敌，严格盘查，防止女性混入岛上。

图 4-3-31 分栏后的排版效果图

完成以上操作，再对一些细节进行调整使之更加协调美观，一份完整的电子简报的设计与制作就完成了。

相关知识

1. 使用形状制作图形

使用自选形状可以制作多种自己需要的特殊图形，既能凸显效果又能美化版面。

（1）单击“插入”选项卡“插图”选项组中的“形状”按钮，在弹出的下拉列表中选择“基本形状”中的“笑脸”选项，在文档中插入一个太阳图形。

（2）选中太阳图形，单击“绘图工具”/“格式”选项卡“形状样式”选项组中的“形状填充”按钮，在弹出的下拉列表中选择“标准色”中的“红色”填充，将其形状轮廓设为“无轮廓”，并拖动缩放至合适的大小。

（3）选中太阳图形，右击，在弹出的快捷菜单中选择“添加文字”命令，如“太阳”。

（4）用同样的方法在文档中插入“星与旗帜”中的“竖卷形”形状，将其形状填充设置为用图片填充，效果如图 4-3-32 所示。

图 4-3-32 插入形状

2. 使用 SmartArt 图形

使用 SmartArt 图形的特殊效果，可快速形成独特的组织结构，突出文字的特殊内涵。

（1）将光标定位在需要插入 SmartArt 图形的位置。

（2）单击“插入”选项卡“插图”选项组中的“SmartArt”按钮，弹出“选择 SmartArt 图形”对话框，如图 4-3-33 所示。

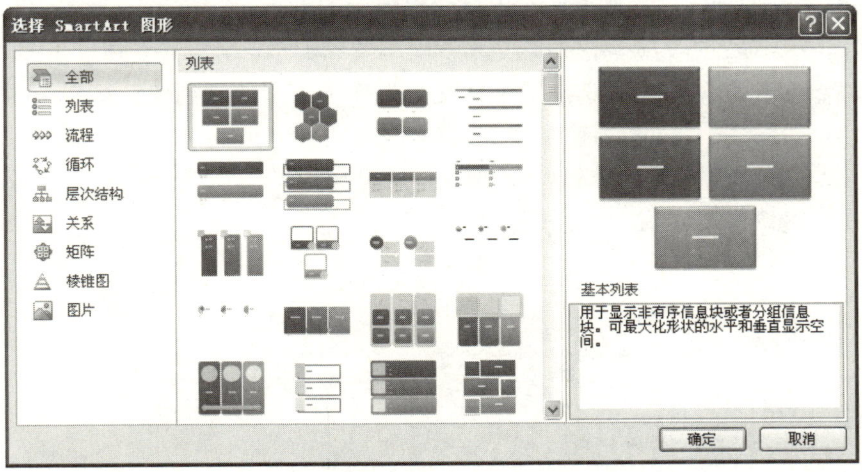

图 4-3-33　“选择 SmartArt 图形”对话框

（3）在“层次结构”选项卡中选择“组织结构图”选项，单击“确定”按钮，在文档中插入组织结构图，如图 4-3-34 所示。

（4）选中该图形，在“SmartArt 工具”/“设计”选项卡“SmartArt 样式”选项组中可以更改样式、更改颜色；还可以添加形状，并在文本框中添加文字。制作完成的组织结构图如图 4-3-35 所示。

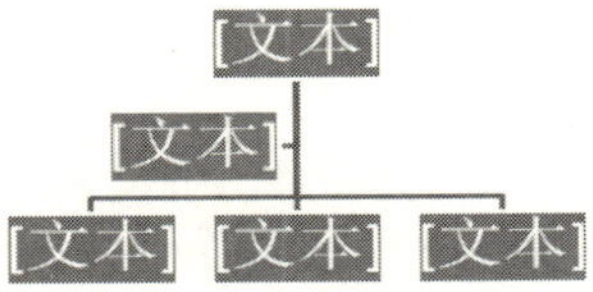

图 4-3-34　组织结构图

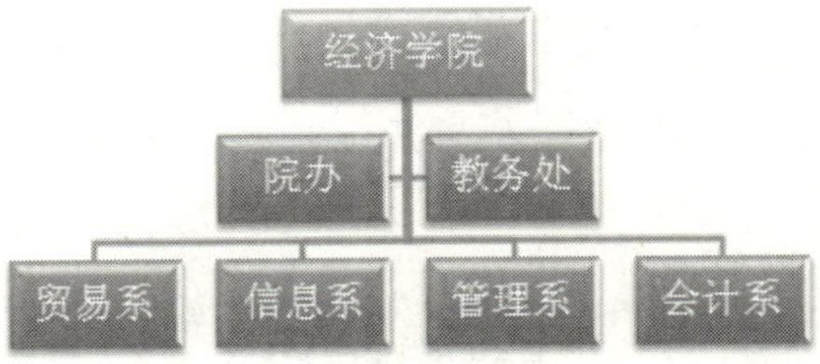

图 4-3-35　制作完成的组织结构图

3. 分栏知识

报纸、杂志等新闻稿的排版，常常将版面分成多栏，使得版面更加丰富。在 Word 中设置分栏是很容易的，只是分栏前选定的文本是否含有段落标记往往是分栏能否成功的关键。

因此，选定需要分栏的文本时，如果对文档的最后一段分栏，必须在最后加回车符，即在选定文本的后面留出一个段落标记（空段落）不要选取。然后单击“页面布局”选项卡“页面设置”选项组中的“分栏”按钮，在弹出的下拉列表中选择“更多分栏”选项，弹出“分栏”对话框，在“分栏”对话框中设定分栏数和是否需要分隔线即可。

只有在页面视图下才能见到分栏设置的效果，在水平标尺上也可看得到分栏的划分。分栏必定分节，在普通视图下看不到分栏，但可见分节线。要删除分栏，可切换到普通视图下删除分节线，或者选取已经设置分栏的文本，再做一次分栏操作且设定分栏数为 1。

还要注意的是，若某一段文字同时有首字下沉和分栏的设置要求，一般应先进行分栏，后进行首字下沉的操作；若先进行首字下沉，后进行分栏的操作，则分栏选定时不要将下沉的首字选中，否则分栏操作无法执行。

4. 文本框的链接

在使用 Word 2010 制作手抄报、宣传册等文档时，往往会使用多个文本框进行版式设计。通过在多个 Word 2010 文本框之间创建链接，可以在当前文本框中充满文字后自动转入所链接的下一个文本框中继续输入文字。链接多个文本框的步骤如下。

（1）在文档中绘制多个文本框，调整文本框的位置和大小，并选中第 1 个文本框。

（2）单击“绘图工具”/“格式”选项卡“文本”选项组中的“创建链接”按钮，如图 4-3-36 所示。

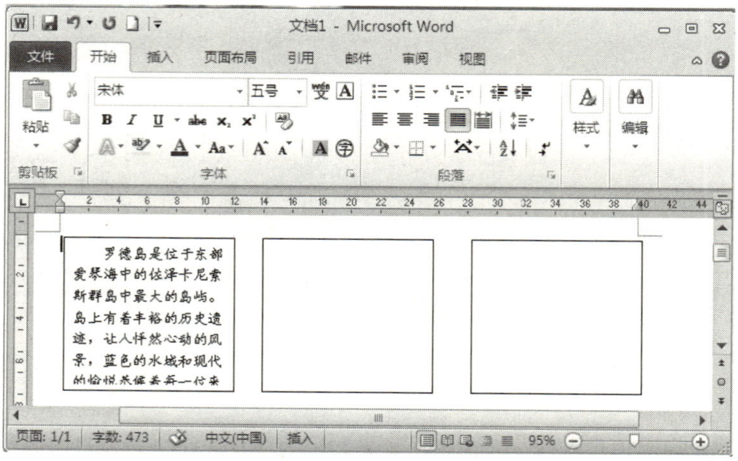

图 4-3-36　链接文本框 1

可以在第 1 个文本框中添加超出文本框容量的大量文字，被链接的文本框必须是空白文本框，如果被链接的文本框为非空文本框将无法创建链接。

（3）当鼠标指针变成水杯形状时，将鼠标指针移动到准备链接到的下一个文本框的内部，当鼠标指针变成倾斜的水杯形状时单击即可创建链接，如图 4-3-37 所示。

图 4-3-37　链接文本框 2

（4）重复上述步骤可以将第 2 个文本框链接到第 3 个文本框，如图 4-3-38 所示，以此类推可以在多个文本框之间创建链接。

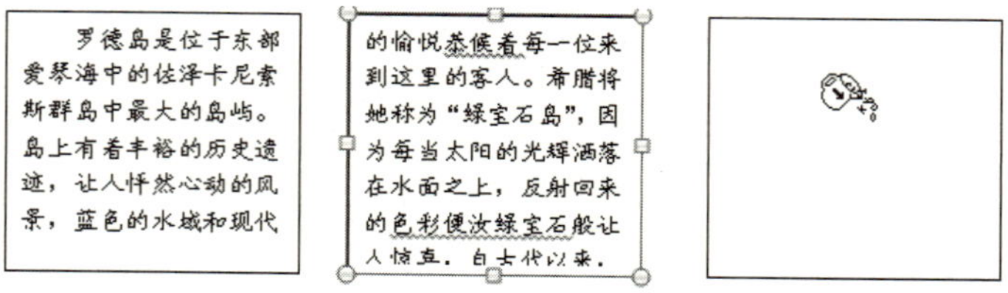

图 4-3-38　链接文本框 3

如果需要创建链接的两个文本框应用了不同的文字方向设置，将提示用户后面的文本框将与前一个文本框保持一致的文字方向。如果前面的文本框中尚未充满文字，则后面的文本框将无法直接输入文字。

5. 提取文档中的图片

（1）提取 Word 2010 文档中的单张图片。

打开需要提取图片的 Word 文档，右击需要提取的图片，在弹出的快捷菜单中选择“另存为图片”命令，如图 4-3-39 所示。弹出“保存文件”对话框，给定一个图片文件名称，单击“保存”按钮，相应的图片就被单独保存下来了。

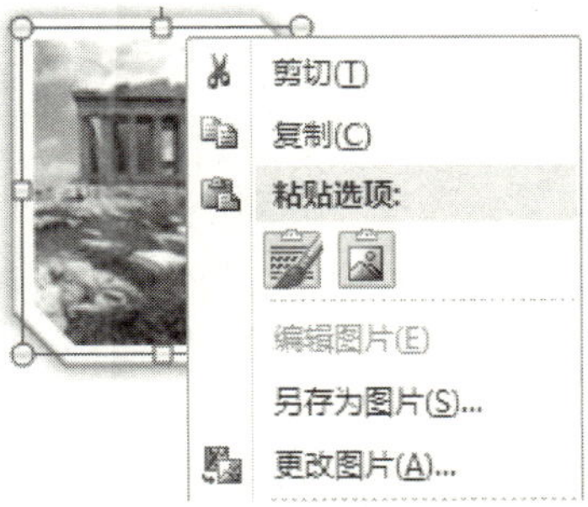

图 4-3-39　选择“另存为图片”选项

（2）提取 Word 2010 文档中的全部图片。

如果对一份图文混排的 Word 文档爱不释手，如何把文档中的所有图片快速提取出来呢？操作方法如下。

打开需要提取图片的 Word 文档，弹出“另存为”对话框，将保存类型设置为“网页”，给定一个文件名（如“图片”），再单击“保存”按钮，如图 4-3-40 所示。

图 4-3-40　保存 Word 文档中的全部图片

然后进入上述网页文件所在的文件夹中，发现有一个名称为“文件名.files”（如“图片.files”）的文件，进入其中会发现 Word 文档中的图片被保存在里面了。

任务四　设计与制作毕业论文

本任务以毕业论文（图 4-4-1）的设计与制作为例，介绍 Word 中长文档的操作。通过本任务，读者可以学会如下操作。

- 设置大纲级别。
- 为文档分节。
- 创建、修改与应用样式。
- 自动创建目录。
- 插入页眉和页脚。

操作一　了解毕业论文的格式编辑规范要求

操作要求：在 D 盘的“Word 项目”文件夹中新建一个名为“毕业论文.docx”的 Word 文档，毕业论文的文字素材需要事先准备好，首先了解有关毕业论文的编辑规范要求。

1. 毕业论文的结构划分

毕业论文的排版属于长文档排版。长文档是指页数较多的文档，内容多，结构复杂，如一本教科图书、一篇商业报告、一份产品说明书等都是典型的长文档。

毕业论文的排版按顺序一般应该包括以下内容：论文题目、目录、摘要、绪论、正文、总结、致谢、参考文献、附录等。

毕业论文或各种科技论文都是有严格的格式编排规范要求的，而且要求各级标题统一。

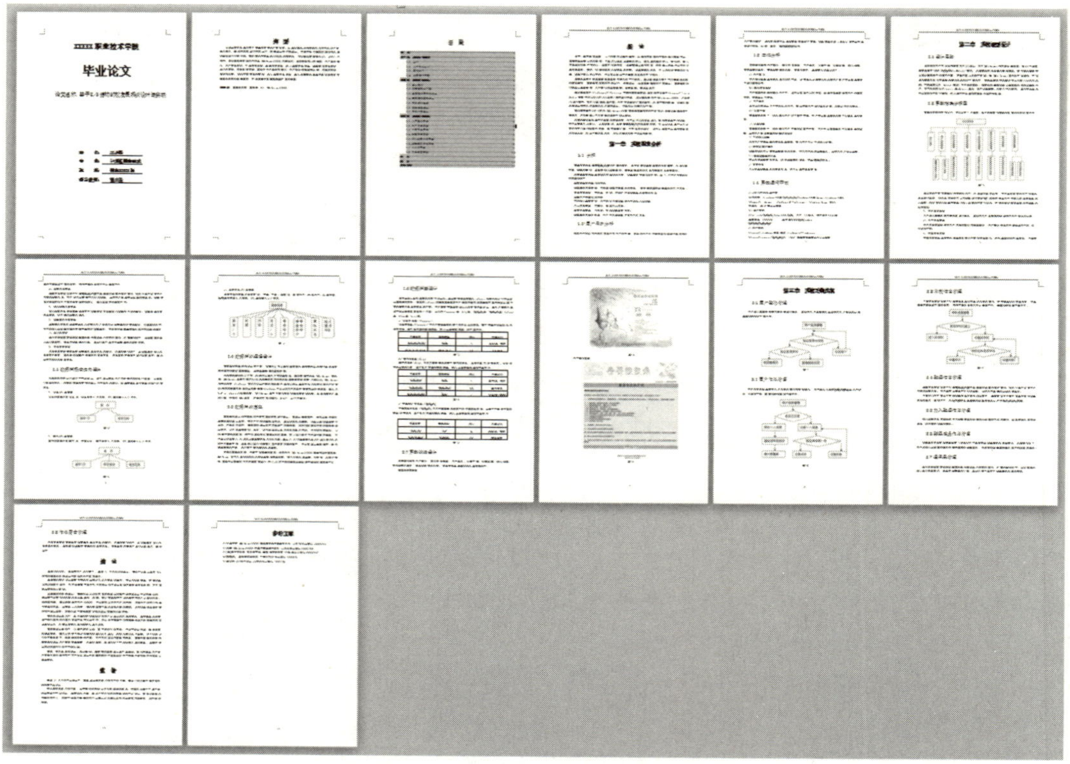

图 4-4-1　毕业论文的最终效果

2. 毕业论文对页面的格式规范要求

（1）使用 A4 打印纸纵向打印。

（2）页边距：上 2.8 厘米，下 2.2 厘米，左 2.5 厘米，右 2.5 厘米（左边装订）。

（3）页眉和页脚。

① 页眉和页脚各 1.5 厘米。

② 封面、目录页、摘要无页眉。从绪论及论文正文开始设置页眉；奇数页的页眉为论文名称，居中；偶数页的页眉为章名，居中。

③ 封面、目录页脚无页码。正文页脚页码编号为 1、2、3……；起始页码为 1；位置为居中；字号为小五号字；字体为宋体。

3. 毕业论文正文章节标题的层次编排规范要求

一定要分为若干章节，各级章节标题的层次必须顺序编号。章节标题编号统一用阿拉伯数字表示，分为若干级，各级编号之间加一小圆点，最后一级编号的后面不加小圆点，层次分级一般以不超过 4 级为宜，如表 4-4-1 所示。

表 4-4-1　毕业论文正文章节标题的层次编排规范

第一级（章标题）	第二级（节标题）	第三级（目标题）	第四级（项标题）
第 1 章	1.1	1.1.1	1.1.1.1
第 1 章	1.2	1.2.1	1.2.1.1
…	…	…	…
第 *n* 章	*n*.1	*n*.1.1	*n*.1.1.1

标题编号层次的编排格式：章标题（一级）居中，其余各节标题编号一律左顶格，编号后空

一个字距，再写章节标题名。标题名下面的文字一般另起一行，如在各节标题以下仍需分层，则通常用 a、b 或 1)、2）编号，左起空两个字距。

4. 毕业论文字体和段落格式的规范要求

（1）封面内容要求包含以下几项。

① 学院名称，格式为黑体、一号字、居中。

② “毕业论文”字样，格式为宋体、初号字、居中。

③ 论文名称，格式为宋体、小二号字、居中。

④ 姓名、专业、班级、指导教师等信息，格式为宋体、三号字、居中。

（2）目录、摘要的标题格式为“目录”两个字中间有空格，黑体、二号字、居中。

摘要正文的格式为宋体、五号字、首行缩进 2 个字符、单倍行距。

关键词的格式为“关键词”3 个字为黑体、五号字、无缩进，关键词用宋体、五号字。

（3）章标题（标题 1）为宋体、小二、加粗、居中、2 倍行距，段前和段后间距为 12 磅。

（4）节标题（标题 2）为宋体、三号、加粗、1.5 倍行距，段前和段后间距为 10 磅。

（5）正文内容的格式为宋体、五号字、首行缩进两个字符、单倍行距。

操作二　设置毕业论文的页面

1. 页面设置

将准备好的文字素材复制到上述新建的“毕业论文.docx”文档中，完成以下工作。

（1）单击“页面布局”选项卡“页面设置”选项组中的对话框启动器按钮，弹出“页面设置”对话框，如图 4-4-2 所示。

（2）在“页边距”选项卡中，默认纸张方向为“纵向”；在“页边距”选项组中，设置上边距为“2.8 厘米”，下边距为“2.2 厘米”，左边距为“2.5 厘米”，右边距为“2.5 厘米，装订线为“1 厘米”；在“页码范围”选项组中，设置多页为“普通”，在“预览”选项组中，设置应用范围为“整篇文档”。

（3）在“纸张”选项卡中默认的就是 A4 打印纸。

（4）在“版式”选项卡中，将页眉和页脚设置为“首页不同”；距边界页眉和页脚各为“1.5 厘米”；单击“确定”按钮，如图 4-4-3 所示。

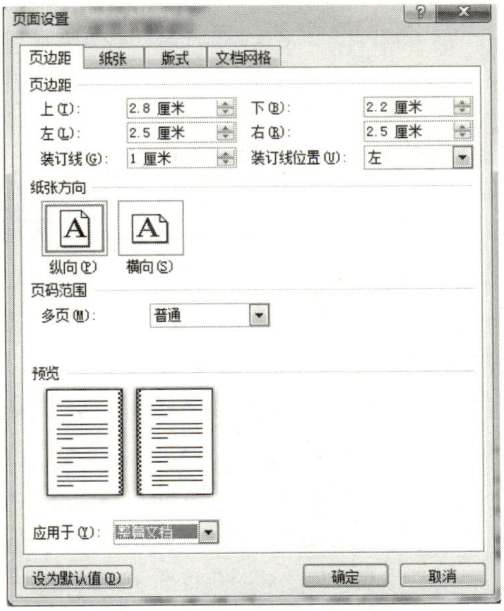

图 4-4-2 “页边距”选项卡

2. 文档属性

文档属性是一个文件的详细信息，可用于帮助识别该文件，如描述性的标题、作者名、主题及标志主题或文件中其他重要信息的关键词。使用文档属性可显示有关文件的信息或者帮助组织文件，以便今后更加容易地找到它们。还可以基于文档属性来搜索文档。

本案例文档属性的参数设置要求如下。

标题（论文名称）：基于 B/S 结构的校友录系统设计与实现。

作者：王小强。

单位：学生所在班级名称。

操作步骤如下。

（1）单击“文件”选项卡中的“信息”按钮，单击右侧界面中的“属性”按钮，在弹出的下拉列表中选择“高级属性”选项。

（2）弹出属性对话框，选择“摘要”选项卡，按要求分别填写文档的标题、作者及单位，如图 4-4-4 所示。

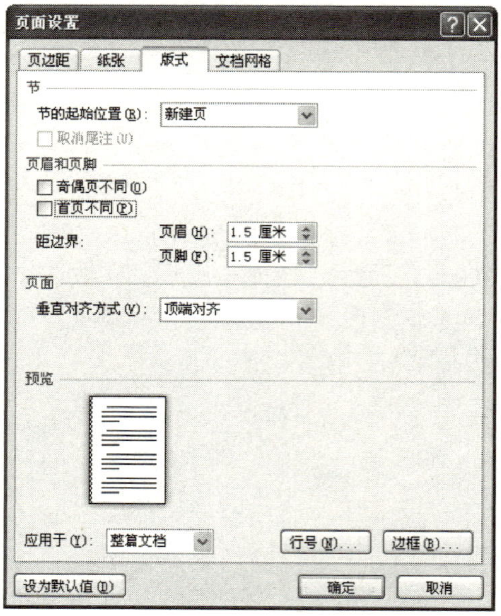

图 4-4-3　“版式”选项卡

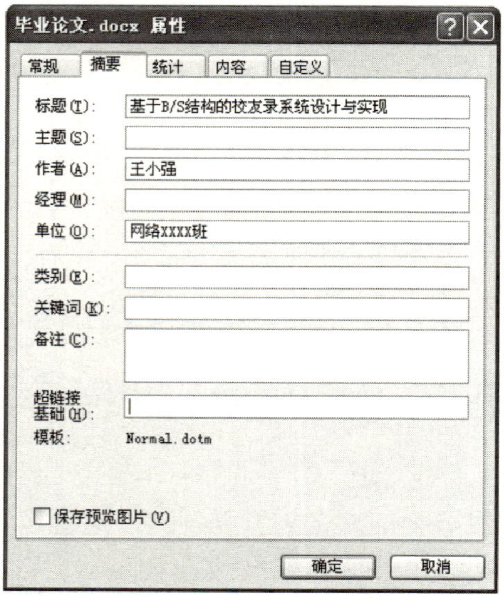

图 4-4-4　“摘要”选项卡

操作三　设置大纲级别

大纲视图是一种工作模式，大纲视图使用格式来表示层次结构，它提供了更清晰、更有条理的工作方法，可以帮助作者对自己的思想进行安排和组织。在大纲视图中用缩进文档标题的形式代表标题在文档结构中的级别，能从宏观上显示出文档的结构，是组织长文档最有效的视图方式。大纲视图主要用于显示和调整文档的结构（如章、节等），可折叠或展开正文和各级标题，可像查看目录一样查看和编辑各级标题，大纲视图中的缩进和符号并不影响文档在其他视图中的外观，而且也不会打印出来。

在大纲视图中可以方便地通过拖动标题实现对大段文字的复制、移动和调整，对长文档的编辑尤为有用。显然，大纲视图是一种组织长文档最方便的编辑视图方式。

单击“视图”选项卡“文档视图”选项组中的“大纲视图”按钮，如图 4-4-5 所示，打开“大纲”选项卡，如图 4-4-6 所示。

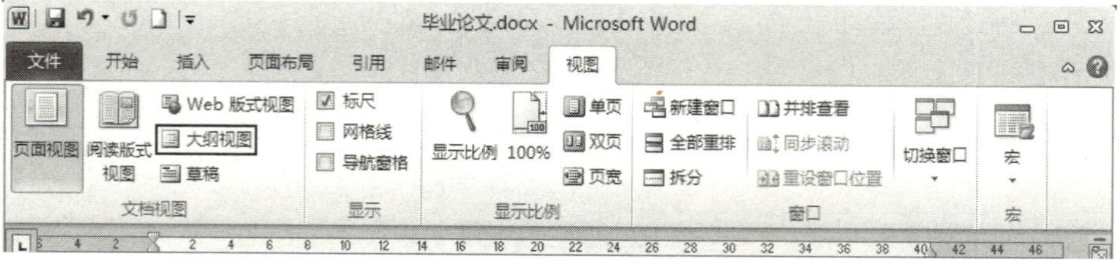

图 4-4-5　“视图”选项卡

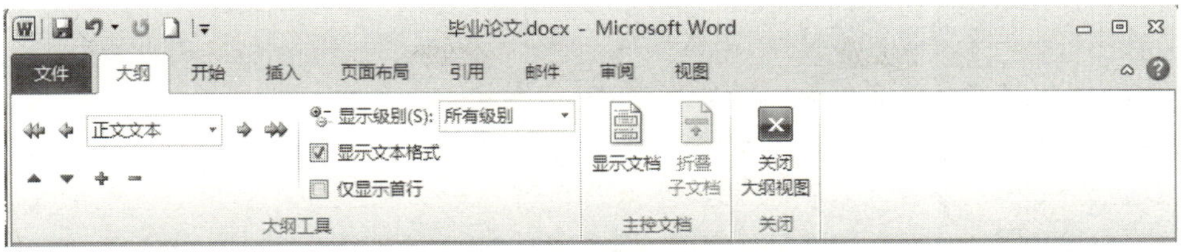

图 4-4-6 “大纲”选项卡

大纲级别用于为文档中的段落指定等级结构（“1 级”至“9 级”）的段落格式。大纲级别决定了文本在大纲中的地位，Word 提供了 9 级大纲级别和一个正文级别。单击“视图”选项卡“文档视图”选项组中的“大纲视图”按钮，向上或向下移动标题和文字，或对其进行提升或降低以重新组织标题和文字，如图 4-4-7 所示。

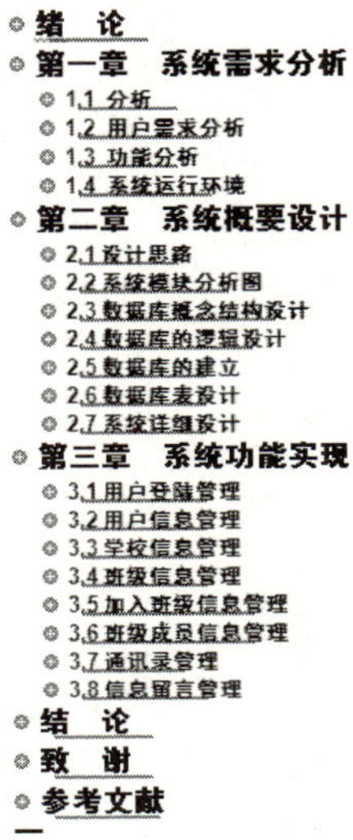

图 4-4-7 毕业论文的大纲级别

提升（向前的箭头）：将正文文本更改为标题，或将标题更改为更高级别的标题。

降低（向后的箭头）为向前的：将标题更改为较低标题级别。

选择相应文本，设置其大纲级别如下。

1 级：绪论、第一章、第二章……等。

2 级：1.1、1.2、1.3……等。

大纲级别设置完之后，可以显示级别，如设置图 4-4-6 中的“显示级别”中的数字为“2”，即可显示 1 级和 2 级的大纲文字。大纲级别设置完之后，单击“大纲”选项卡“关闭”选项组中的“关闭大纲视图”按钮，返回最常用的页面视图中继续进行编辑。

操作四 为毕业论文分节

依照毕业论文的编写规范要求，应该包括以下内容：① 论文封面；② 目录；③ 摘要；④ 绪论；⑤ 正文；⑥ 总结；⑦ 致谢；⑧ 参考文献；⑨ 附录（可选项）。整个文档按排版的需要，用分节符将其划分为 4 个部分（即四节），如图 4-4-8 所示。

图 4-4-8 毕业论文的分节结构

（1）将光标定位在准备插入分节符的位置，如“摘要”前。

（2）单击“页面布局”选项卡“页面设置”选项组中的“分隔符”按钮，在弹出的下拉列表中选择“下一页”分节符，即可在此处完成分节符的插入。Word 中有 4 种不同类型的分节符。

① 下一页：插入分节符并在下一页上开始新节。

② 连续：插入分节符并在同一页上开始新节。

③ 偶数页：插入分节符并在下一偶数页上开始新节。

④ 奇数页：插入分节符并在下一奇数页上开始新节。

（3）切换到大纲视图，则可以看到如图 4-4-9 所示的“分节符”，需要删除分页符时只需要将光标定位在分节符处，按【Delete】键即可。

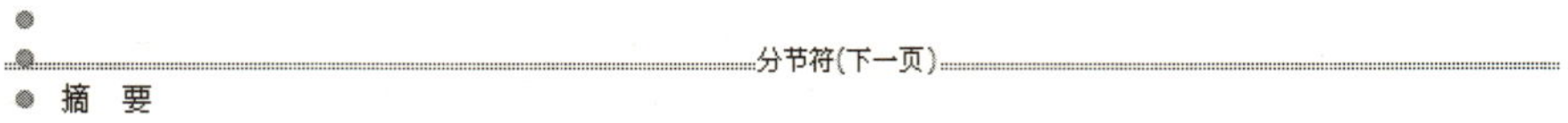

图 4-4-9 大纲视图中的分节符

（4）重复以上步骤，再插入两个“下一页”分页符，即可将毕业论文按内容结构划分成 4 个部分。

操作五 修改及应用样式

1. 了解样式

样式就是一系列格式的集合，应用于文档中的文本、表格和列表的一套格式特征，它是指一组已经命名的字符和段落格式。它规定了文档中标题、题注及正文等各个文本元素的格式。样式按照需求分为字符样式和段落样式。字符样式包含一套字符的格式，如字体、字形、字号、文字修饰等。段落样式除包含所有的字符样式外，还包含一些段落格式，如段落缩进、对齐方式、间距、边框底纹等。用户可以将一种样式应用于某个段落，或者段落中选定的字符上；可以使月样式定义文档中的各级标题，如内置标题样式“标题 1”“标题 2”“标题 3”等，就可以智能化地制作出文档的标题目录。

我们可以利用 Word 内置的字符样式和段落样式，将某个样式指定给特定级别的正文或标题，通过应用和修改样式，可以同时改变相同级别文本的格式。

使用样式能减少许多重复的操作，在编辑长文档的过程中，经常有章、节、小节的格式要求，而且要使它们分别保持一致的格式；还有些分散在文章中各处的一些文字，可能有统一的字体、字号、字形、对齐方式等格式的要求，如果将这些需要统一的格式预先设定好，并在编辑过程中应用到所需的文本或段落中，就可使本来需多次重复的格式化操作变得简单快捷，且可保持整篇文档的格式协调一致，在短时间内排出高质量的文档。

在操作三中我们利用了 Word 的大纲视图对毕业论文进行了编辑，将 Word 的内置标题样式应用到了毕业论文的章节标题上，已经能够很好地组织编写和修订毕业论文。但是，按照毕业论文排版的字体和段落格式的规范要求，只应用 Word 提供的内置标题样式并不适合。我们必须对应用到的内置标题样式进行修改，以符合毕业论文的字体、段落的格式规范要求，如果对某一已经应用于文档的样式进行修改，重新定义该样式的格式参数属性后，系统会自动更新所有具有此样式的文本段落，文档中所有应用该样式的字符或段落将随之改变格式。

2. 修改毕业论文章标题的样式

（1）单击“开始”选项卡“样式”选项组中的对话框启动器按钮，弹出“样式”对话框。

（2）将光标定位到某一个 1 级标题段落上（如“第一章　系统需求分析”），则在“样式”对话框中显示“标题 1”的样式名称。

（3）单击该样式右侧的下拉按钮，在弹出的下拉列表中选择“修改”选项，如图 4-4-10 所示，弹出“修改样式”对话框，如图 4-4-11 所示。

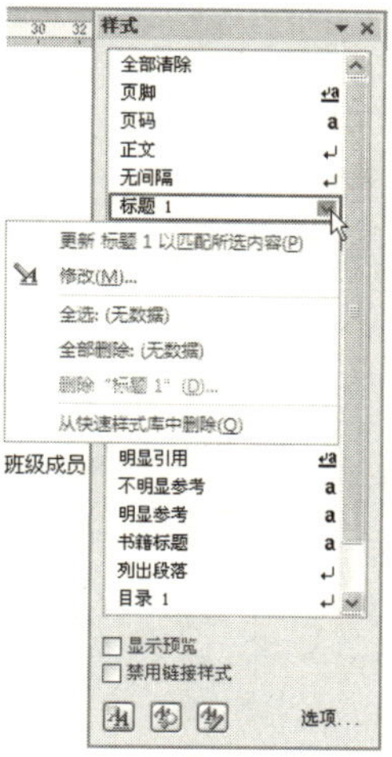

图 4-4-10　修改样式

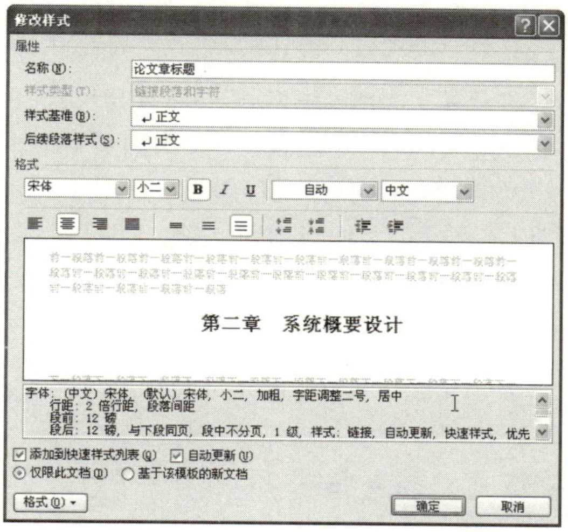

图 4-4-11　“修改样式”对话框

（4）在“修改样式”对话框的“名称”栏中输入“论文章标题”，在“样式基于”下拉列表中选择“正文”选项，在“后续段落样式”下拉列表中选择“正文”选项。

（5）单击“修改样式”对话框左下角的“格式”按钮，弹出下拉列表，如图 4-4-12 所示，选择“字体”选项，弹出“字体”对话框，在“字体”选项卡中设置中文字体为“宋体”，字形为“加粗”，字号为“小二”，单击“确定”按钮，如图 4-4-13 所示。

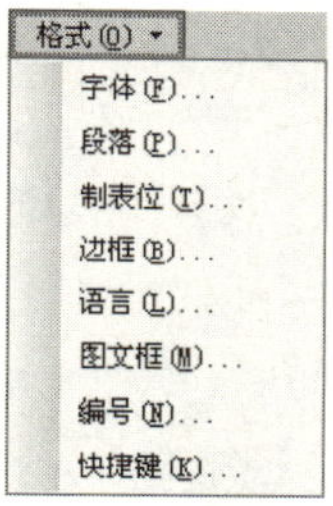

图 4-4-12　“格式”下拉列表

（6）单击“修改样式”对话框左下角的“格式”按钮，在弹出的下拉列表中选择“段落”选项，弹出“段落”对话框，在“缩进和间距”选项卡中设置对齐方式为“居中”，大纲级别为“1 级”，特殊格式为“无”，如图 4-4-14 所示。单击“确定”按钮，返回“修改样式”对话框。

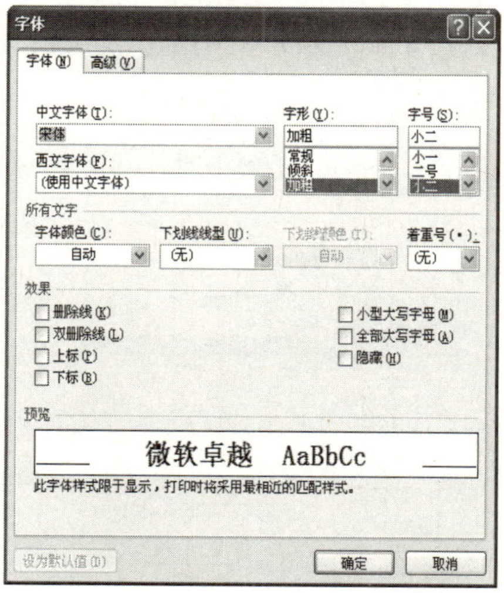

图 4-4-13　设置字体样式

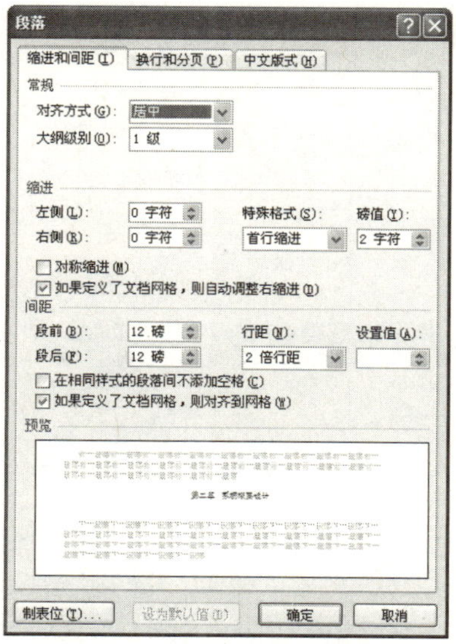

图 4-4-14　设置段落样式

（7）在“修改样式”对话框中选中“基于该文档的模板”单选按钮和“自动更新”复选框，

然后单击“确定”按钮，则修改后的样式会自动应用于所有 1 级标题，到此“论文章标题”样式设置完成。

3. 修改论文节标题的样式和正文的样式

“论文正文文字“样式修改的步骤同”论文章标题“的修改步骤，具体的属性参数如下。

论文节标题通过修改“标题 2”样式得到，名称为“论文节标题”，字体格式为宋体、三号、加粗；段落格式为大纲级别为 2 级，首行缩进 2 个字符，段前、段后的间距为 10 磅，行间距为 1.5 倍行距。选中“自动更新”复选框则可使修改后的样式自动应用于所有的 2 级标题。

正文通过修改“正文”样式得到，名称为“论文正文”，字体格式为宋体、五号；首行缩进 2 个字符，行间距为单倍行距。选中“自动更新”复选框则可以使用修改后的样式自动应用于所有的正文。

操作六　插入题注

1. 添加图片题注

如果文档中含有大量图片，为了能更好地管理这些图片，可以为图片添加题注。添加了题注的图片会获得一个编号，并且在删除或添加图片时，所有的图片编号会自动改变，以保持编号的连续性。添加图片题注的步骤如下。

（1）选中需要添加题注的图片，单击“引用”选项卡“题注”选项组中的“插入题注”按钮，如图 4-4-15 所示。或者右击需要添加题注的图片，在弹出的快捷菜单中选择“插入题注”命令。

图 4-4-15　“插入题注”按钮

（2）弹出“题注”对话框，如图 4-4-16 所示，单击“自动插入题注”按钮，弹出“自动插入题注”对话框，选中“Microsoft Graph 图表”复选框，如图 4-4-17 所示，则可以实现在文档中插入图片的时候，自动插入以“图-”开头的题注置于图片的下方。

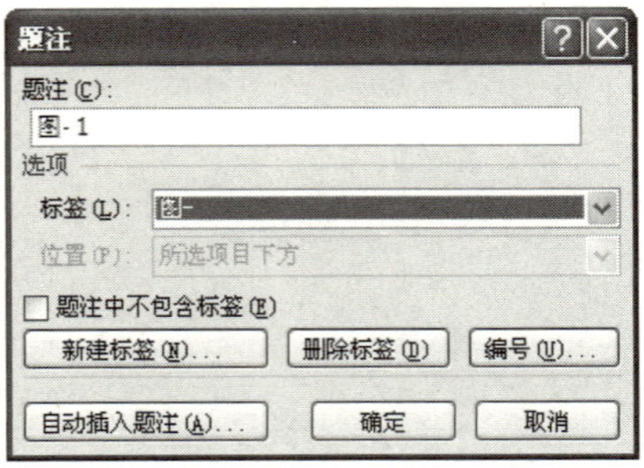

图 4-4-16　“题注”对话框

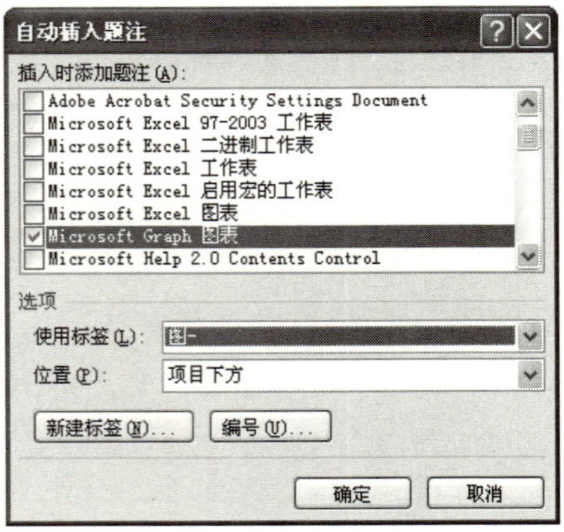

图 4-4-17　“自动插入题注”对话框

2. 添加表格题注

添加表格题注的方法类似于以上添加图片题注的方法。

操作七 设置毕业论文的封面和摘要

运用之前所掌握的知识和技能，按照对毕业论文封面和摘要的规范要求进行设置，这里不做详细讲解，设置后的效果如图 4-4-18 所示。

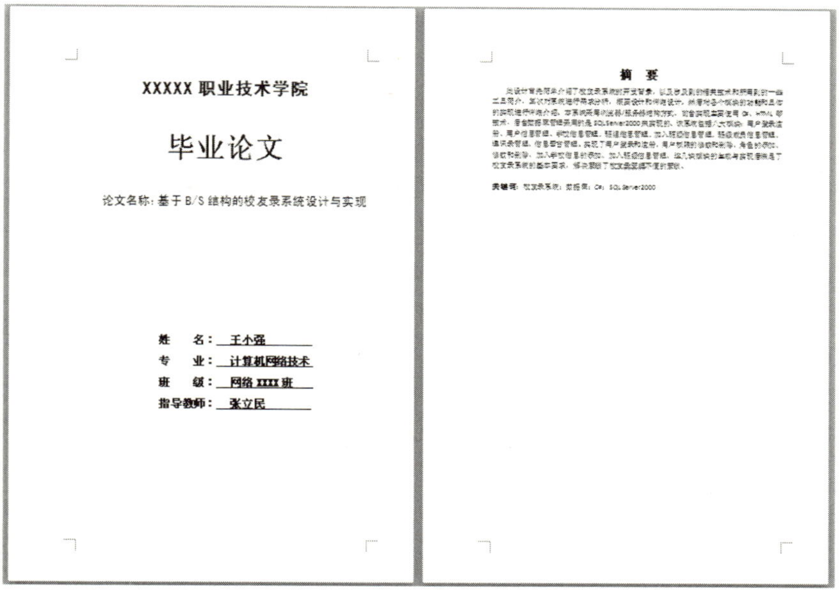

图 4-4-18 毕业论文的封面及摘要

封面及摘要的设置规范如下。

（1）“学院名称”格式：黑体、一号字、居中。

（2）“毕业论文”格式：宋体、初号字、居中。

（3）论文名称格式：宋体、小二号字、居中。

（4）“姓名”“专业”班级“指导教师”等信息的格式：宋体、三号字、居中。

（5）目录、摘要标题：“目录”两个字中间有空格，黑体、二号字、居中。

（6）摘要正文：宋体、五号字、首行缩进 2 个字符、单倍行距。

（7）“关键词”这 3 个字为黑体、五号字、无缩进，关键词的内容用宋体、五号字。

操作八 设置页眉和页脚

页眉和页脚是指在每一页顶部和底部加入的信息。这些信息可以是文字或图形，内容可以是文件名、标题名、日期、页码、单位名等。

页眉和页脚的格式如下：

封面、目录页、摘要无页眉页脚。从论文正文开始设置页眉页脚；页眉为论文名称，居中。正文页脚页码编号为 1、2、3；起始页码为 1；位置为居中；字号为小五号；字体为宋体。下面我们来完成页眉及页脚的设置。

1. 设置页眉

（1）单击“插入”选项卡“页眉和页脚”选项组中的“页眉”按钮，在弹出的下拉列表中选择“空白”内置样式，进入页眉编辑状态，标题栏中出现“页眉和页脚”/“设计”选项卡，如

图 4-4-19 所示。

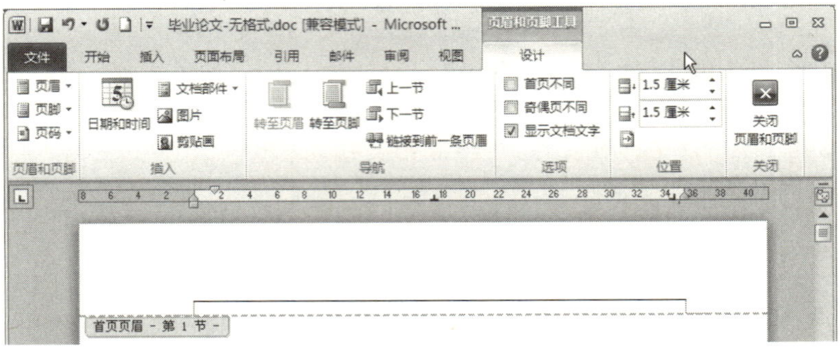

图 4-4-19　“页眉和页脚工具”/“设计”选项卡

注意在页眉的左上角显示有“首页页眉-第 1 节-”的提示文字，表明当前是对第 1 节设置页眉。由于第 1 节是封面，不需要设置页眉，因此可单击“页眉和页脚工具”/“设计”选项卡“导航”选项组中的“下一节”按钮，显示并设置下一节的页眉。

（2）继续单击“下一节”按钮至第 4 节的页眉，注意“页眉和页脚”/“设计”选项卡“导航”选项组中有一个“链接到前一条页眉”按钮，通常情况下为按下状态，如图 4-4-20 所示，表示与上一节的页眉相同，而此时要求前 3 节没有页眉，则此处应取消“链接到前一条页眉”的设置，在页眉居中区域输入标题文字“基于 B/S 结构的校友录系统设计与实现”，则文字将只会出现在第 4 节所有页面的页眉中。

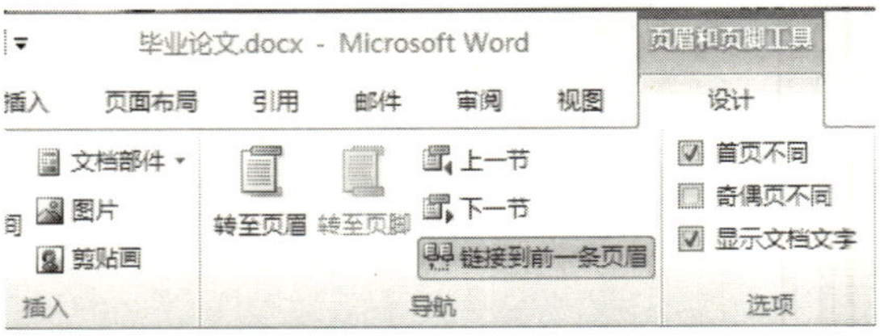

图 4-4-20　“链接到前一条页眉”按钮

（3）去除页眉中多余的水平线。在文档的首页页眉中虽然没有文字，却有可能由于操作失误而保留了一条水平线，如果存在水平线可按以下方法去除。

在页眉处双击，进入页眉编辑状态，选中页眉中的段落标记，如图 4-4-21 所示。

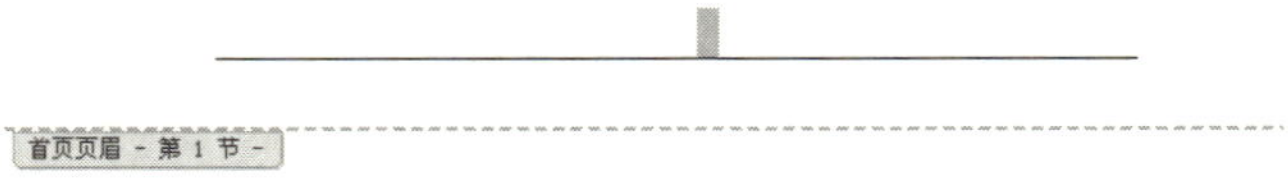

图 4-4-21　页眉编辑状态

单击“开始”选项卡“段落”选项组中的“下框线”下拉按钮，在弹出的下拉列表中选择“边框和底纹”选项，弹出“边框和底纹”对话框，如图 4-4-22 所示。在“预览”选项组中

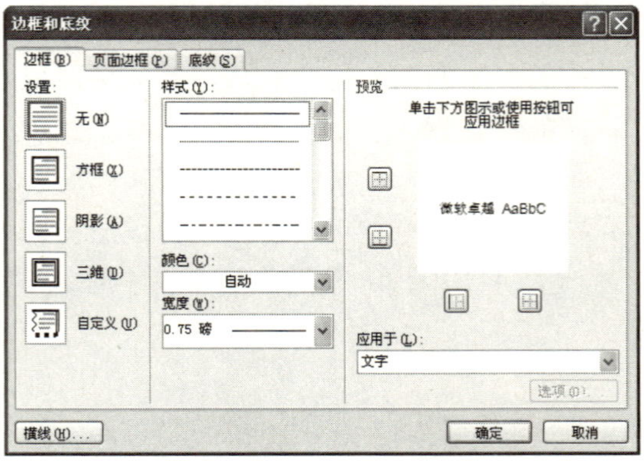

图 4-4-22　“边框和底纹”对话框

可以看到段落底部添加了一条水平线，页眉中的水平线实际上是用段落的下边框线制作出来的。在左侧的“设置”选项组中选择“无”选项，即可去除段落边框，从而使页眉中的水平线消失。

（4）单击“页眉和页脚工具”/“设计”选项卡“关闭”选项组中的“关闭页眉和页脚”按钮，退出页眉编辑状态。用打印预览可以查看各页页眉的设置情况。

2. 设置页脚

（1）单击“插入”选项卡“页眉和页脚”选项组中的“页脚”按钮，在弹出的下拉列表中选择“编辑页脚”选项，进入页脚编辑状态，如图 4-4-23 所示。

图 4-4-23 页脚编辑状态

（2）单击“页眉和页脚”/“设计”选项卡“导航”选项组中的“下一节”按钮直至第 4 节的页脚，需要添加罗马数字的页码。取消“链接到前一条页眉”的设置。

（3）单击“插入”选项卡“页眉和页脚”选项组中的“页码”按钮，在弹出的下拉列表中选择“页面底端”→“普通数字 2”选项，此时可以在页脚位置插入页码，此时在第 4 节第 1 页插入的页码为 4，而需要显示的正文页码应为 1，则此时需要进行页码格式设置。

（4）删除错误页码“4”，单击“插入”选项卡“页眉和页脚”选项组中的“页码”按钮，在弹出的下拉列表中选择“设置页码格式”选项，弹出“页码格式”对话框，设置页码的格式和起始编号，如图 4-4-24 所示。编号格式选择罗马数字格式“1，2，3，…”，选中“起始页码”单选按钮，并设置起始页码为“1”，单击“确定”按钮结束设置。

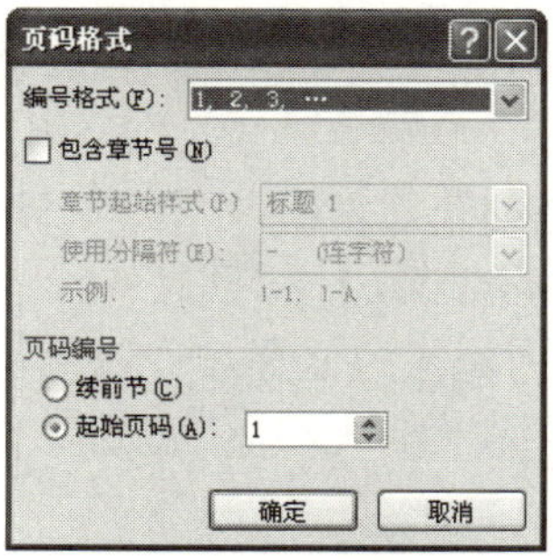

图 4-4-24 “页码格式”对话框

操作九 添加目录

要成功添加目录，应该正确采用带有级别的样式，如“标题 1”～“标题 9”的样式。尽管也有其他的方法可以添加目录，但采用带级别的样式是最方便的一种。经过上面的操作之后，毕业论文可以添加目录了。操作方法如下。

（1）将光标定位到需要插入目录的位置。

（2）单击“引用”选项卡“目录”选项组中的“目录”按钮，在弹出下拉列表中选择“插入目标”选项，弹出“插入目录”对话框，在“目录”选项卡的“显示级别”中可指定目录中包含几个级别，从而决定目录的细化程度。这些级别是来自“标题 1”～“标题 9”样式的，它们分别对应级别 1～9。如果要设置更为精美的目录格式，可在“格式”下拉列表中选择其他类型。通常用默认的“来自模板”即可。

（3）单击“确定”按钮，即可插入目录，如图 4-4-25 所示。如页码发生变化需要修改目录时，可以将光标定位在目录区域，右击，在弹出的快捷菜单中选择“更新域”命令即可完成更新。

目　录

绪　论……1
第一章　系统需求分析……1
1.1 分析……1
1.2 用户需求分析……1
1.3 功能分析……2
1.4 系统运行环境……2
第二章　系统概要设计……3
2.1 设计思路……3
2.2 系统模块分析图……3
2.3 数据库概念结构设计……4
2.4 数据库的逻辑设计……5
2.5 数据库的建立……5
2.6 数据库表设计……6
2.7 系统详细设计……6
第三章　系统功能实现……8
3.1 用户登陆管理……8
3.2 用户信息管理……8
3.3 学校信息管理……9
3.4 班级信息管理……9
3.5 加入班级信息管理……9
3.6 班级成员信息管理……9
3.7 通讯录管理……9
3.8 信息留言管理……10
结　论……10
致　谢……10
参考文献……11

图 4-4-25　毕业论文的目录

至此，我们已经完成了整个毕业论文的排版工作。

相关知识

1. 插入脚注和尾注

脚注和尾注共同的作用是对文字的补充说明，在很多书中，我们经常会看到页面底部或是文章末尾会有相应的脚注或尾注，在 Word 2010 中可以很轻松地添加这些脚注和尾注。

（1）将光标定位到需要插入脚注或尾注的位置，单击“引用”选项卡“脚注”选项组中的“插入脚注”或“插入尾注”按钮，如单击“插入脚注”按钮，如图 4-4-26 所示。

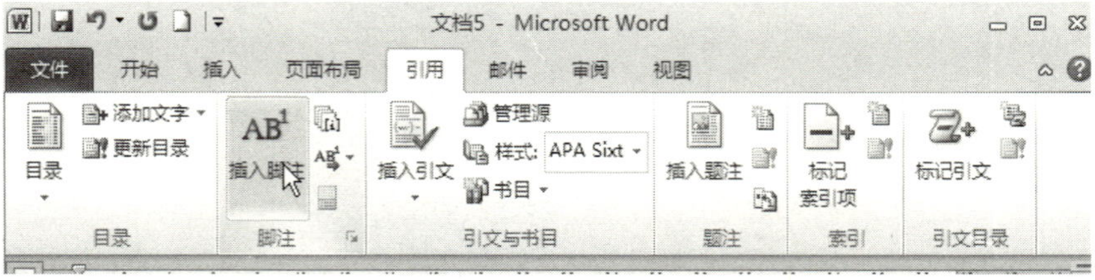

图 4-4-26　“插入脚注”按钮

（2）此时，在刚才选定的位置上会出现一个上标的序号“1”，在页面底端也会出现一个序号“1”，且光标在序号“1”后闪烁，如图 4-4-27 所示。

图 4-4-27　脚注在页脚

提示：如果添加的是尾注，则是在文档末尾出现序号“1”。

（3）此时可以在页面底端的序号“1”后输入具体的脚注信息，这样脚注就添加完成了。

提示：如果在文档中添加多个脚注，Word 会根据文档中已有的脚注数自动为新脚注排序。添加尾注详细信息的方法与此步骤一样。

如果想删除脚注或尾注，可以选中脚注或尾注在文档中的位置，即在文档中的序号。这里我们选中刚刚插入的脚注，即在文档中的上标序号“1”，然后按【Delete】键，即可删除该脚注。

2. 审阅与修订文档

Word 2010 的修订功能不仅允许他人对文档做进一步的完善或修改，而且能够知道他人修改了哪些地方，还能够自主选择接受他人的修改或是拒绝他人的修改。

（1）打开要进行修订的文档，并选择“审阅”选项卡。

（2）单击“修订”选项组中的“修订”按钮启动文档修订，修订文档的操作将被记录。

（3）标记文档的最终状态。在修订完毕之后，需要去掉修订标记只显示最终状态。方法是在“修订”选项组中的“显示以供审阅”下拉按钮，在弹出的下拉列表中选择“最终状态”选项即可去掉修订标记。

去掉修订标记并不表示用户接受了修订。若要接受或是拒绝修订，需要单击“审阅”选项卡“更改”选项组中的“接受”或是“拒绝”按钮。

3. “导航”窗格

“导航”窗格主要用于显示 Word 2010 文档的标题大纲，用户可以单击文档结构图中的标题展开或收缩下一级标题，并且可以快速定位到标题对应的正文内容，“导航”窗格还可以显示 Word 2010 文档的缩略图，如图 4-4-28 所示。选中或取消选中“导航窗格”复选框可以显示或隐藏“导航”窗格。

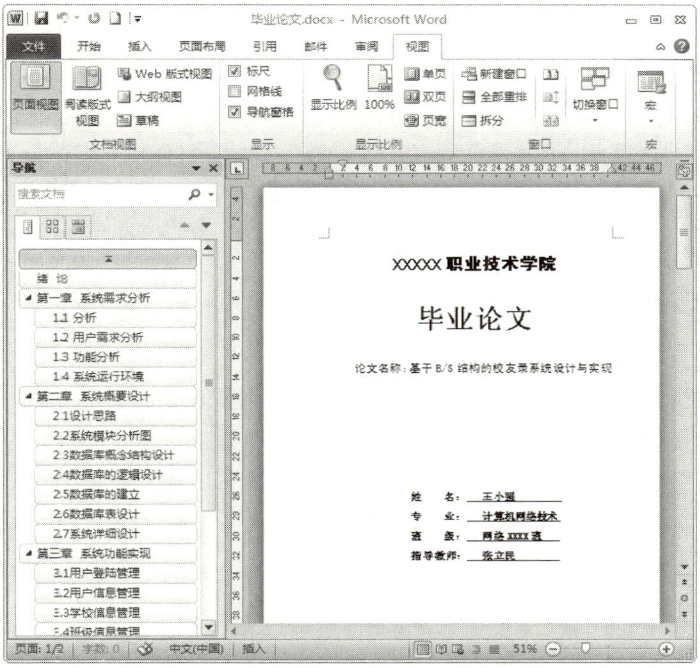

图 4-4-28　“导航”窗格

4. 文件保护

在 Word 2010 中可以为文档设置密码，以避免文档被不经过允许的人查看，从而保护文档安全及个人隐私。具体操作如下。

当用户编辑完文档时，单击“文件”选项卡中的“另存为”按钮，将弹出“另存为”对话框，单击该对话框左下角的“工具”按钮，在弹出的下拉列表中选择“常规选项”选项，弹出“常规选项”对话框，可以在“此文档的文件加密选项”选项组中设置打开文件时的密码，在“此文档的文件共享选项”选项组中设置“修改文件时的密码”，如图 4-4-29 所示，输入的密码以星号(*)显示。

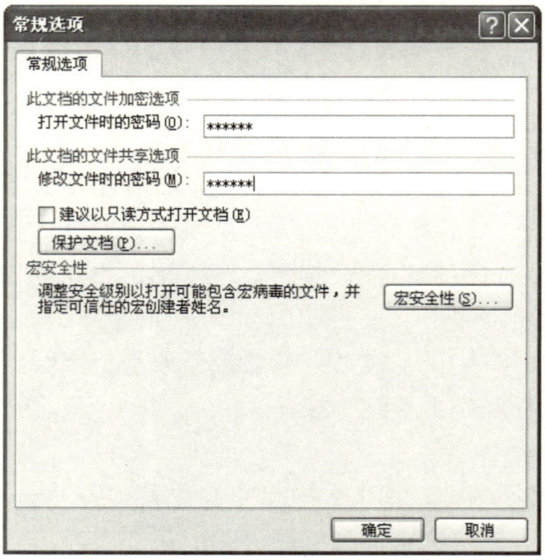

图 4-4-29　“常规选项”对话框

（1）打开权限密码：默认情况下，此功能使用高级加密。加密是一种使文件更加安全的标准方法。

（2）修改权限密码：此功能不使用任何加密方法。这样可以与信任的内容审阅者协作。但不能使文件更加安全。

（3）两个权限密码：可以同时指定两个权限密码，一个用于访问文件，另一个用于为特定审阅者提供修改文件内容的权限。请确保两个密码是不同的。

项目训练

一、按以下要求完成“信息工程系专业介绍.docx”文档的制作。

1．设置页面纸张为 A4。页边距：左 3 厘米；右 2.5 厘米；上、下各 2.5 厘米。

2．标题“信息工程系专业介绍”的字体为黑体，字号为一号，颜色为红色，对齐方式为居中，段落行距为 1.5 倍行距，段前、段后间距均为 1.5 行。

3．正文内容的字体为仿宋，字号为小四，段落间距为 1.5 倍行距，首行缩进 2 字符。

4．“软件技术专业”“计算机网络技术专业”“动漫设计与制作专业”“电子商务专业”文本加粗，并添加编号，设置它们的段前间距为 1.5 行，段后间距为 0.5 行。

5．按效果图为相应的内容添加项目符号，悬挂缩进 2 字符，并设置相应的段落边框。

6．为“培养目标”“主干课程”“就业方向”文字设置青绿色底纹。

7．实训结果如图 4-5-1 所示。

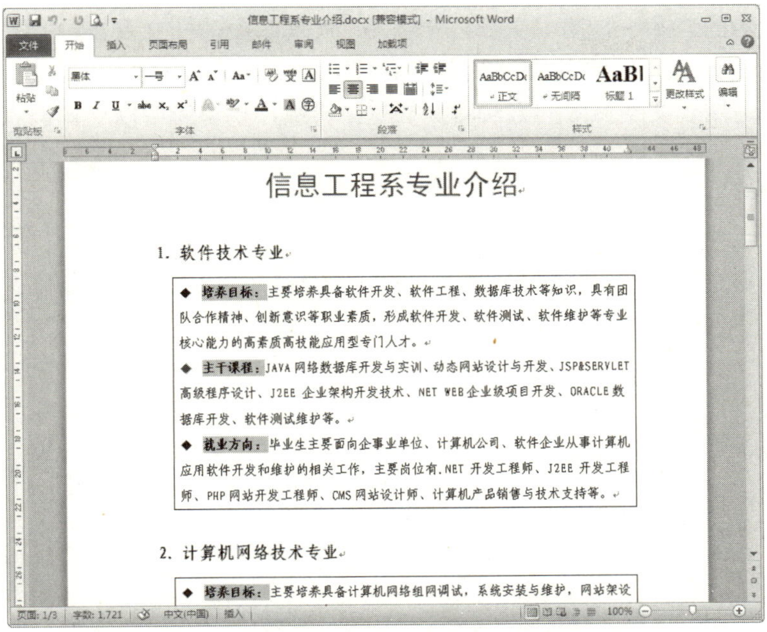

图 4-5-1　“信息工程系专业介绍.docx”文档制作效果图

二、按以下要求完成“×××课程表.docx”文档的制作。

1．表格标题“☆×××课程表☆”，“×××”请用学生的姓名代替，“☆”可使用插入特殊符号制作。将标题文字设置为小二，黑体，加粗，居中，字符间距为加宽 10 磅。

2．在标题文字下方插入一个 6 列 8 行的表格。编辑表格，进行单元格的合并或拆分。

3．将表格中的第一个单元格拉宽、拉长到合适位置，制作表头。

4．平均分布第 2～6 列。

5．输入表格中的文字，将表格中的文字全部居中对齐。

6．设置不同单元格的底纹，颜色可以自由选择。

7．实训结果如图 4-5-2 所示。

☆ × × × 课 程 表 ☆

时间		星期一	星期二	星期三	星期四	星期五
上午	1-2(8:00-9:30)	英语	语文	英语	数学	
	3-4(10:00-11:30)	数学		计算机	语文	美术
	午间休息					
下午	5-6(14:30-16:00)	音乐	计算机		体育	班会
	7-8(16:10-17:30)			化学		
	课外活动					
晚上	9-10(19:00-21:00)	晚自习				

图 4-5-2　课程表

三、结合学到的 Word 2010 知识，制作一份电子简报。

要求如下。

1．选择相应的主题，如“美丽家园”和“大学生活”，搜集相关的文字和图片素材。

2．要求有报头和报刊内容两部分，报头要求包含学生个人信息（班级、学号、姓名），并将报头元素进行组合，报刊内容要详略得当，版面均衡协调，图文并茂，美观大方，布局合理。

3．要运用文本框或表格进行版面布局设计，页面设置为 A4，两版。

4．要运用适当的艺术字、艺术横线、分栏等，实现版面的图文混排。

四、从网上下载一篇长文档的文字及图片素材（如文档原来有格式，首先清除格式），文档长度不少于 10 页，运用长文档排版的方法将文档重新排版，要求应用以下知识点。

1．文档分节。

2．设置大纲级别。

3．创建、修改和应用样式。

4．插入题注。

5．制作页眉和页脚。

6．插入目录。

7．制作封面。

详细的要求读者可以自行设定。

项目五　Excel 2010 电子表格应用

Excel 是 Office 最常用的三大组件之一，它可以进行各种数据的处理、统计分析和辅助决策，广泛应用于数据管理、统计、财经、金融等众多领域。

任务一　制作学生基本信息表

本任务以制作学生基本信息表（图 5-1-1）为例，介绍 Excel 文档的基本操作。通过本任务，读者可以学会如下操作。

2019级电子商务班学生基本信息表

学号	姓名	性别	系别	专业	班级	学制	民族	籍贯	出生日期
01912001	黄小明	男	信息工程系	电子商务	2019级电子商务班	三年	汉	广西博白	2000年6月8日
01912002	张静兰	女	信息工程系	电子商务	2019级电子商务班	三年	壮	广西河池	2001年1月27日
01912003	兰玉	女	信息工程系	电子商务	2019级电子商务班	三年	壮	广西河池	2000年6月20日
01912004	高松	男	信息工程系	电子商务	2019级电子商务班	三年	壮	广西河池	2001年12月1日
01912005	赵宇	男	信息工程系	电子商务	2019级电子商务班	三年	汉	广西桂平	2001年1月4日
01912006	黄立清	男	信息工程系	电子商务	2019级电子商务班	三年	侗	广西桂林	2001年4月24日
01912007	王艳宁	女	信息工程系	电子商务	2019级电子商务班	三年	汉	广西贵港	2001年2月9日
01912008	梁美芬	女	信息工程系	电子商务	2019级电子商务班	三年	瑶	广西桂林	2000年12月16日
01912009	汪洋	男	信息工程系	电子商务	2019级电子商务班	三年	汉	广西桂林	2001年7月12日
01912010	贺广文	男	信息工程系	电子商务	2019级电子商务班	三年	汉	广西玉林	1999年12月28日
01912011	刘军	男	信息工程系	电子商务	2019级电子商务班	三年	壮	广西扶绥	2000年12月30日
01912012	黄文建	男	信息工程系	电子商务	2019级电子商务班	三年	壮	广西来宾	2000年10月8日
01912013	张家辉	男	信息工程系	电子商务	2019级电子商务班	三年	壮	广西南宁	2001年12月28日
01912014	唐旋	女	信息工程系	电子商务	2019级电子商务班	三年	汉	广西玉林	2001年9月17日
01912015	彭明	男	信息工程系	电子商务	2019级电子商务班	三年	壮	广西百色	2000年8月11日
01912016	杨江水	男	信息工程系	电子商务	2019级电子商务班	三年	汉	广西钦州	2001年1月5日
01912017	钱惠贤	女	信息工程系	电子商务	2019级电子商务班	三年	汉	广西平南	2000年9月30日
01912018	覃明杰	男	信息工程系	电子商务	2019级电子商务班	三年	壮	广西横县	2000年10月9日
01912019	李清	男	信息工程系	电子商务	2019级电子商务班	三年	汉	广西玉林	2001年4月26日
01912020	江文强	男	信息工程系	电子商务	2019级电子商务班	三年	壮	广西南宁	2000年2月15日
01912021	岑海威	男	信息工程系	电子商务	2019级电子商务班	三年	壮	广西崇左	2001年7月14日
01912022	贝凌	女	信息工程系	电子商务	2019级电子商务班	三年	汉	广西昭平	1999年2月17日

图 5-1-1　学生基本信息表

- 建立、打开、保存及关闭工作簿。
- 在工作表中输入数据。
- 编辑及格式化工作表。
- 设置页面。
- 预览及打印。

操作一　建立工作簿

操作要求：在 D 盘的“Excel 项目”文件夹中新建一个“2019 级电子商务班学生基本信息表”Excel 文档，按样文输入一定的数据，并按要求进行页面设置。

操作步骤如下。

1. *启动 Excel 2010*

选择“开始”→“所有程序”→“Microsoft Office”→“Microsoft Office Excel 2010”命令，启动 Excel 2010。

2. 创建工作簿文档

启动 Excel 2010 后，系统会自动创建一个工作簿，默认的文件名是“Book1.xls”。为了管理方便，保存为“2019 级电子商务班学生基本信息表.xlsx”，并保存在个人的文件夹下，如图 5-1-2 所示。

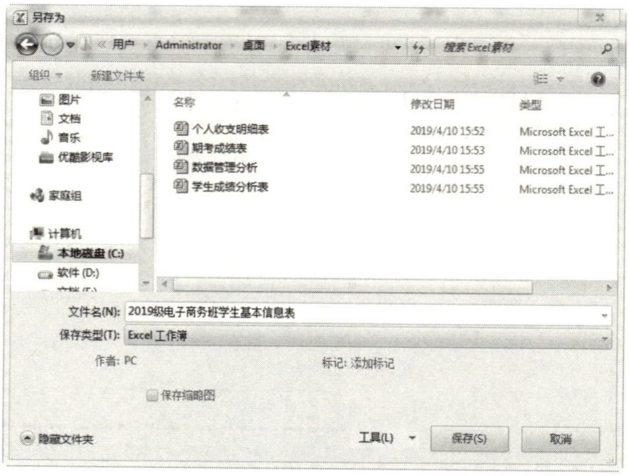

图 5-1-2 保存工作簿

操作二 在工作表中输入数据

1. 输入标题

打开“Sheet1”工作表，选中 A1 单元格，输入标题“2019 级电子商务班学生基本信息表”，按【Enter】键确认，如图 5-1-3 所示。

2. 输入列标题

在 A2 单元格中输入“学号”，并按【Tab】键或右箭头键，使 B2 单元格成为当前单元格，输入“姓名”。利用同样的方法，可以依次在 C2~J2 单元格区域中输入“性别”“系别”“专业”“班级”“学制”“民族”“籍贯”“出生日期”列标题，如图 5-1-4 所示。

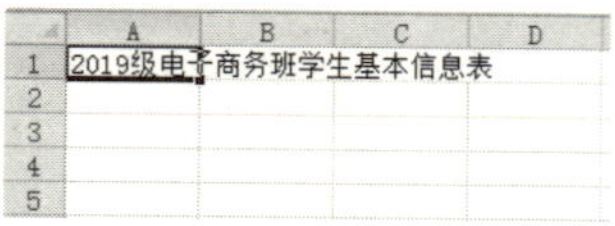

图 5-1-3 输入标题

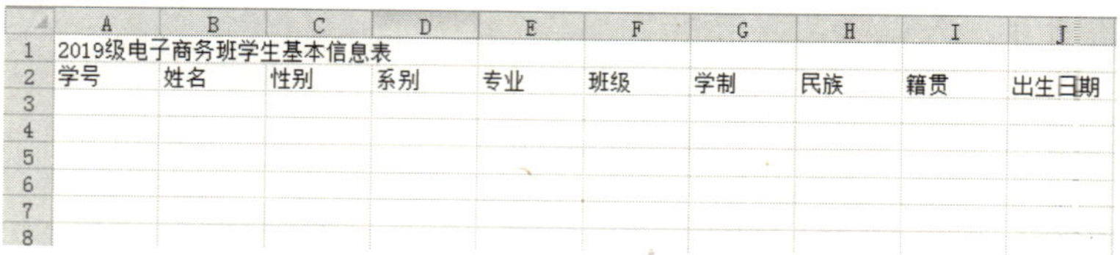

图 5-1-4 输入列标题

3. 输入学号、姓名

（1）选中 A3 单元格，输入学号“01912001”，按【Enter】键后会发现学号中的第一个数字“0”丢失了，说明在自动格式中默认的是常规数字，对于常规数字，前面添加几个 0 均不影响数值的大小，因此忽略。正确的输入方法是，首先输入英文单引号“'”，再输入“01912001”，如图 5-1-5 所示。

（2）使用自动填充功能快速输入其他学号。选中已输入编号的 A3 单元格，将鼠标指针指向单元格右下角的小黑方块，即填充柄，此时鼠标指针由空心的十字形变为黑十字形，如图 5-1-6 所示。按下拖动填充柄 A25 单元格，拖动过程中填充柄的右下角出现填充的数据，直至目标单元格时释放鼠标左键，如图 5-1-7 所示。

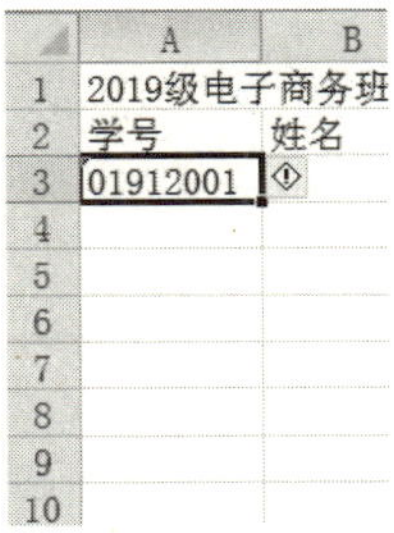

图 5-1-5 输入学号

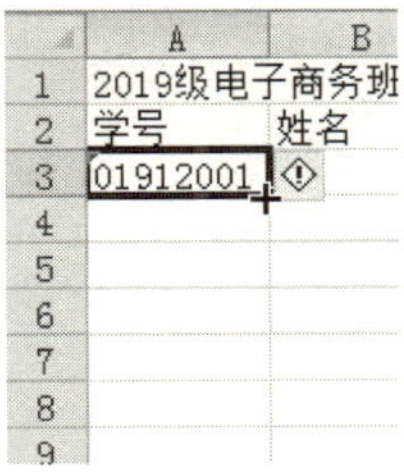

图 5-1-6 填充柄

（3）按照图 5-1-1 输入姓名。

4. 输入性别

因为男生比女生要多，所以先在 C3 单元格中输入“男”，然后将鼠标指针指向 C3 单元格右下角的填充柄，向下手动填充柄，将 C3：C25 单元格区域中的内容全部填充为“男”，最后修改“性别”是“女”的记录。

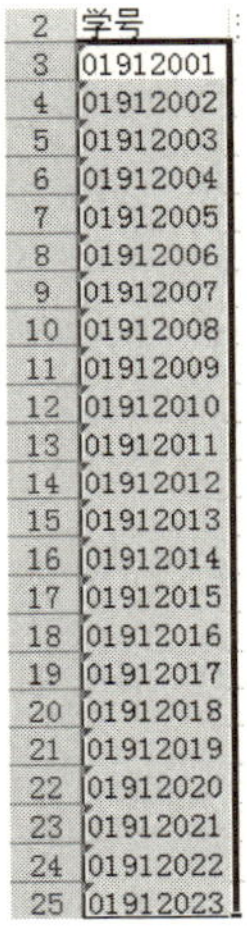

图 5-1-7 利用填充柄填充序列

选中第一个性别应为“女”的 C4 单元格，输入“女”字。之后将鼠标指针放在单元格的 4 个边框的任一个上，鼠标指针将变成带有 4 个方向箭的空心箭头“ ”，如图 5-1-8 所示。同时按住【Ctrl】键，此时鼠标右上角带有十字号“ ”。将鼠标指针分别拖动到 C5、C9、C10、C16、C19、C24、C25 单元格中，即可将 C4 单元格中的内容复制到对应单元格，如图 5-1-9 所示。

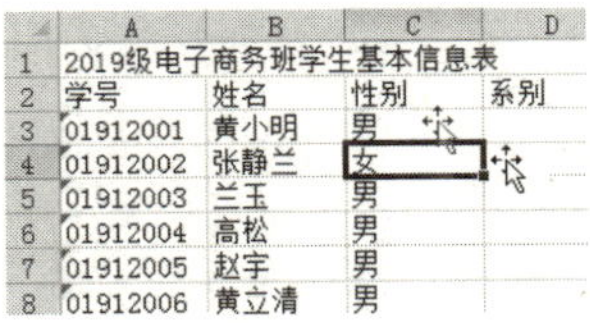

图 5-1-8 选择单元格

5. 系别、专业、班级的输入

选中 D3 单元格，输入“信息工程系”，然后将鼠标指针指向 D3 单元格右下角的填充柄，向下拖动填充柄，将 D3:D25 单元格区域中的内容全部填充为“信息工程系”，同理，选中 E3 单元格，输入“电子商务”，然后将鼠标指针指向 E3 单元格右下角的填充柄，向下拖动填充柄，将 E3:E25 单元格区域中的内容全部填充为“电子商务”。

选中 F3 单元格，输入“2019 级电子商务班”，此时用上述填充柄的方式往下填充，会发现填充得出的数据将是序列型的“2020 级电子商务班”“2021 级电子商务班”“2022 级电子商务班”等，如图 5-1-10 所示，因此此时若要运用填充柄填充复制型数据，须按住【Ctrl】键。

6. 民族、籍贯的输入

按图 5-1-11 所示，依次在 G3:G25，H3:H25 单元格区域中输入各学生的民族和籍贯。

7. 出生日期的输入及格式设置

按图 5-1-12 所示的日期，在 I3:I25 单元格区域中输入各学生的出生日期，输入格式可以采用国际惯例 1900-01-01 的格式。然后选中 I3:I25 单元格区域，单击“开始”选项卡“数字”选项组中的对话框启动器按钮，弹出“设置单元格格式”对话框，在“数字”选项卡的“分类”列表框中选择“日期”选项，在“类型”列表框中选择“*2001 年 3 月 14 日”选项，单击“确定”按钮，如图 5-1-13 和图 5-1-14 所示。

	A	B	C
1	2019级电子商务班学生基本信息表		
2	学号	姓名	性别
3	01912001	黄小明	男
4	01912002	张静兰	女
5	01912003	兰玉	女
6	01912004	高松	男
7	01912005	赵宇	男
8	01912006	黄立清	男
9	01912007	王艳宁	女
10	01912008	梁美芬	女
11	01912009	汪洋	男
12	01912010	贺广文	男
13	01912011	刘军	男
14	01912012	黄文建	男
15	01912013	张家辉	男
16	01912014	唐旋	女
17	01912015	彭明	男
18	01912016	杨江水	男
19	01912017	钱惠贤	女
20	01912018	覃明杰	男
21	01912019	李清	男
22	01912020	江文强	男
23	01912021	岑海威	男
24	01912022	贝凌	女
25	01912023	秦丽君	女
26			

图 5-1-9　复制单元格的数据

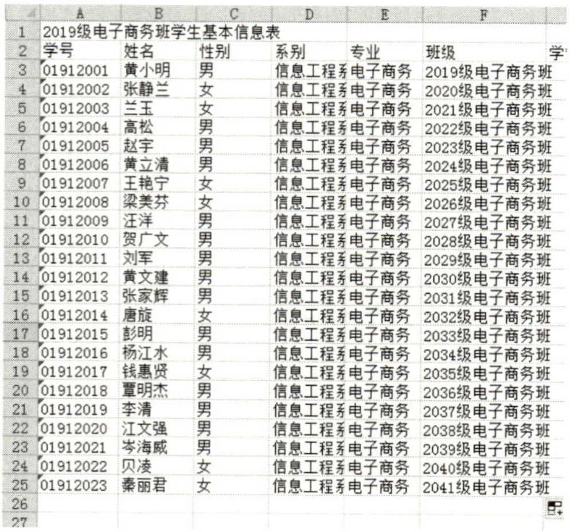

	A	B	C	D	E	F
1	2019级电子商务班学生基本信息表					
2	学号	姓名	性别	系别	专业	班级
3	01912001	黄小明	男	信息工程系	电子商务	2019级电子商务班
4	01912002	张静兰	女	信息工程系	电子商务	2020级电子商务班
5	01912003	兰玉	女	信息工程系	电子商务	2021级电子商务班
6	01912004	高松	男	信息工程系	电子商务	2022级电子商务班
7	01912005	赵宇	男	信息工程系	电子商务	2023级电子商务班
8	01912006	黄立清	男	信息工程系	电子商务	2024级电子商务班
9	01912007	王艳宁	女	信息工程系	电子商务	2025级电子商务班
10	01912008	梁美芬	女	信息工程系	电子商务	2026级电子商务班
11	01912009	汪洋	男	信息工程系	电子商务	2027级电子商务班
12	01912010	贺广文	男	信息工程系	电子商务	2028级电子商务班
13	01912011	刘军	男	信息工程系	电子商务	2029级电子商务班
14	01912012	黄文建	男	信息工程系	电子商务	2030级电子商务班
15	01912013	张家辉	男	信息工程系	电子商务	2031级电子商务班
16	01912014	唐旋	女	信息工程系	电子商务	2032级电子商务班
17	01912015	彭明	男	信息工程系	电子商务	2033级电子商务班
18	01912016	杨江水	男	信息工程系	电子商务	2034级电子商务班
19	01912017	钱惠贤	女	信息工程系	电子商务	2035级电子商务班
20	01912018	覃明杰	男	信息工程系	电子商务	2036级电子商务班
21	01912019	李清	男	信息工程系	电子商务	2037级电子商务班
22	01912020	江文强	男	信息工程系	电子商务	2038级电子商务班
23	01912021	岑海威	男	信息工程系	电子商务	2039级电子商务班
24	01912022	贝凌	女	信息工程系	电子商务	2040级电子商务班
25	01912023	秦丽君	女	信息工程系	电子商务	2041级电子商务班
26						

图 5-1-10　输入系别、专业、班级

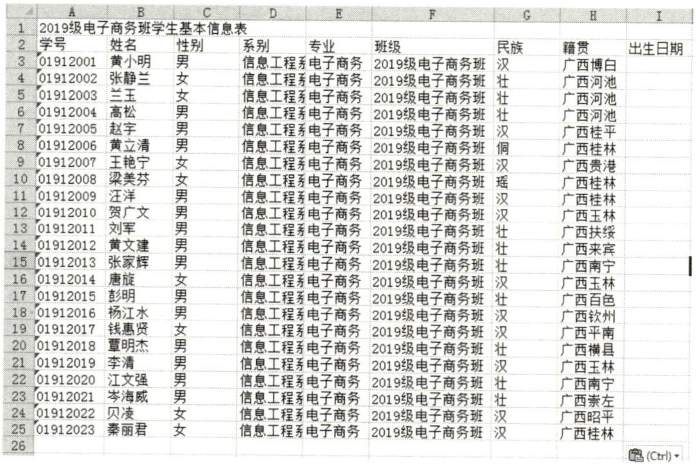

	A	B	C	D	E	F	G	H	I
1	2019级电子商务班学生基本信息表								
2	学号	姓名	性别	系别	专业	班级	民族	籍贯	出生日期
3	01912001	黄小明	男	信息工程系	电子商务	2019级电子商务班	汉	广西博白	
4	01912002	张静兰	女	信息工程系	电子商务	2019级电子商务班	壮	广西河池	
5	01912003	兰玉	女	信息工程系	电子商务	2019级电子商务班	壮	广西河池	
6	01912004	高松	男	信息工程系	电子商务	2019级电子商务班	壮	广西河池	
7	01912005	赵宇	男	信息工程系	电子商务	2019级电子商务班	汉	广西桂平	
8	01912006	黄立清	男	信息工程系	电子商务	2019级电子商务班	侗	广西桂林	
9	01912007	王艳宁	女	信息工程系	电子商务	2019级电子商务班	汉	广西贵港	
10	01912008	梁美芬	女	信息工程系	电子商务	2019级电子商务班	瑶	广西桂林	
11	01912009	汪洋	男	信息工程系	电子商务	2019级电子商务班	汉	广西桂林	
12	01912010	贺广文	男	信息工程系	电子商务	2019级电子商务班	汉	广西玉林	
13	01912011	刘军	男	信息工程系	电子商务	2019级电子商务班	壮	广西扶绥	
14	01912012	黄文建	男	信息工程系	电子商务	2019级电子商务班	壮	广西来宾	
15	01912013	张家辉	男	信息工程系	电子商务	2019级电子商务班	壮	广西南宁	
16	01912014	唐旋	女	信息工程系	电子商务	2019级电子商务班	汉	广西玉林	
17	01912015	彭明	男	信息工程系	电子商务	2019级电子商务班	壮	广西百色	
18	01912016	杨江水	男	信息工程系	电子商务	2019级电子商务班	汉	广西钦州	
19	01912017	钱惠贤	女	信息工程系	电子商务	2019级电子商务班	汉	广西平南	
20	01912018	覃明杰	男	信息工程系	电子商务	2019级电子商务班	壮	广西横县	
21	01912019	李清	男	信息工程系	电子商务	2019级电子商务班	汉	广西玉林	
22	01912020	江文强	男	信息工程系	电子商务	2019级电子商务班	壮	广西南宁	
23	01912021	岑海威	男	信息工程系	电子商务	2019级电子商务班	壮	广西崇左	
24	01912022	贝凌	女	信息工程系	电子商务	2019级电子商务班	汉	广西昭平	
25	01912023	秦丽君	女	信息工程系	电子商务	2019级电子商务班	汉	广西桂林	
26									

图 5-1-11　输入民族、籍贯

G	H	I	J
民族	籍贯	出生日期	
汉	广西博白	2000-06-08	
壮	广西河池	2001-01-27	
壮	广西河池	2000-06-20	
壮	广西河池	2001-12-01	
汉	广西桂平	2001-01-04	
侗	广西桂林	2001-04-24	
汉	广西贵港	2001-02-09	
瑶	广西桂林	2000-12-16	
汉	广西桂林	2001-07-12	
汉	广西玉林	1999-12-28	
壮	广西扶绥	2000-12-30	
壮	广西来宾	2000-10-08	
壮	广西南宁	2001-12-28	
汉	广西玉林	2001-09-17	
壮	广西百色	2000-08-11	
汉	广西钦州	2001-01-05	
汉	广西平南	2000-09-30	
壮	广西横县	2000-10-09	
汉	广西玉林	2001-04-26	
壮	广西南宁	2000-02-15	
壮	广西崇左	2001-07-14	
汉	广西昭平	1999-02-17	
汉	广西桂林	1999-03-04	

图 5-1-12　输入出生日期

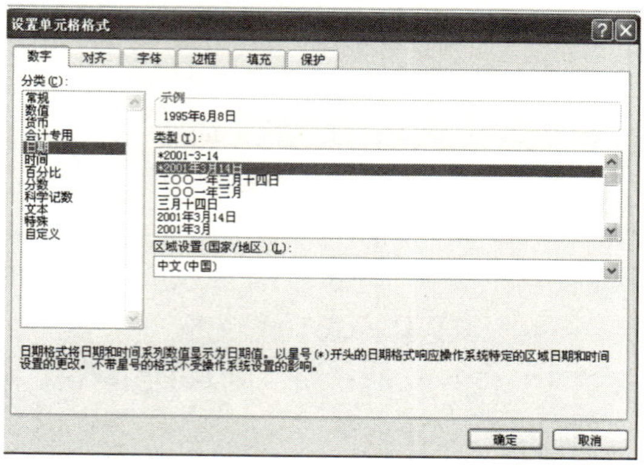

图 5-1-13　更改日期格式

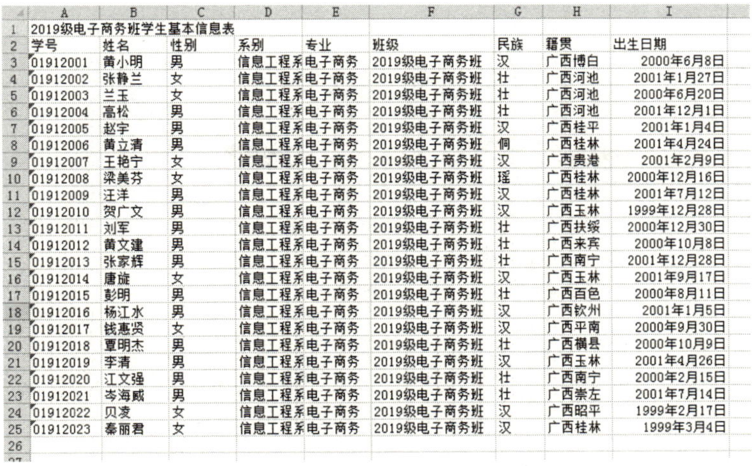

2019级电子商务班学生基本信息表

学号	姓名	性别	系别	专业	班级	民族	籍贯	出生日期
01912001	黄小明	男	信息工程系	电子商务	2019级电子商务班	汉	广西博白	2000年6月8日
01912002	张静兰	女	信息工程系	电子商务	2019级电子商务班	壮	广西河池	2001年1月27日
01912003	兰玉	女	信息工程系	电子商务	2019级电子商务班	壮	广西河池	2000年6月20日
01912004	高松	男	信息工程系	电子商务	2019级电子商务班	壮	广西河池	2001年12月1日
01912005	赵宇	男	信息工程系	电子商务	2019级电子商务班	汉	广西桂平	2001年1月4日
01912006	黄立清	男	信息工程系	电子商务	2019级电子商务班	侗	广西桂林	2001年4月24日
01912007	王艳宁	女	信息工程系	电子商务	2019级电子商务班	汉	广西贵港	2001年2月9日
01912008	梁美芬	女	信息工程系	电子商务	2019级电子商务班	瑶	广西桂林	2000年12月16日
01912009	汪洋	男	信息工程系	电子商务	2019级电子商务班	汉	广西桂林	2001年7月12日
01912010	贺广文	男	信息工程系	电子商务	2019级电子商务班	汉	广西玉林	1999年12月28日
01912011	刘军	男	信息工程系	电子商务	2019级电子商务班	壮	广西扶绥	2000年12月30日
01912012	黄文建	男	信息工程系	电子商务	2019级电子商务班	壮	广西来宾	2000年10月8日
01912013	张家辉	男	信息工程系	电子商务	2019级电子商务班	壮	广西南宁	2001年12月28日
01912014	唐旋	女	信息工程系	电子商务	2019级电子商务班	汉	广西玉林	2001年9月17日
01912015	彭明	男	信息工程系	电子商务	2019级电子商务班	壮	广西百色	2000年8月11日
01912016	杨江水	男	信息工程系	电子商务	2019级电子商务班	汉	广西钦州	2001年1月5日
01912017	钱惠贤	女	信息工程系	电子商务	2019级电子商务班	汉	广西平南	2000年9月30日
01912018	覃明杰	男	信息工程系	电子商务	2019级电子商务班	壮	广西横县	2000年10月9日
01912019	李清	男	信息工程系	电子商务	2019级电子商务班	汉	广西玉林	2001年4月26日
01912020	江文强	男	信息工程系	电子商务	2019级电子商务班	壮	广西南宁	2000年2月15日
01912021	岑海威	男	信息工程系	电子商务	2019级电子商务班	壮	广西崇左	2001年7月14日
01912022	贝凌	女	信息工程系	电子商务	2019级电子商务班	汉	广西昭平	1999年2月17日
01912023	秦丽君	女	信息工程系	电子商务	2019级电子商务班	汉	广西桂林	1999年3月4日

图 5-1-14　更改后显示的日期格式

操作三　设置工作表的格式

1. 设置标题

（1）设置标题的居中方式。

选中 A1 单元格，鼠标指针呈现空心的十字形，向右拖动鼠标指针，直至选中 I1 单元格，单击“开始”选项卡 “对齐方式”选项组中的“合并后居中”按钮，这时 A1:I1 单元格区域合并为一个单元格，文字内容显示在合并后的单元格的中间，如图 5-1-15 所示。

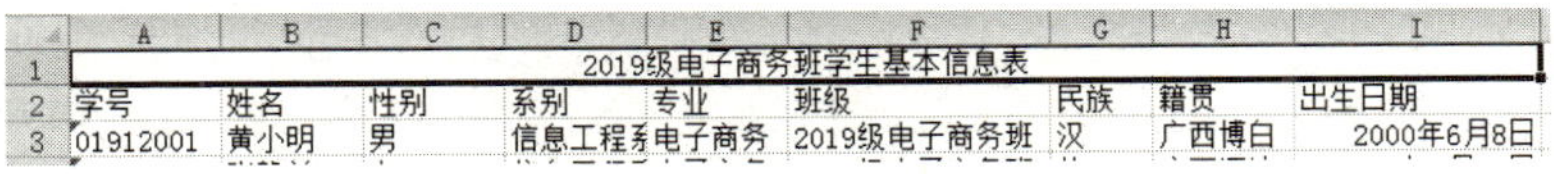

学号	姓名	性别	系别	专业	班级	民族	籍贯	出生日期
01912001	黄小明	男	信息工程系	电子商务	2019级电子商务班	汉	广西博白	2000年6月8日

图 5-1-15　合并后的单元格

（2）设置标题的字体、字号。

选中 A1 单元格，单击“开始”选项卡“字体”选项组中的“字体”下拉按钮，在弹出的下拉列表中选择“方正姚体”选项，单击“字体”选项组中的“字号”下拉按钮，在弹出的下拉列表中选择“18”选项，如图 5-1-16 所示。

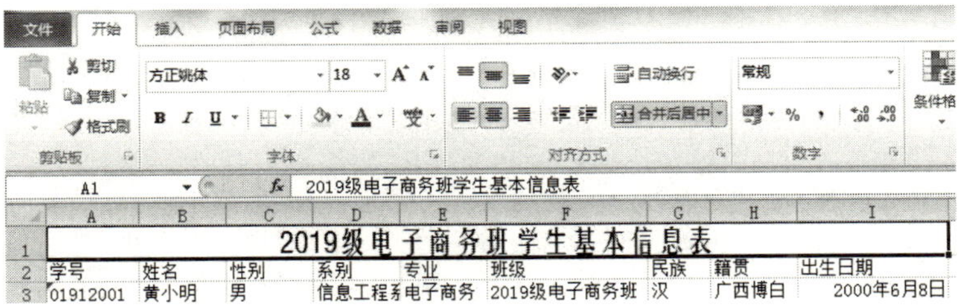

图 5-1-16　设置标题的字体、字号

（3）设置标题的行高。

选中 A1 单元格，移动鼠标指针到第 1 行与第 2 行的分隔线处，此时鼠标指针变为“✚”，向下拖动鼠标指针，鼠标指针所在位置出现一条水平虚线，并且出现一个显示行高的标签，当标签中显示“高度：33.00（44 像素）”时，释放鼠标光标，完成行高的设置，如图 5-1-17 所示。

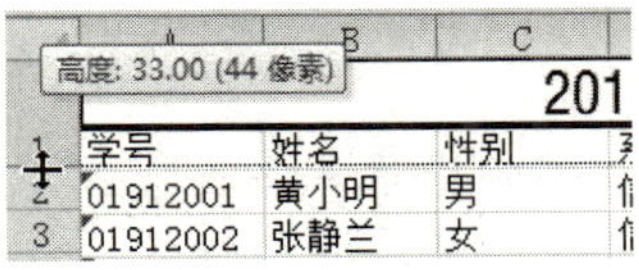

图 5-1-17　设置行高

2. 设置表头行的底纹及表格底纹

（1）设置表头行的底纹。

选中 A2:I2 单元格区域，单击“开始”选项卡“样式”选项组中的“单元格样式”按钮，在弹出的下拉列表中选择“主题单元格样式”中的“强调文字颜色 1”选项，如图 5-1-18 和图 5-1-19 所示。

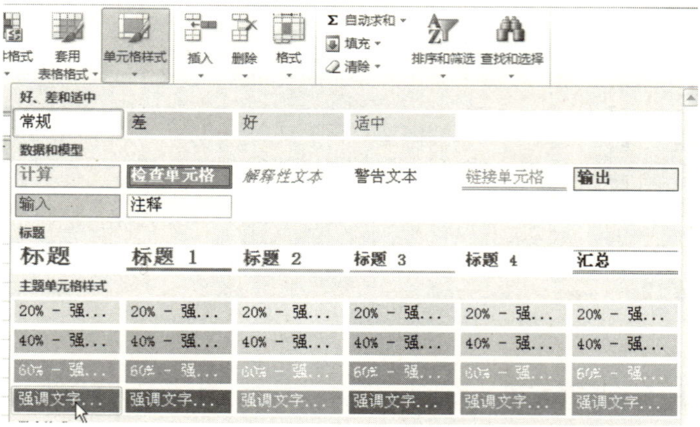

图 5-1-18 “单元格样式”下拉列表

图 5-1-19 表头行添加底纹的效果

（2）设置表格底纹。

选中 A3: I25 单元格区域，单击“开始”选项卡“数字”选项组中的对话框启动器按钮，弹出“设置单元格格式”对话框，选择“填充”选项卡，单击“填充效果”按钮，弹出“填充效果”对话框中，在“颜色 2（2）”下拉列表中选择“橄榄色，强调文字颜色 3，淡色 60%”选项，在“底纹样式”选项组中选中“垂直”单选按钮，在“变形”选项组中选择左上角的样式，单击“确定”按钮，如图 5-1-20 和图 5-1-21 所示。

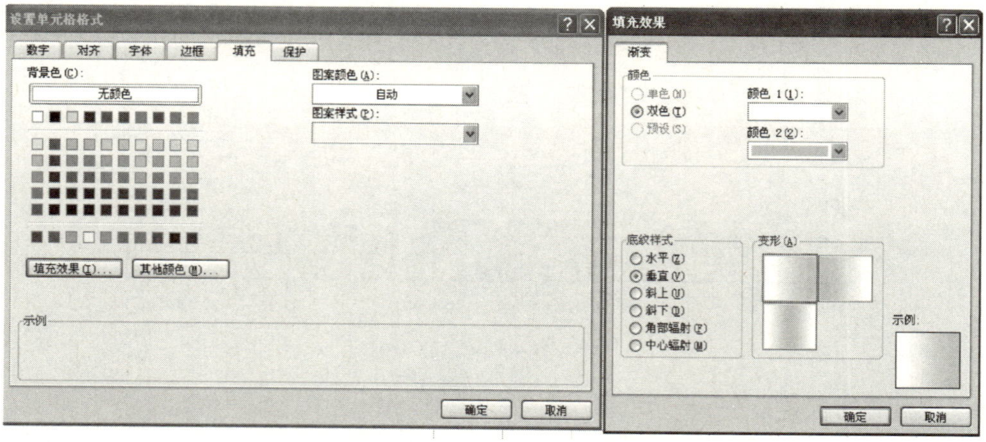

图 5-1-20 设置表格底纹

3. 设置表格的边框线

给表格区域添加适合的边框线，选中 A3:I25 单元格区域，单击“开始”选项卡“数字”选项组中的对话框启动器按钮，弹出“设置单元格格式”对话框，选择“边框”选项卡，在“样式”列表框中选择第二列最后一行的双框线样式，在“颜色”下拉列表中选择“蓝色，强调文字颜色 1”选项，在“预置”选项组中选择“外边框”，此时给选择的单元格区域设置了蓝色双框线样式的外边框。在“样式”列表框中选择第一列最后一行的单框线样式，在“预置”选项处选择“内部”，此时给选择的单元格区域设置了蓝色单框线样式的内部边框，单击“确定”按钮，如图 5-1-22 和图 5-1-23 所示。

2019级电子商务班学生基本信息表

学号	姓名	性别	系别	[illegible]	班级	民族	籍贯	出生日期
01912001	黄小明	男	信息工程系	电子商务	2019级电子商务班	汉	广西博白	2000年6月8日
01912002	张静兰	女	信息工程系	电子商务	2019级电子商务班	壮	广西河池	2001年1月27日
01912003	兰玉	女	信息工程系	电子商务	2019级电子商务班	壮	广西河池	2000年6月20日
01912004	高松	男	信息工程系	电子商务	2019级电子商务班	壮	广西河池	2001年12月1日
01912005	赵宇	男	信息工程系	电子商务	2019级电子商务班	汉	广西桂平	2001年1月4日
01912006	黄立清	男	信息工程系	电子商务	2019级电子商务班	侗	广西桂林	2001年4月24日
01912007	王艳宁	女	信息工程系	电子商务	2019级电子商务班	汉	广西贵港	2001年2月9日
01912008	梁美芬	女	信息工程系	电子商务	2019级电子商务班	瑶	广西桂林	2000年12月16日
01912009	汪洋	男	信息工程系	电子商务	2019级电子商务班	汉	广西桂林	2001年7月12日
01912010	贺广文	男	信息工程系	电子商务	2019级电子商务班	汉	广西玉林	1999年12月28日
01912011	刘军	男	信息工程系	电子商务	2019级电子商务班	壮	广西扶绥	2000年12月30日
01912012	黄文建	男	信息工程系	电子商务	2019级电子商务班	壮	广西来宾	2000年10月8日
01912013	张家辉	男	信息工程系	电子商务	2019级电子商务班	壮	广西南宁	2001年12月28日
01912014	唐旋	女	信息工程系	电子商务	2019级电子商务班	汉	广西玉林	2001年9月17日
01912015	彭明	男	信息工程系	电子商务	2019级电子商务班	壮	广西百色	2000年8月11日
01912016	杨江水	男	信息工程系	电子商务	2019级电子商务班	汉	广西钦州	2001年1月5日
01912017	钱惠贤	女	信息工程系	电子商务	2019级电子商务班	汉	广西平南	2000年9月30日
01912018	覃明杰	男	信息工程系	电子商务	2019级电子商务班	壮	广西横县	2000年10月9日
01912019	李清	男	信息工程系	电子商务	2019级电子商务班	汉	广西玉林	2001年4月26日
01912020	江文强	男	信息工程系	电子商务	2019级电子商务班	壮	广西南宁	2000年2月15日
01912021	岑海威	男	信息工程系	电子商务	2019级电子商务班	壮	广西崇左	2001年7月14日
01912022	贝凌	女	信息工程系	电子商务	2019级电子商务班	汉	广西昭平	1999年2月17日
01912023	秦丽君	女	信息工程系	电子商务	2019级电子商务班	汉	广西桂林	1999年3月4日

图 5-1-21　表格添加底纹后的效果

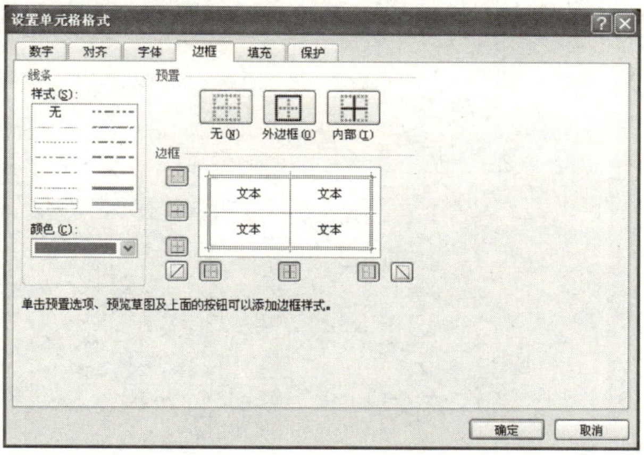

图 5-1-22　“边框”选项卡

2019级电子商务班学生基本信息表

学号	姓名	性别	系别	专业	班级	民族	籍贯	出生日期
01912001	黄小明	男	信息工程系	电子商务	2019级电子商务班	汉	广西博白	2000年6月8日
01912002	张静兰	女	信息工程系	电子商务	2019级电子商务班	壮	广西河池	2001年1月27日
01912003	兰玉	女	信息工程系	电子商务	2019级电子商务班	壮	广西河池	2000年6月20日
01912004	高松	男	信息工程系	电子商务	2019级电子商务班	壮	广西河池	2001年12月1日
01912005	赵宇	男	信息工程系	电子商务	2019级电子商务班	汉	广西桂平	2001年1月4日
01912006	黄立清	男	信息工程系	电子商务	2019级电子商务班	侗	广西桂林	2001年4月24日
01912007	王艳宁	女	信息工程系	电子商务	2019级电子商务班	汉	广西贵港	2001年2月9日
01912008	梁美芬	女	信息工程系	电子商务	2019级电子商务班	瑶	广西桂林	2000年12月16日
01912009	汪洋	男	信息工程系	电子商务	2019级电子商务班	汉	广西桂林	2001年7月12日
01912010	贺广文	男	信息工程系	电子商务	2019级电子商务班	汉	广西玉林	1999年12月28日
01912011	刘军	男	信息工程系	电子商务	2019级电子商务班	壮	广西扶绥	2000年12月30日
01912012	黄文建	男	信息工程系	电子商务	2019级电子商务班	壮	广西来宾	2000年10月8日
01912013	张家辉	男	信息工程系	电子商务	2019级电子商务班	壮	广西南宁	2001年12月28日
01912014	唐旋	女	信息工程系	电子商务	2019级电子商务班	汉	广西玉林	2001年9月17日
01912015	彭明	男	信息工程系	电子商务	2019级电子商务班	壮	广西百色	2000年8月11日
01912016	杨江水	男	信息工程系	电子商务	2019级电子商务班	汉	广西钦州	2001年1月5日
01912017	钱惠贤	女	信息工程系	电子商务	2019级电子商务班	汉	广西平南	2000年9月30日
01912018	覃明杰	男	信息工程系	电子商务	2019级电子商务班	壮	广西横县	2000年10月9日
01912019	李清	男	信息工程系	电子商务	2019级电子商务班	汉	广西玉林	2001年4月26日
01912020	江文强	男	信息工程系	电子商务	2019级电子商务班	壮	广西南宁	2000年2月15日
01912021	岑海威	男	信息工程系	电子商务	2019级电子商务班	壮	广西崇左	2001年7月14日
01912022	贝凌	女	信息工程系	电子商务	2019级电子商务班	汉	广西昭平	1999年2月17日
01912023	秦丽君	女	信息工程系	电子商务	2019级电子商务班	汉	广西桂林	1999年3月4日

图 5-1-23　表格添加边框线后的效果

4. 设置表格的行高和列宽

（1）设置表格的行高。

将鼠标指针放置在行号“2”上，拖动鼠标指针至行号“25”上，松开鼠标左键，此时将2～25行选中，单击“开始”选项卡“单元格”鼠标指针组中的“格式”按钮，在弹出的下拉列表中选择“行高”选项，弹出“行高”对话框，输入行高值“18”，此时所选中的行高均被设置为统一的值，如图5-1-24和图5-1-25所示。

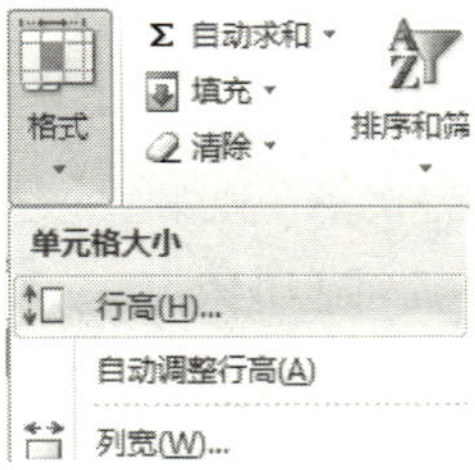

图5-1-24 “行高”菜单

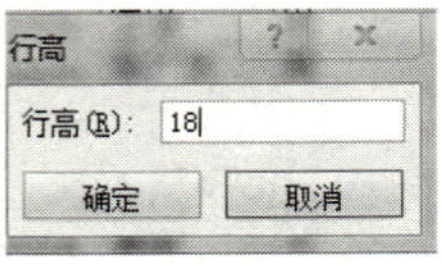

图5-1-25 输入行高值

（2）设置表格的列宽。

将鼠标指针放置在列号“A”上，向下拖动鼠标指针至列号“I”上，松开鼠标左键，此时将A～I列选中，单击“开始”选项卡“单元格”组中的“格式”按钮，在弹出的下拉列表中选择“自动调整列宽”选项，此时选中列将自动调整为适合的列宽，如图5-1-26和图5-1-27所示。

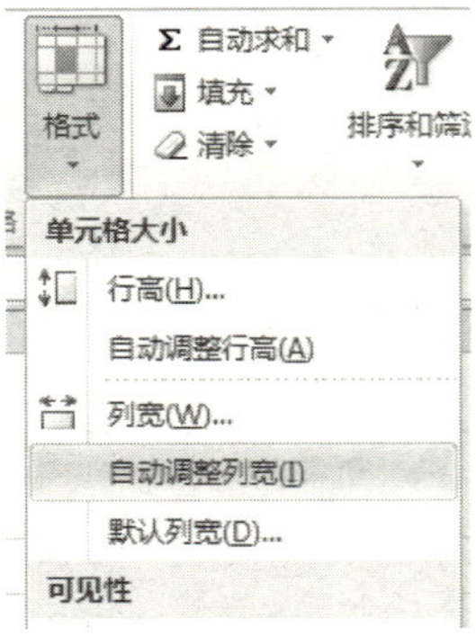

图5-1-26 “自动调整列宽”选项

2019级电子商务班学生基本信息表

学号	姓名	性别	系别	专业	班级	民族	籍贯	出生日期
01912001	黄小明	男	信息工程系	电子商务	2019级电子商务班	汉	广西博白	2000年6月8日
01912002	张静兰	女	信息工程系	电子商务	2019级电子商务班	壮	广西河池	2001年1月27日
01912003	兰玉	女	信息工程系	电子商务	2019级电子商务班	壮	广西河池	2000年6月20日
01912004	高松	男	信息工程系	电子商务	2019级电子商务班	壮	广西河池	2001年12月1日
01912005	赵宇	男	信息工程系	电子商务	2019级电子商务班	汉	广西桂平	2001年1月4日
01912006	黄立清	男	信息工程系	电子商务	2019级电子商务班	侗	广西桂林	2001年4月24日
01912007	王艳宁	女	信息工程系	电子商务	2019级电子商务班	汉	广西贵港	2001年2月9日

图5-1-27 调整列宽后的效果

5. 为表格的所有数据区域单元格设置水平居中和垂直居中

图5-1-28 快捷设置水平居中和垂直居中的方式

选中A2:I25单元格区域，单击“开始”选项卡“对齐方式”选项组中的“居中”按钮和“垂直居中”按钮，如图5-1-28所示。或者单击“开始”选项卡“对齐方式”选项组中的对话框启动按钮，弹出“设置单元格格式”对话框，选择“对齐”选项卡，在“水平对齐”下拉列表中选择“居中”选项，在“垂直对齐”下拉列表中选择“居中”选项，如图5-1-29所示。

6. 插入一个新行

在标题行下方插入一个新行，并设置行高为“15”。

选中第2行的行号，在第2行的行号处右击，在弹出的快捷菜单中选择“插入”命令，如图5-1-30所示，即可插入一个新行。选择新插入的行，单击“开始”选项卡“单元格”选项组中的“格式”按钮，在弹出的下拉列表中选择“行高”选项，弹出“行高”对话框，输入行高值“15”。常用的插入行的方法还有：单击“开始”选项卡“单元格”选项组中的“插入”按钮，在弹出的下拉列表中选择“插入工作表行”选项，如图 5-1-31 所示。

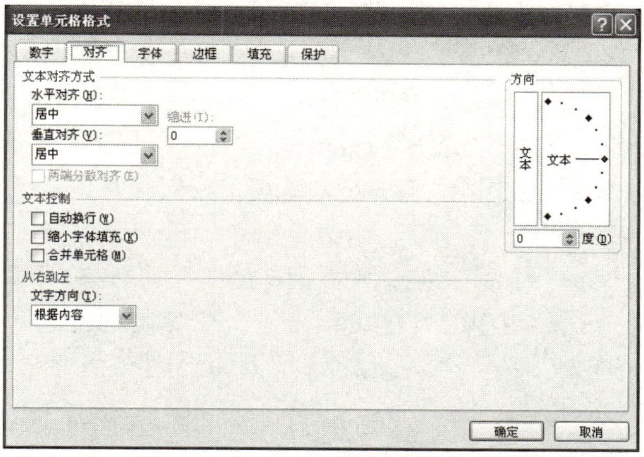

图 5-1-29　“对齐”选项卡

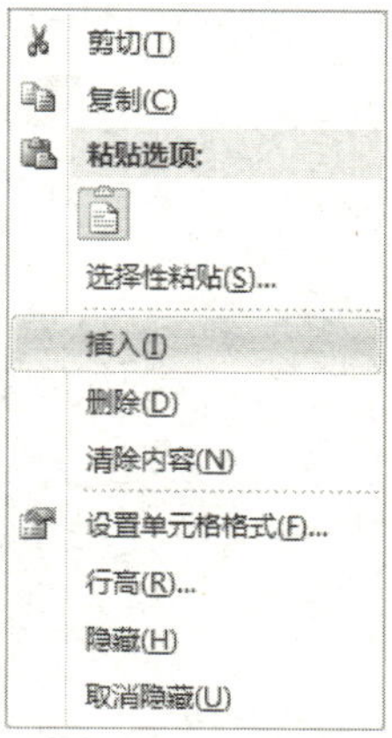

图 5-1-30　右键快捷菜单

7. 插入一个新列

在“民族”列前插入一个新列，列标题为“学制”。

选中“民族”列的列标，在列标处右击，在弹出的快捷菜单中选择“插入”命令，如图 5-1-32 所示，即可插入一个新列。常用的插入列的方法还有：单击“开始”选项卡“单元格”选项组中的“插入”按钮，在弹出的下拉列表中选择“插入工作表列”选项，如图 5-1-33 所示。

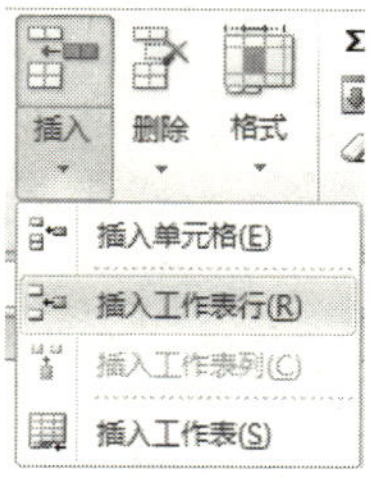

图 5-1-31　“插入工作表行”选项

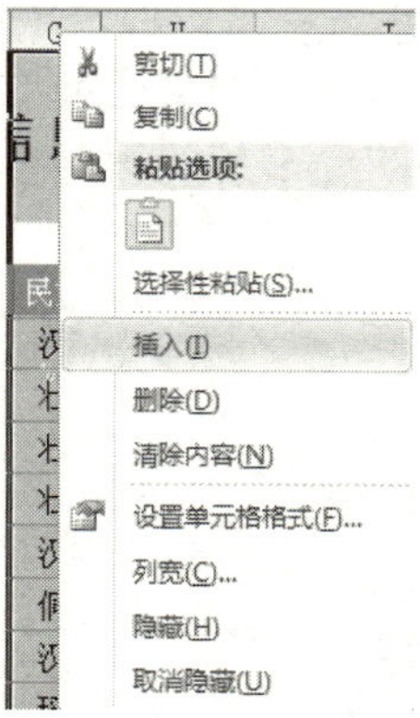

图 5-1-32　右键快捷菜单 2

8. 学制的输入及格式刷的使用

在 G3 单元格中输入“学制”，在 G4 单元格中输入“三年”，然后将鼠标指针指向 G4 单元格右下角的填充柄，向下拖动填充柄，将 G3:G26 单元格区域的内容全部填充为“三年”，如图 5-1-34 所示。

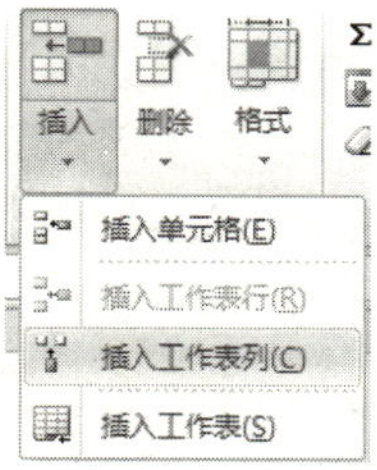

图 5-1-33　“插入工作表列”选项

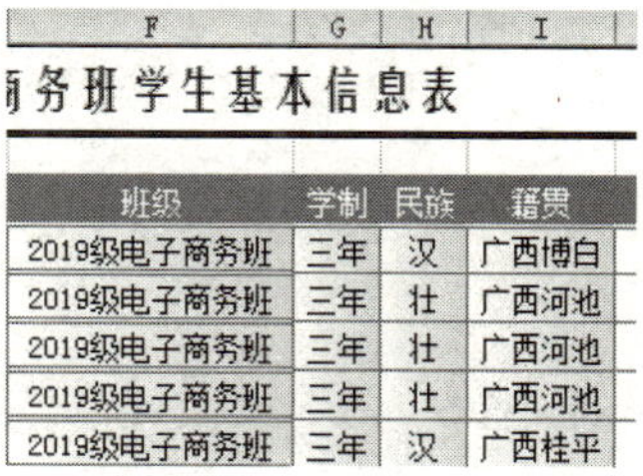

图 5-1-34　输入学制

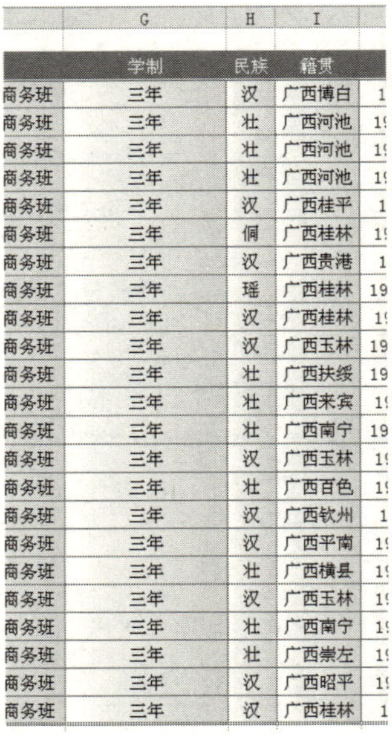

图 5-1-35　运用格式刷后的效果

此时我们发现“学制”列的边框格式因为填充柄复制填充的关系出现了和整张表格不统一的地方，需要使用格式刷工具进行修改。选中 H5 单元格，单击“开始”选项卡“剪贴板”选项组中的“格式刷”按钮，在 G5 单元格中按住鼠标左键拖动至 G25 单元格，此时可以将 H5 单元格的格式复制到 G5:G25 单元格区域中。再选择 H26 单元格，再次使用格式刷，将 H26 单元格的格式复制到 G26 单元格中，如图 5-1-35 所示。

然后调整“学制”列的列宽。选中 G 列，单击“开始”选项卡“单元格”选项组中的“格式”按钮，在弹出的下拉列表中选择“自动调整列宽”选项，此时选中列将自动调整为适合的列宽，如图 5-1-36 所示。

操作四　编辑工作表

1. 工作表的重命名

在 Excel 工作簿中，工作表默认的名称是“Sheet 1”“Sheet 2”“Sheet 3”等，为了方便识别，工作表的名称最好能反映工作表的内容，这就需要给工作表重新命名。在这里，将“Sheet 1”工作表命名为“学生信息表”，具体操作步骤如下。

（1）在 Excel 窗口下面的工作表标签中，选中要重命名的工作表标签。

（2）右击，在弹出的快捷菜单中选择“重命名”命令，如图 5-1-37 所示；也可以双击工作表标签，此时当前工作表标签被反黑显示。

（3）输入“学生信息表”，按【Enter】键确认，就完成了重命名工作表，如图 5-1-38 所示。

图 5-1-36　调整后的列宽

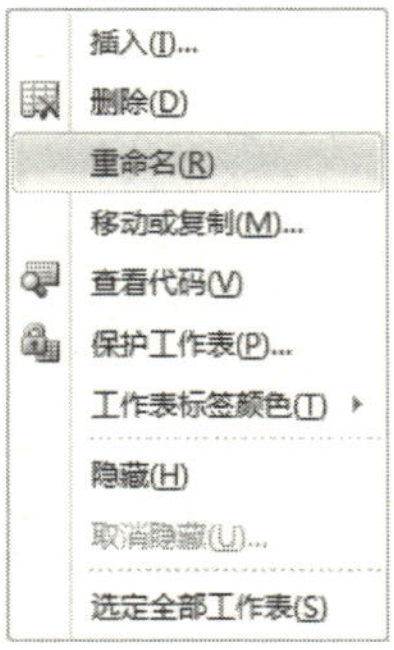

图 5-1-37　右键快捷菜单

图 5-1-38　重命名的工作表

2. 插入新的工作表

在 Excel 工作簿中，默认有 3 个工作表，但使用过程中，还可以根据实际需要增加工作表。例如，在“2019 级电子商务班学生信息表”工作簿中只有 3 个工作表，名称分别为“学生信息表”“Sheet 2”“Sheet 3”，现要在“学生信息表”的工作表前插入新的工作表，具体操作步骤如下。

在“学生信息表”标签上右击，在弹出的快捷菜单中选择“插入”命令，弹出“插入”对话框，选择“工作表”选项，如图 5-1-39 所示。

插入工作表的常用方法还有：选择“学生信息表”工作表，单击“开始”选项卡“单元格”选项组中的“插入”按钮，在弹出的下拉列表中选择“插入工作表”选项，如图 5-1-40 所示；或者单击 Excel 窗口下方的“插入工作表”按钮。

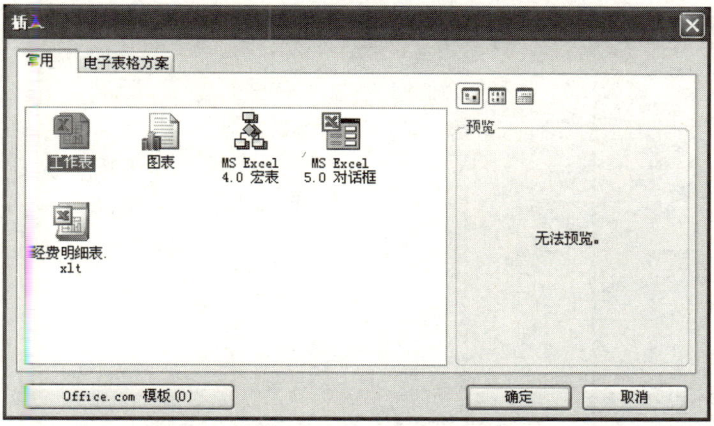

图 5-1-39　“插入”对话框

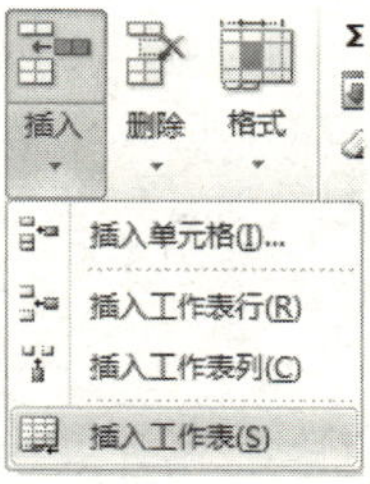

图 5-1-40　“插入工作表”选项

3. 删除工作表

在“2019 级电子商务班学生信息表”工作簿中，只有一个工作表内有内容，其余 3 个工作表是空的，可以将其删除以减少存储的空间。删除工作表的具体操作步骤如下。

（1）单击需要删除的工作表的标签“Sheet 2”。

（2）按住【Ctrl】键的同时单击工作表标签“Sheet 3”“Sheet 1”，此时可以看到 3 个工作表的标签名呈白色显示，如图 5-1-41 所示。

图 5-1-41　被选中的工作表标签

（3）在工作表标签上右击，在弹出的快捷菜单中选择“删除”命令，如图 5-1-42 所示。

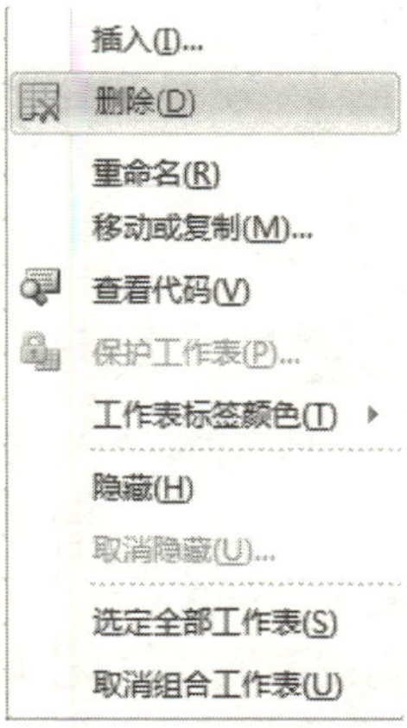

图 5-1-42　右键快捷菜单

操作五　设置页面

在打印工作表之前要进行页面设置。单击“页面布局”选项卡“页面设置”选项组中的对话框启动器按钮，弹出“页面设置”对话框，在该对话框中可以对页面、页边距、页眉/页脚和工作表进行设置。

1. 设置“页面”选项卡

选择“学生信息表”工作表，单击“页面布局”选项卡“页面设置”选项组中的对话框启动器按钮，弹出“页面设置”对话框，选择“页面”选项卡，在“纸张大小”下拉列表中选择“A4”选项，在“方向”选项组中选中“横向”单选按钮，如图 5-1-43 所示。

2. 设置“页边距”选项卡

在“页面设置”对话框中选择“页边距”选项卡，上下边距为 1.8 厘米，左、右边距为 2 厘米，选中“水平”复选框，表示工作表在打印纸上始终是水平居中对齐的，如图 5-1-44 所示。

3. 设置“页眉/页脚”选项卡

在“页面设置”对话框中选择“页眉/页脚”选项卡，单击“自定义页眉”按钮，弹出“页眉”对话框，在“中”文本框中输入页眉文字“东方学院”，如图 5-1-45 所示，并将其选中，单击“字体”按钮（），弹出“字体”对话框，设置字体为“黑体”，大小为“16”，如图 5-1-46 所示。单击“确定”按钮退出“字体”对话框，再单击“确定”按钮退出“页眉”对话框，此时自定义的页眉将会出现在“页眉”下拉列表中，如图 5-1-47 所示。

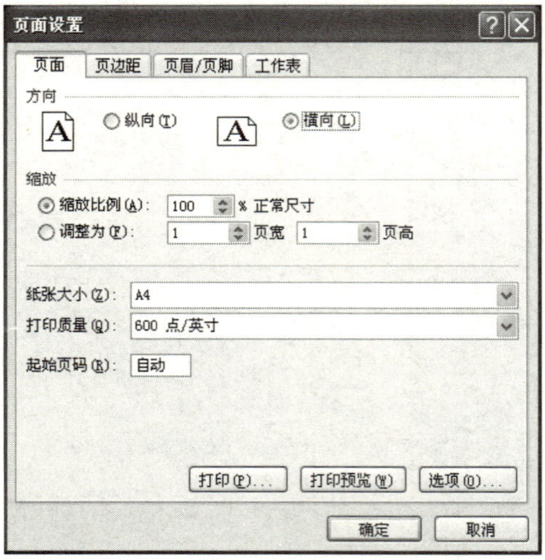

图 5-1-43 “页面”选项卡

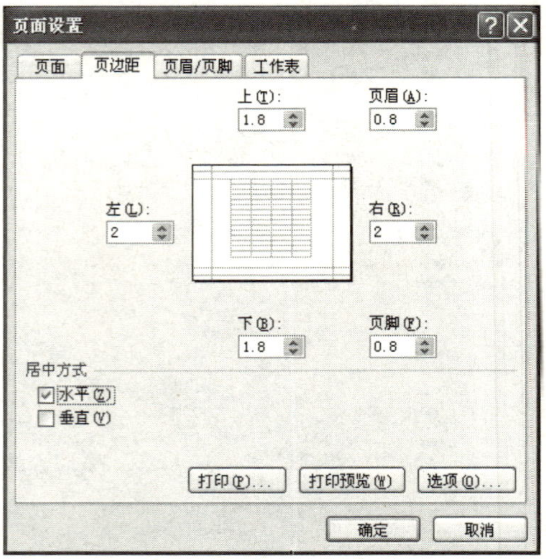

图 5-1-44 “页边距”选项卡

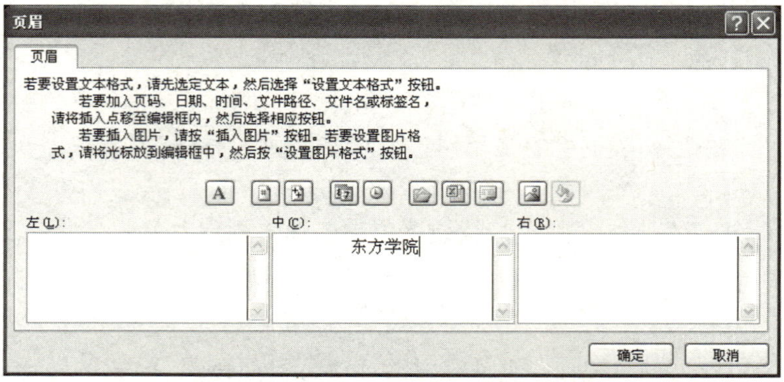

图 5-1-45 输入页眉文字

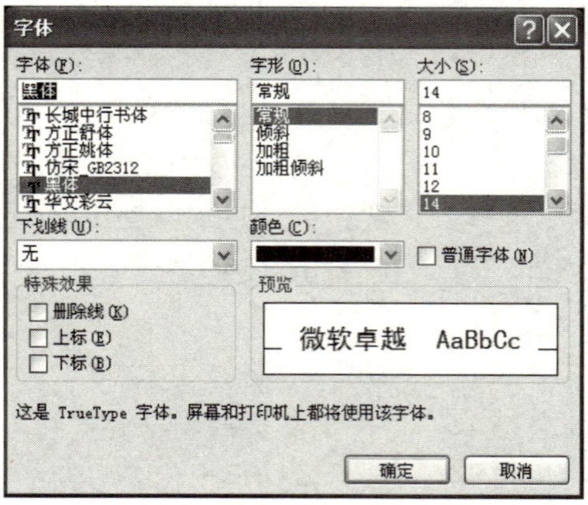

图 5-1-46 设置页眉字体格式

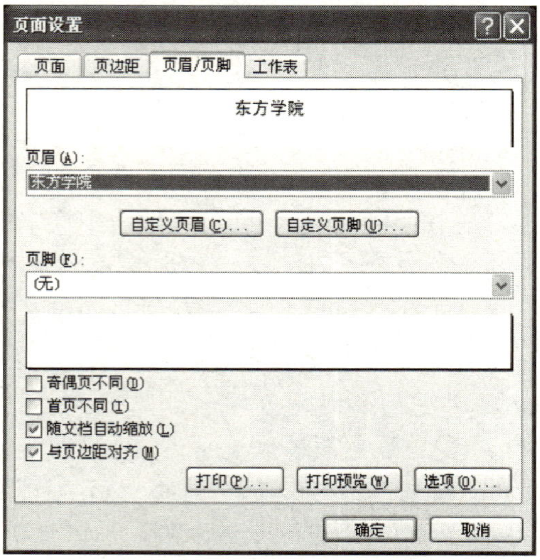

图 5-1-47 页眉设置效果

在“页脚”下拉列表中选择内置的页脚样式“第 1 页，共?页”，设置的结果会在预览中显示，单击“确定”按钮退出“页眉/页脚”的设置，如图 5-1-48 所示。

4. 设置“工作表”选项卡

进行完以上 3 个步骤之后，在工作表中会出现一些虚线，这表示打印每一页包括的内容。当工作表的内容超过一页时，为了能够在每页都打印出顶端标题行，需要进行如下操作：弹出“页面设置”对话框，选择“工作表”选项卡，顶端标题行为“$1:$3”，如图 5-1-49 所示，单击“确定”按钮。

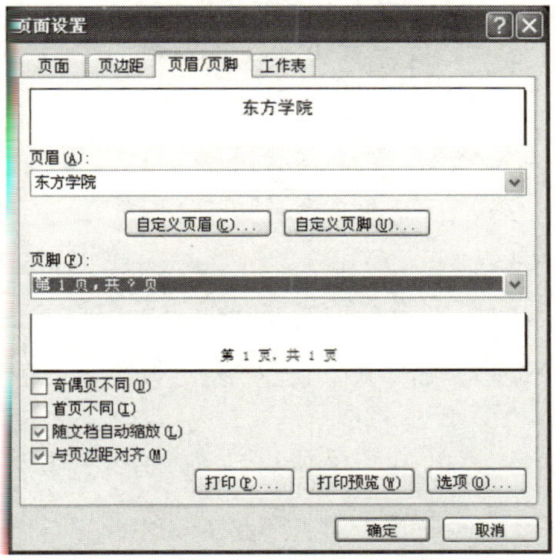

图 5-1-48　页眉/页脚的设置

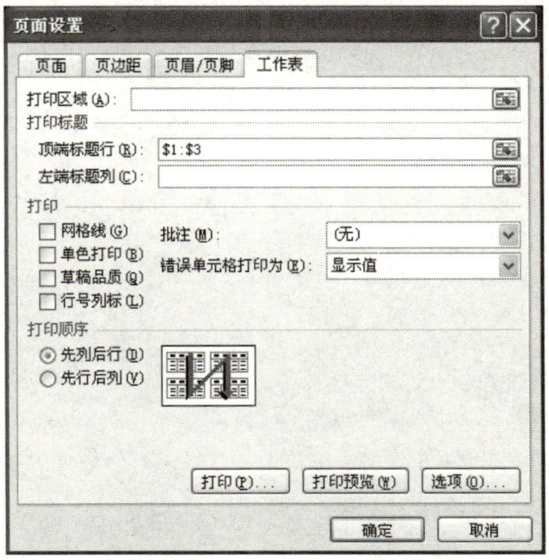

图 5-1-49　顶端标题行打印设置

操作六　预览与打印

1　预览

在打印前，一般都会进行预览，因为打印预览下看到的内容不仅和打印到纸张上的结果完全相同，而且可以在预览状态下直接修改页面设置，这样就可以防止由于没有设置好报表的外观使打印的报表不合要求而造成浪费。具体操作步骤如下。

单击“文件”选项卡中的“打印”按钮，在右侧预览区域可以查看预览效果，如图 5-1-50 所示。预览效果与打印后的真实效果完全相同，还可以通过预览区域右下方相应的按钮 对工作表进行缩放和显示边界等操作。

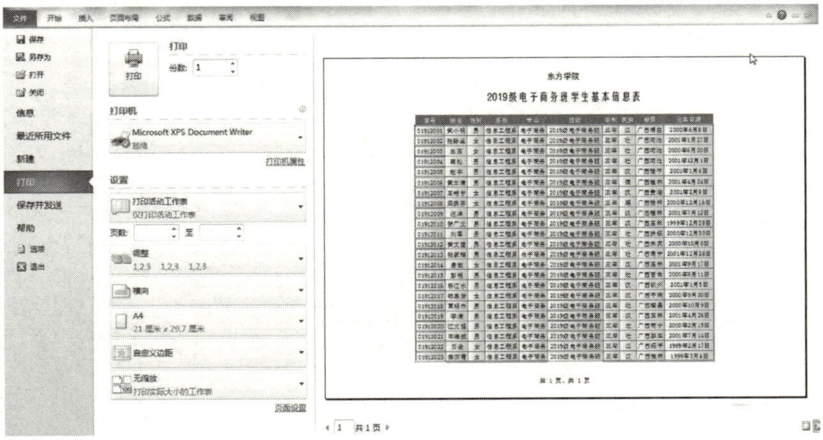

图 5-1-50　预览效果

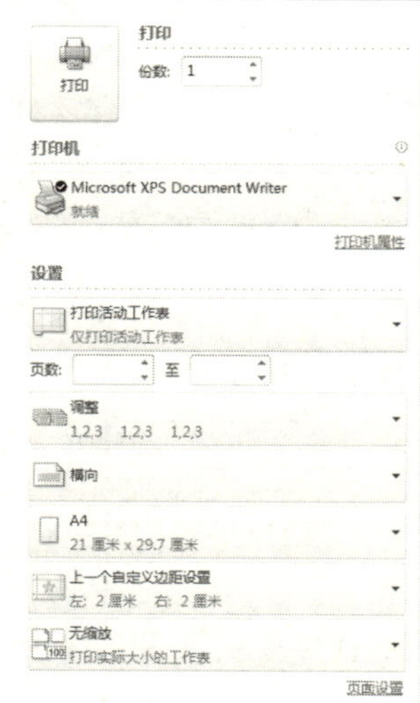

图 5-1-51 打印设置

2. 打印

单击“文件”选项卡中的“打印”按钮，进行打印机、打印范围及打印份数的设定，如图 5-1-51 所示。设置完成后，单击“打印”按钮进行打印。

相关知识

1. 认识工作簿、工作表、单元格

新建的 Excel 文档称为工作簿，是以“Book1”“Book2”等名称临时命名的，其文件的扩展名为“.xlsx”。一个新建的工作簿“Book1”中最多可以有 255 个工作表，但默认新建时只显示“Sheet 1”“Sheet 2”“Sheet 3”3 个工作表，可根据实际需求进行插入或删除。

工作表是由行和列组成的二维表。工作表的行数可多达 65536（行号由上到下，从 1～65536 编号），列数可多达 256（列号由左到右采用字母编号，从 A～IV）。

工作表的行、列交叉的位置称为单元格，是组成工作表的最小单位。每个单元格由唯一的地址来标志，地址由列号和行号构成，先列后行。例如，B5 表示第 B 列第 5 行的单元格。

2. 常用类型数据的输入

（1）为单元格设置“货币”格式。

在数据处理过程中，单元格的数据要以“货币”的格式显示，处理的方法是：选中未输入或已输入数据的单元格，单击“开始”选项卡“数字”选项组中的对话框启动器按钮，弹出“设置单元格格式”对话框，在“数字”选项卡的“分类”列表框中选择“货币”选项，在“货币符号（国家/地区）”下拉列表中选择货币的符号，并设置小数位数，单击“确定”按钮完成设置，如图 5-1-52 所示。

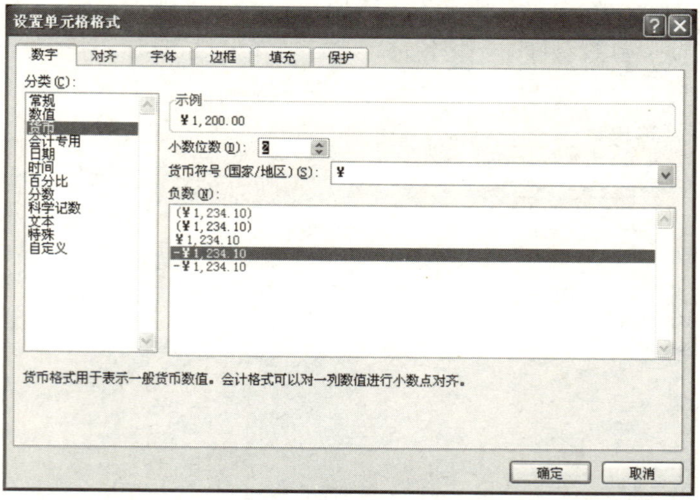

图 5-1-52 设置“货币”格式

（2）为单元格设置“时间”格式。

在数据处理过程中，单元格的数据要以“时间”的格式显示，处理的方法是：选中未输入数据的单元格，单击“开始”选项卡“数字”选项组中的对话框启动器按钮，弹出“设置单元格格式”对话框，在“数字”选项卡的“分类”列表框中选择“时间”选项，在“类型”列表框中选择输出时间的格式，单击“确定”按钮完成设置，如图 5-1-53 所示。

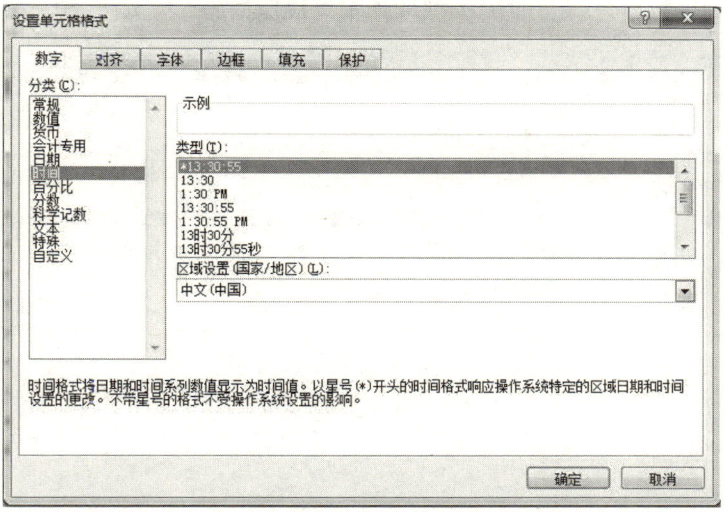

图 5-1-53 设置“时间”格式

若要输入当前的时间，可按【Ctrl+;】快捷键。

（3）为单元格设置“百分比”格式。

在数据处理过程中，单元格的数据要以“百分比”的格式显示，处理的方法是：选中未输入或已输入数据的单元格，单击“开始”选项卡“数字”选项组中的对话框启动器按钮，弹出“设置单元格格式”对话框，在“数字”选项卡的“分类”列表框中选择“百分比”选项，并设置小数位数，单击“确定”按钮完成设置，如图 5-1-54 所示。

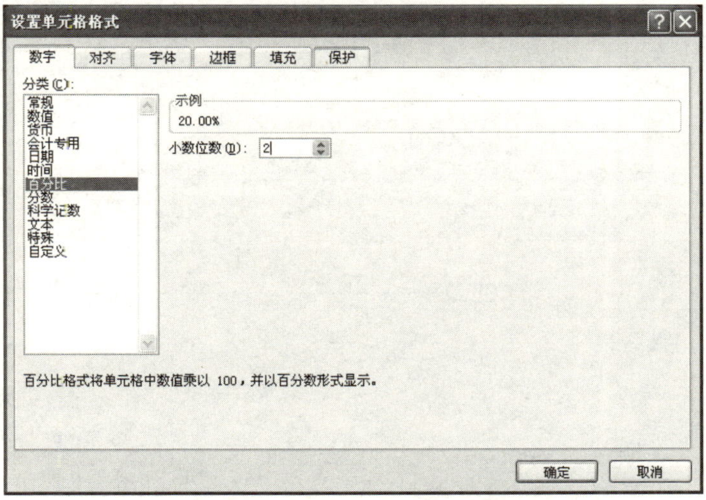

图 5-1-54 设置“百分比”格式

也可以利用“数字”选项组中的“%”按钮设置“百分比”格式，小数位数的设置也可利用“数字”选项组中的“增加小数位数”“减少小数位数”按钮来设置，如图 5-1-55 所示。

图 5-1-55 “数字”选项组

（4）为单元格设置“分数”格式。

在数据处理过程中，单元格的数据要以“分数”的格式显示，处理的方法是：选中未输入数据的单元格，单击“开始”选项卡“数字”选项组中的对话框启动器按钮，弹出“设置单元格格式”对话框，在“数字”选项卡的“分类”列表框中选择“分数”选项，在“类型”列表框中选择分数的类型，单击“确定”按钮完成设置，如图 5-1-56 所示。

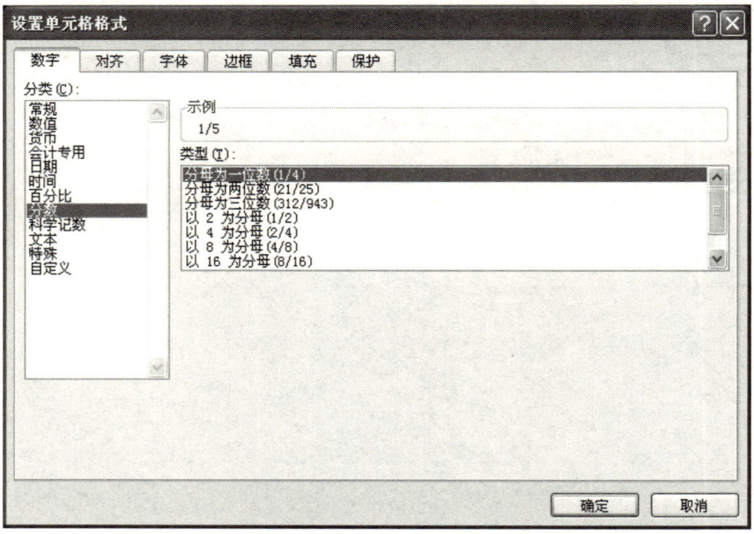

图 5-1-56　设置“分数”格式

3. 单元格中出现多个“#”号

如果单元格中出现多个“#”号，这表示该单元格的列宽不够，调整列宽之后就可以显示单元格中的全部内容。

4. Excel 2010 的窗口

Excel 2010 的窗口如图 5-1-57 所示。

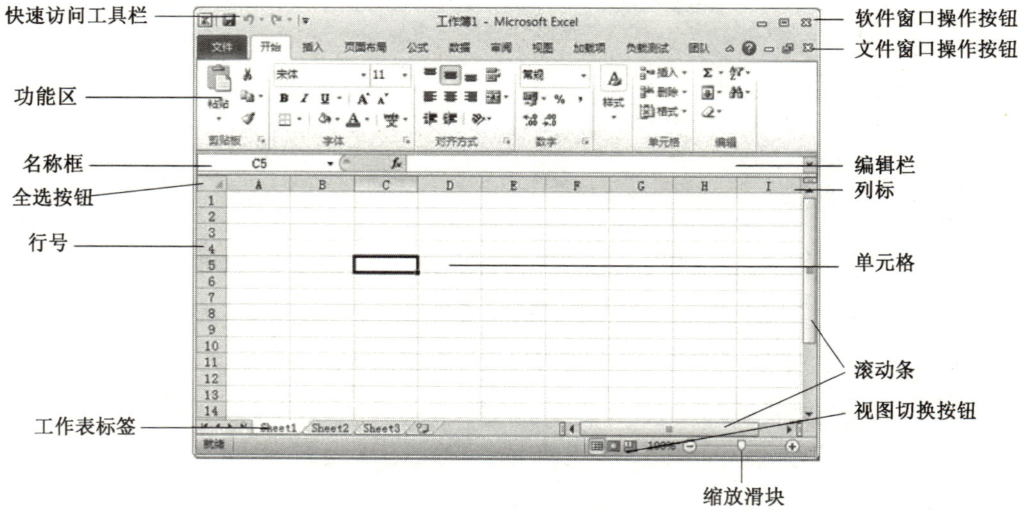

图 5-1-57　Excel 2010 的窗口

任务二　制作考试成绩表

本任务以制作考试成绩表为例（如图 5-2-1），介绍公式和函数、条件格式等功能的基本用法。

通过本任务，读者可以学会如下操作。

- 应用公式和函数。
- 应用条件格式。
- 应用冻结窗格和拆分窗格。
- 插入图表。

2019级电子商务班学生期考成绩表													
学号	姓名	系别	班级	大学英语	计算机应用基础	思想政治	体育	电子商务概论	总分	平均分	排名	备注
01905011001	黄小明	信息工程系	2019电子商务	88	80	91	88	84	431	86.2	3	合格
01905011002	张静兰	信息工程系	2019电子商务	85	78	61	84	84	392	78.4	18	合格
01905011003	兰玉	信息工程系	2019电子商务	88	90	86	82	83	429	85.8	4	合格
01905011004	高松	信息工程系	2019电子商务	89	88	77	84	84	422	84.4	6	合格
01905011005	赵宇	信息工程系	2019电子商务	43	23	69	74	82	291	58.2	22	不合格
01905011006	黄立清	信息工程系	2019电子商务	88	80	77	77	78	400	80	15	合格
01905011007	王艳宁	信息工程系	2019电子商务	87	86	85	90	90	438	87.6	2	合格
01905011008	梁美芬	信息工程系	2019电子商务	87	91	81	80	81	420	84	7	合格
01905011009	汪洋	信息工程系	2019电子商务	86	78	66	87	77	394	78.8	17	合格
01905011010	贺广文	信息工程系	2019电子商务	84	79	75	80	87	405	81	11	合格
01905011011	刘军	信息工程系	2019电子商务	88	90	65	84	84	411	82.2	9	合格
01905011012	黄文建	信息工程系	2019电子商务	81	88	71	81	82	403	80.6	13	合格
01905011013	张家梅	信息工程系	2019电子商务	96	79	71	76	81	403	80.6	13	合格
01905011014	唐旋	信息工程系	2019电子商务	85	93	89	90	87	444	88.8	1	合格
01905011015	彭明	信息工程系	2019电子商务	53	62	57	57	52	281	56.2	23	不合格
01905011016	杨江水	信息工程系	2019电子商务	87	78	73	83	86	407	81.4	10	合格
01905011017	钱惠贤	信息工程系	2019电子商务	89	75	85	80	86	415	83	8	合格
01905011018	夏明杰	信息工程系	2019电子商务	84	71	85	78	82	400	80	15	合格
01905011019	李清	信息工程系	2019电子商务	80	81	90	87	87	425	85	5	合格
01905011020	江文强	信息工程系	2019电子商务	79	65	75	81	85	385	77	20	合格
01905011021	岑海威	信息工程系	2019电子商务	96	71	80	75	82	404	80.8	12	合格
01905011022	贝凌	信息工程系	2019电子商务	91	60	70	71	73	365	73	21	合格
01905011023	秦丽君	信息工程系	2019电子商务	81	79	73	84	72	389	77.8	19	合格
各科目最高分				96	93	91	90	90				
各科目最低分				43	23	57	57	52				

图 5-2-1　考试成绩表

操作一　为"成绩表"工作表添加信息

操作要求：在 D 盘的"Excel 项目"文件夹中打开素材文件"考试成绩表.xlsx"Excel 文档，按样文进行设置。

操作步骤如下。

在"考试成绩表.xlsx"工作表中添加"各科目最高分""各科目最低分""总分""平均分""排名""备注"等信息。

1. 添加"各科目最高分""各科目最低分"文字内容

选中 A27 单元格，输入文字"各科目最高分数"。按【Enter】键或选中 A28 单元格，输入"各科目最低分数"，如图 5-2-2 所示。

2. 合并单元格

再次选中 A27 单元格，此时鼠标指针变成空心的十字形，拖动鼠标指针到 D27 单元格，单击"开始"选项卡"对齐方式"选项组中的"合并后居中"按钮，将 A27:D27 单元格区域合并为一个大的单元格。同理，可对"各科目最低分"的 A28:D28 单元格区域进行合并，如图 5-2-3 所示。

26	01905011023	秦丽君
27	各科目最高分数	
28	各科目最低分数	

图 5-2-2　输入文字内容

26	01905011023	秦丽君	信息工程系	2019电子商务
27	各科目最高分数			
28	各科目最低分数			
29				

图 5-2-3　合并单元格

3. 添加“总分”“平均分”“排名”“备注”文字内容

分别选中 J4、K4、L4、M4 单元格，输入“总分”“平均分”“排名”“备注”，如图 5-2-4 所示。

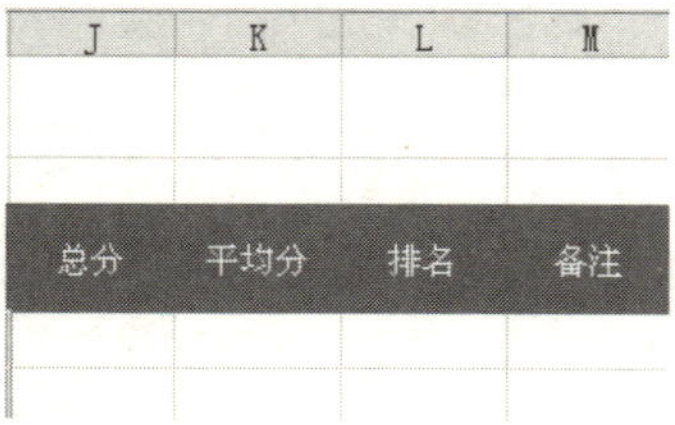

图 5-2-4　补充输入列标题文字

操作二　应用公式和函数

1. 计算最高分

（1）选中 E27 单元格。

（2）单击“开始”选项卡“编辑”选项组中的“自动求和”下拉按钮，在弹出的下拉列表中选择“最大值”选项，如图 5-2-5 所示。

（3）在单元格中会出现公式“=MAX（E4:E26）”，同时 E4:E26 单元格区域会被虚线框包围，该函数的含义为计算出 E4:E26 单元格区域中的最大值，如图 5-2-6 所示。

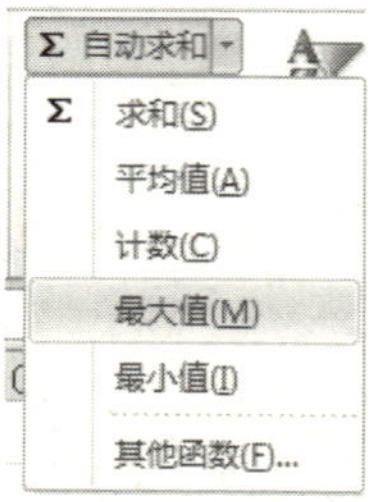

图 5-2-5　“最大值”选项

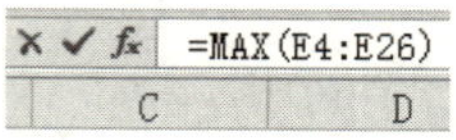

图 5-2-6　最大值的计算公式

（4）确认数据区域无误后，单击编辑栏左边的“输入”按钮，此时在 E27 单元格中显示“大学英语”科目的最高分的分值，在编辑栏中仍显示计算公式“=MAX（E4:E27）”。

（5）公式的复制：将鼠标指针放置在 E27 单元格的填充柄上，此时鼠标指针变成实心的十字形，拖动鼠标指针到 I27 单元格，松开鼠标左键，可以看到其他课程的最高分均已计算出来，如图 5-2-7 所示。

图 5-2-7　利用填充柄复制公式

任意选中其他科目最高分的单元格，如 G27，会在编辑栏中看到公式“=MAX（G4:G26）”，这说明利用填充柄填充到其他单元格的是公式。像这种仅仅由列标和行号构成的引用就是相对引用，如 E27 单元格公式中的 E4:E26，而且单元格地址的引用会根据公式所在单元格位置的变化而改变，如 G27 单元格公式的地址已变为 G4:G26。

2. 计算最低分

（1）选中 E28 单元格。

（2）单击“开始”选项卡“编辑”选项组中的“自动求和”下拉按钮，在弹出的下拉列表中选择“最小值”选项，如图 5-2-8 所示。

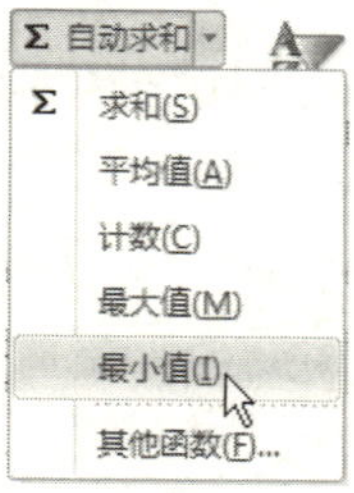

图 5-2-8　“最小值”选项

（3）此时在单元格中会出现公式“=MIN（E4:E27）”，同时 E4:E27 单元格区域会被虚线框包围，此时发现数据区域应该是 E4:E26，则需要重新选择数据区域。选中 E4 单元格，此时鼠标指针变成空心的十字形，拖动鼠标指针至 E26 单元格，此时函数的含义为计算出 E4:E26 单元格区域中的最小值，如图 5-2-9 所示。

（4）确认数据区域无误后，单击编辑栏左边的“输入”按钮，此时在 E28 单元格中显示“大学英语”科目的最低分的分值，在编辑栏中显示计算公式“=MIN(E4:E26)”。

（5）公式的复制：将鼠标指针放置在 E28 单元格的填充柄上，此时鼠标指针变成实心的十字形，拖动鼠标指针到 I28 单元格，松开鼠标左键，可以看到其他课程的最低分均已计算出来，如图 5-2-10 所示。

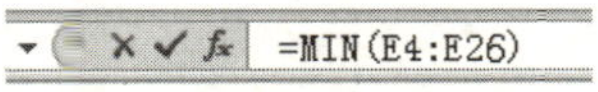

图 5-2-9　最小值的计算公式

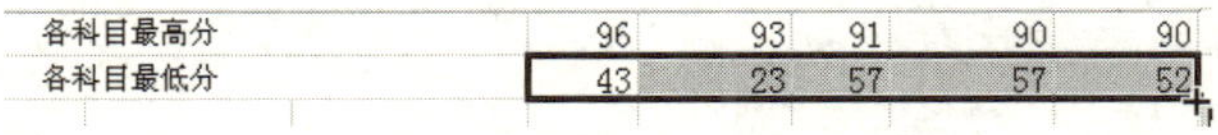

图 5-2-10　利用填充柄复制公式

3. 计算总分

（1）利用公式计算总分。

选中 J4 单元格，输入“=”号，单击 E4 单元格，该单元格周围出现闪烁的虚线框，表示此时引用该单元格的数据，接着输入“+”，再单击 F4 单元格，输入“+”，再单击 G4 单元格，输入入“+”，最后单击 I4 单元格，此时在编辑栏中出现公式“=E4+F4+G4+H4+I4”，如图 5-2-11 所示。表示黄小明同学的总分等于他的 5 门科目的成绩相加，此方法称为单元格的引用，最后按【Enter】键确认。再选中 E4 单元格，并利用填充柄将该公式复制到 J5:J26 单元格区域中，如图 5-2-12 所示。

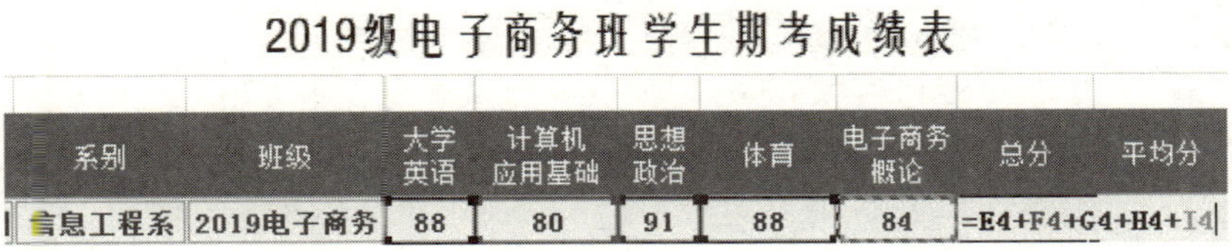

图 5-2-11　输入“总分”公式

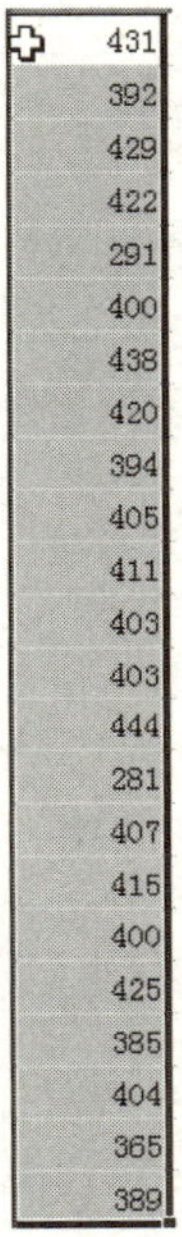

图 5-2-12　利用填充柄复制公式

除此以外，也可以使用以下（2）、（3）的方法来计算总分，操作步骤如下。

（2）利用自动求和工具计算总分。

选中 J4 单元格，单击“开始”选项卡“编辑”选项组中的“自动求和”下拉按钮，在弹出的下拉列表中选择“求和”选项，如图 5-2-13 所示，此时在单元格中会出现公式“=SUM（E4:I4）”，同时 E4:I4 单元格区域会被虚线框包围，此时得到函数所求的总和值，运用填充柄将函数填充至 J5:J26 单元格区域。

（3）利用函数计算总分。

选中 J4 单元格，单击编辑栏中的“插入函数”按钮，弹出“插入函数”对话框，在“或选择类别”下拉列表中选择“数学与三角函数”选项，然后在“选择函数”列表框中输入英文函数的第一个字母“S”，则鼠标指针就会跳转至以“S”开头的所有函数，这样就可以快捷地找到“SUM”函数（求和函数），如图 5-2-14 所示。单击“确定”按钮，弹出“函数参数”对话框，将指针放在“Number1”栏中，选中 E4 单元格，此时鼠标指针呈空心的十字形，拖动鼠标指针至 I4 单元格，被选中的单元格区域会被抖动的虚线框包围，单击“确定”按钮，完成求和，如图 5-2-15 所示。再选中 J4 单元格，并利用填充柄将该公式复制到 J5:J26 单元格区域中。

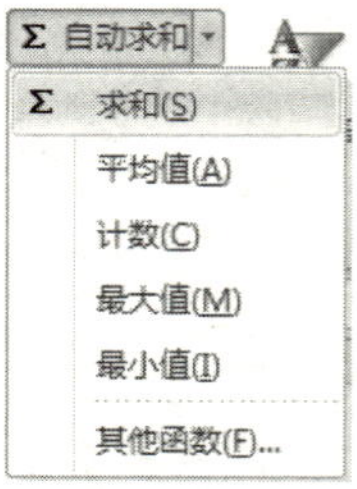

图 5-2-13　使用自动求和工具计算总分

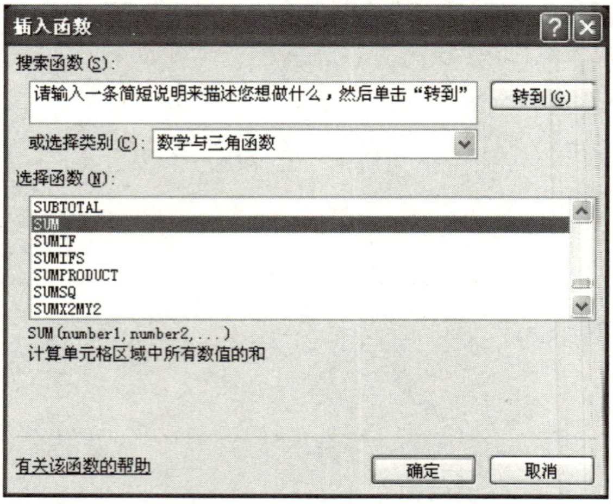

图 5-2-14　“插入函数”对话框

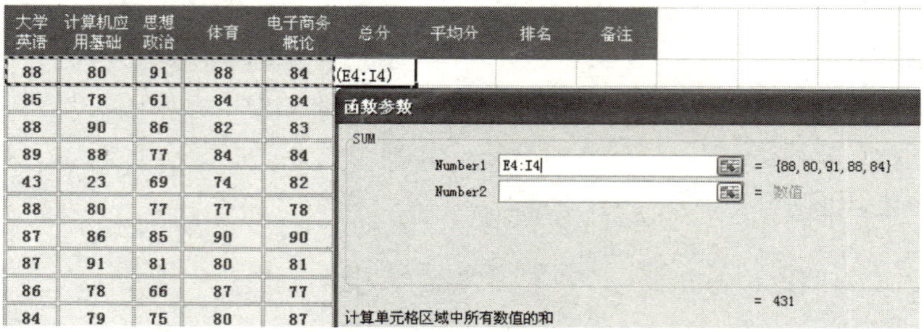

图 5-2-15　选择求和参数的单元格区域

4. 计算平均分

（1）利用公式计算平均分。

选中 K4 单元格，输入“=（”，单击 E4 单元格，该单元格周围出现闪烁的虚线框，表示此时引用该单元格的数据，接着输入“+”，再单击 F4 单元格，输入“+”，依次单击 G4、A4 单元格，分别输入“+”最后单击 I4 单元格，输入“）/5”，则在 K4 单元格中出现公式“=（E4+F4+G4+H4+I4）/5”，如图 5-2-16 所示。表示黄小明同学的总分等于他的 5 门科目的成绩相加之后再除以 5，此方法称为单元格地址的引用，最后按【Enter】键确认。

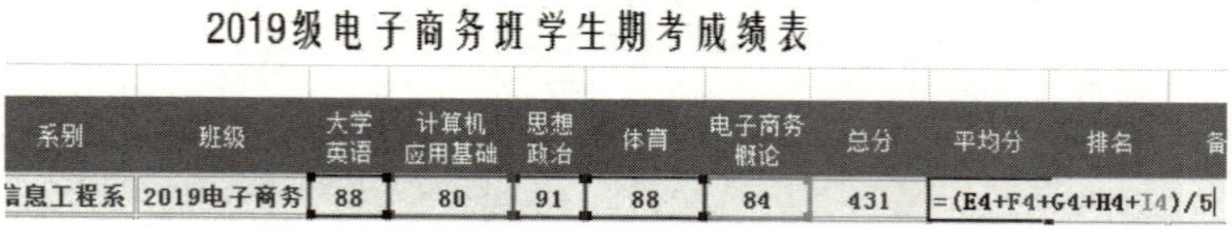

图 5-2-16　利用公式计算平均分

选中 K4 单元格，并利用填充柄将该公式复制到 K5:K26 单元格区域中。

除此以外，也可以使用以下（2）的方法来计算平均分，操作步骤如下。

（2）利用自动求和工具计算平均分。

选中 K4 单元格，此时鼠标指针变成空心的十字形，单击“开始”选项卡“编辑”选项组中的“自动求和”下拉按钮，在弹出的下拉列表中选择“平均值”选项，如图 5-2-17 所示。在 K4 单元格中出现公式时，选中 E4 单元格，鼠标指针变成空心的十字形，拖动鼠标指针至 I4 单元格，如图 5-2-18 所示。按【Enter】键确认，再用鼠标选择 K4 单元格，并填充柄将该公式复制到 K5:K26 单元格区域中，如图 5-2-19 所示。

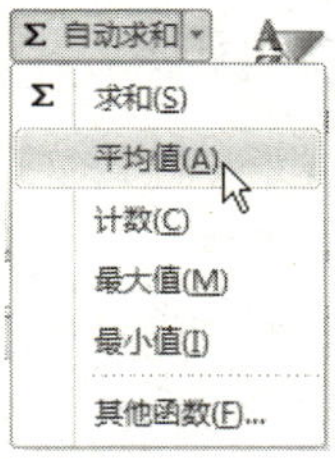

图 5-2-17　“平均值”选项

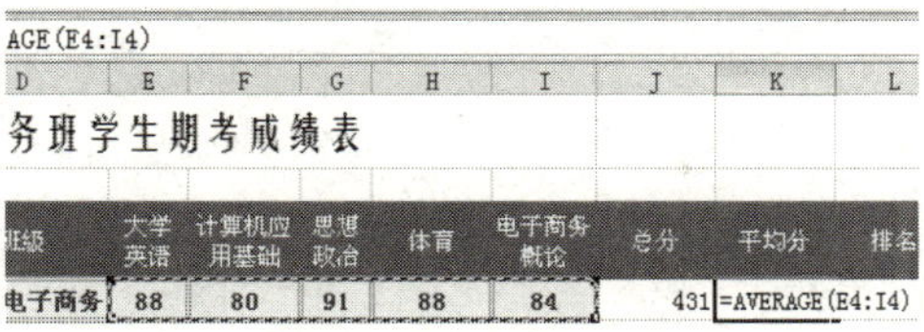

图 5-2-18　参数设置

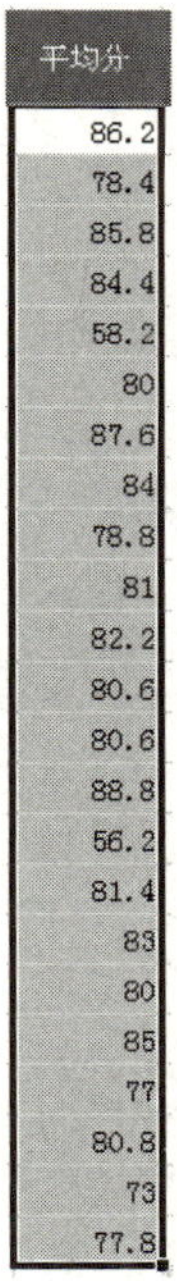

图 5-2-19　利用填充柄复制公式

5. 计算排名

计算各位同学的成绩在班级的排名情况，可以利用 RANK 函数来实现。该函数的功能是：返回某数字在一列数字中相对于其他数值的大小排位。函数的格式是：RANK（Number，Ref，Order），其中 Number 为需要找到排位的数字，Ref 为数字列表数组或数字列表的引用，Order 为一数字，指明排位的方式，一般省略。

（1）首先计算第 1 位同学的名次。

① 选中 L4 单元格，单击“插入函数”按钮，弹出“插入函数”对话框，在“或选择类别”下拉列表中选择“全部”选项，在“选择函数”列表框中选择“RANK”函数，单击“确定”按钮，如图 5-2-20 所示。

② 弹出“函数参数”对话框，在第一个参数“Number”处，用鼠标选中该同学的总分单元格 J4。

③ 在第二个参数“Ref”处，用鼠标选中 J4:J26 单元格区域，如图 5-2-21 所示。

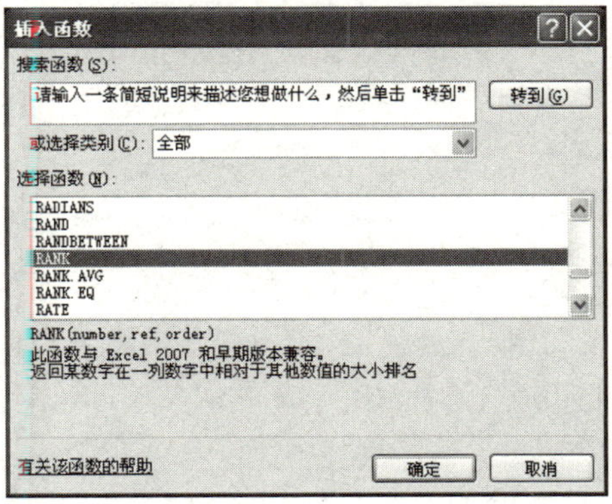

图 5-2-20　“插入函数”对话框

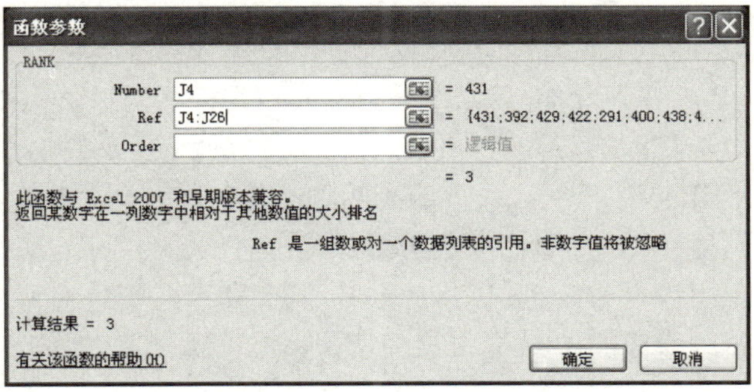

图 5-2-21　RANK 函数的参数选择

④ 单击“确定”按钮，此时编辑栏中的函数为“=RANK（J4:J4:J26）”。此时表明 J4 单元格中的数值在 J4:J26 单元格区域中的所有数值中排名为第 3。

（2）计算其他各位同学的排名，可以将公式进行复制。

① 选中 L4 单元格。

② 将鼠标指针放置在 L4 单元格右下角的填充柄上，当鼠标指针变成实心的十字形时，拖动鼠标指针至 L23 单元格，松开鼠标左键，此时可以看到 J4:J26 单元格区域都显示出了名次。

③ 经检查发现，分数不一样，但名次有相同的现象，这表明复制公式得到的结果并不正确。

经检查发现，从 L5 单元格开始，公式中的单元格区域地址均有变化，如 L5 单元格中的公式显示为“=RANK（J5:J5:J27）”，L6 单元格中的公式显示为“=RANK（J6:J6:J28）”，而 L5 单元格中正确的公式应为“=RANK（J5,J4:J26）”，L6 单元格中正确的公式应为“=RANK（J6,J4:J26）”，也就是说单元格区域的地址对于每个同学来说都应该是一样的。

由于是从 L4 单元格复制公式到 L5 单元格，复制前后单元格的列号没有改变，还是 L 列，所以复制后公式中的列号也没有变化，都是 J 列。但行号由 4 变到了 5，也就是说行号增加了 1，此时原来公式中所有相对地址中的行号也要增加 1，行号 4 变成了 5，26 变成了 27。如果想要单元格区域保持不变，就要引用绝对地址。

绝对地址的引用是使复制后公式的引用单元格的地址保持不变。绝对引用的方法是在单元格的行号和列标前加上“$”符号，如$E$4。④ 解决的方法。

选中 L4 单元格，将光标定位在编辑栏中的公式“=RANK（J4,J4:J26）”中的单元格区域地址 J4:J26 中的 J4 前面，然后按【F4】键，此时可以看到原来的相对地址 J4 会变成绝对地址$J$4。

利用同样的方法使相对地址 J26 变成绝对地址$J$26，此时 L4 单元格的公式为“=RANK（J4,$J$4:$J$26）”，如图 5-2-22 所示。

⑤ 利用填充柄复制该公式到 L5:L26 单元格区域，即可以得到每一位同学的排名情况，如图 5-2-23 所示。

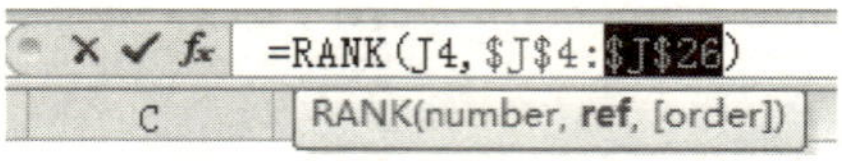

图 5-2-22 绝对地址

总分	平均分	排名
431	86.2	3
392	78.4	18
429	85.8	4
422	84.4	6
291	58.2	22
400	80	15
438	87.6	2
420	84	7
394	78.8	17
405	81	11
411	82.2	9
403	80.6	13
403	80.6	13
444	88.8	1
281	56.2	23
407	81.4	10
415	83	8
400	80	15
425	85	5
385	77	20
404	80.8	12
365	73	21
389	77.8	19

图 5-2-23 利用填充柄复制公式

6. 计算备注

备注的填写标准为：平均分大于等于 60 分显示“合格”，小于 60 分显示“不合格”。可以利用 IF 函数来实现。该函数的功能是：判断一个条件是否满足，如果满足返回一个值，如果不满足则返回另一个值。函数的格式是：IF（Logical_test，Value_if_true，Value_if_false）。其中 Logical_test 表示逻辑判断表达式，Value_if_true 表示当表达式为真时返回的值，Value_if_false 表示不满足表达式时返回的值。

（1）计算第 1 位同学的备注内容。

① 选中 M4 单元格。

② 单击“插入函数”按钮，弹出“插入函数”对话框，在“或选择类别”下拉列表中选择“逻辑”选项，在“选择函数”列表框中选择“IF”函数，如图 5-2-24 所示。

③ 单击“确定”按钮，弹出“函数参数”对话框，在第一个参数“Logical_test”处，用鼠标选中该同学的平均分单元格 K4，接着输入“>=60”。

④ 在第二个参数“Value_if_true”处输入“"合格"”。

⑤ 在第三个参数“Value_if_false”处输入“"不合格"”，如图 5-2-25 所示。

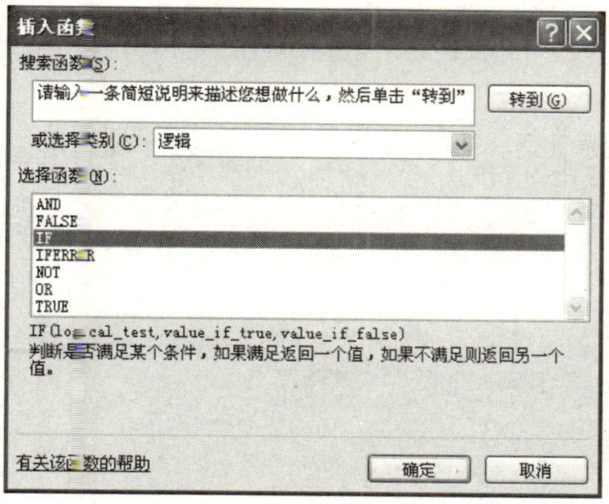

图 5-2-24　插入 IF 函数

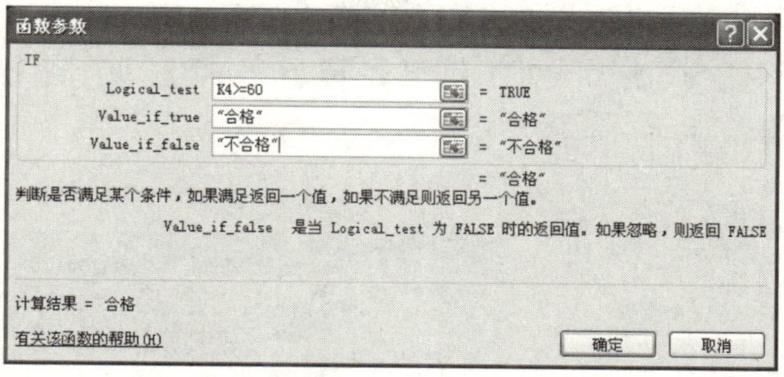

图 5-2-25　IF 函数的参数设置

⑥ 单击“确定”按钮，此时 K4 单元格显示“合格”，编辑栏中显示的函数为“=IF(K4>=60, "合格", "不合格")”，如图 5-2-26 所示。

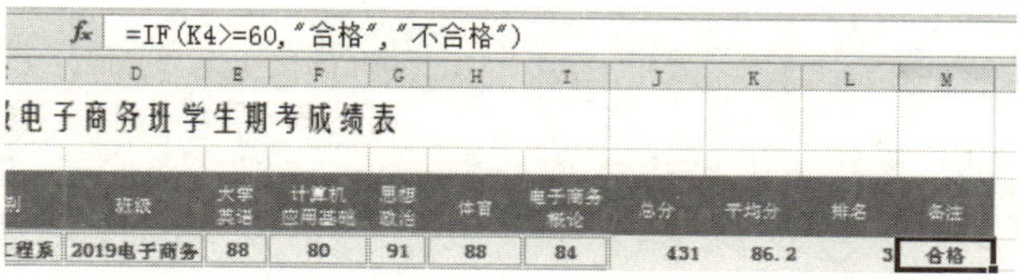

图 5-2-26　IF 函数计算结果

此时公式的含义为：判断 K4 单元格中的数据是否满足大于等于 60 分这个条件，如果该条件满足，就显示“Value_if_true”处输入的文字“合格”；如果 K4 单元格的数据不满足大于等于 60 分这个条件，就显示“Value_if_false”处输入的文字“不合格”。

（2）计算其他同学的备注内容。

① 选中 M4 单元格。

② 将鼠标指针放置在 M4 单元格右下角的填充柄上，当鼠标指针变成实心的十字形时，拖动鼠标指针至 M26 单元格，松开鼠标左键，如图 5-2-27 所示。

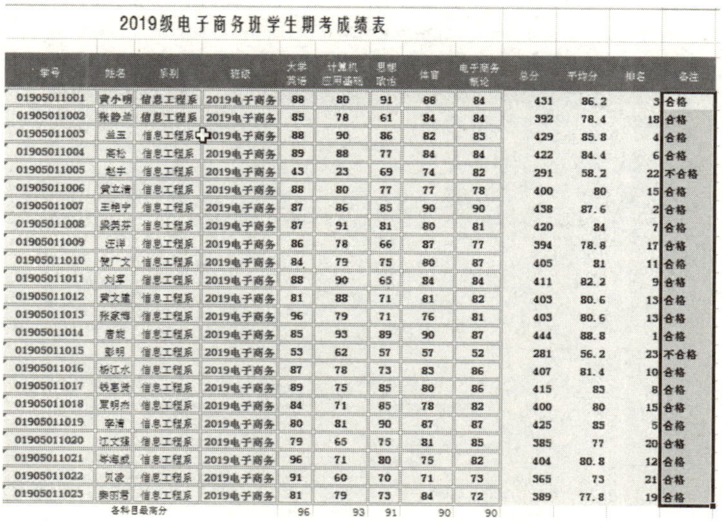

2019级电子商务班学生期考成绩表

学号	姓名	系别	班级	大学英语	计算机应用基础	思想政治	体育	电子商务概论	总分	平均分	排名	备注
01905011001	黄小明	信息工程系	2019电子商务	88	80	91	88	84	431	86.2	3	合格
01905011002	张静兰	信息工程系	2019电子商务	85	78	61	84	84	392	78.4	18	合格
01905011003	兰玉	信息工程系	2019电子商务	88	90	86	82	83	429	85.8	4	合格
01905011004	高松	信息工程系	2019电子商务	89	88	77	84	84	422	84.4	6	合格
01905011005	赵宇	信息工程系	2019电子商务	43	23	69	74	82	291	58.2	22	不合格
01905011006	黄立清	信息工程系	2019电子商务	88	80	77	77	78	400	80	15	合格
01905011007	王艳宁	信息工程系	2019电子商务	87	86	85	90	90	438	87.6	2	合格
01905011008	吴美芬	信息工程系	2019电子商务	87	91	81	80	81	420	84	7	合格
01905011009	汪洋	信息工程系	2019电子商务	86	78	66	87	77	394	78.8	17	合格
01905011010	贺广文	信息工程系	2019电子商务	84	79	75	80	87	405	81	11	合格
01905011011	刘军	信息工程系	2019电子商务	88	90	65	84	84	411	82.2	9	合格
01905011012	黄文建	信息工程系	2019电子商务	81	88	71	81	82	403	80.6	13	合格
01905011013	张家梅	信息工程系	2019电子商务	96	79	71	76	81	403	80.6	13	合格
01905011014	唐凯	信息工程系	2019电子商务	85	93	89	90	87	444	88.8	1	合格
01905011015	彭明	信息工程系	2019电子商务	53	62	57	57	52	281	56.2	23	不合格
01905011016	杨江水	信息工程系	2019电子商务	87	78	73	83	86	407	81.4	10	合格
01905011017	钱思贤	信息工程系	2019电子商务	89	75	85	80	86	415	83	8	合格
01905011018	贾明杰	信息工程系	2019电子商务	84	71	85	78	82	400	80	15	合格
01905011019	李涛	信息工程系	2019电子商务	80	81	90	87	87	425	85	5	合格
01905011020	江文强	信息工程系	2019电子商务	79	65	75	81	85	385	77	20	合格
01905011021	岑海威	信息工程系	2019电子商务	96	71	80	75	82	404	80.8	12	合格
01905011022	贝凌	信息工程系	2019电子商务	91	60	70	71	73	365	73	21	合格
01905011023	秦丽君	信息工程系	2019电子商务	81	79	73	84	72	389	77.8	19	合格
	各科目最高分			96	93	91	90	90				

图 5-2-27　利用填充柄复制公式

③ 至此，已完成了其他同学的备注内容计算。

7. 美化新添加的列

（1）利用格式刷将新添加列的格式设置为统一。

选中已有框线底纹的任一单元格，如 I5 单元格，单击“开始”选项卡“剪贴板”选项组中的“格式刷”按钮，然后选中 J4:M26 单元格，此时可以将 I5 单元格的格式复制到 J4:M26 单元格区域中，如图 5-2-28 所示。

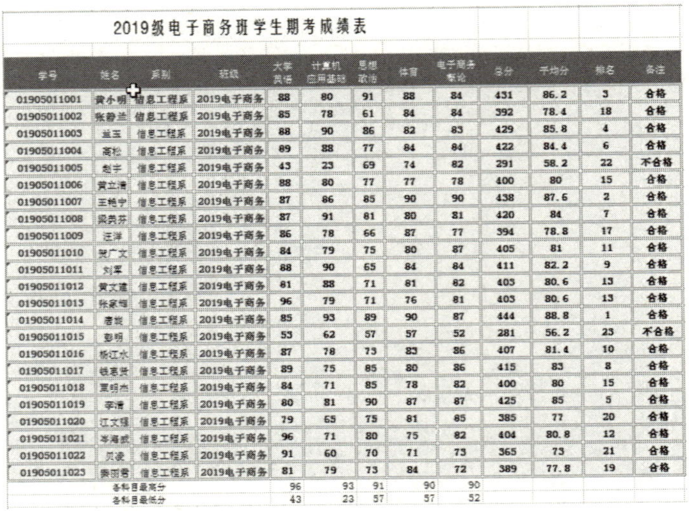

2019级电子商务班学生期考成绩表

学号	姓名	系别	班级	大学英语	计算机应用基础	思想政治	体育	电子商务概论	总分	平均分	排名	备注
01905011001	黄小明	信息工程系	2019电子商务	88	80	91	88	84	431	86.2	3	合格
01905011002	张龄兰	信息工程系	2019电子商务	85	78	61	84	84	392	78.4	18	合格
01905011003	兰玉	信息工程系	2019电子商务	88	90	86	82	83	429	85.8	4	合格
01905011004	高松	信息工程系	2019电子商务	89	88	77	84	84	422	84.4	6	合格
01905011005	赵宇	信息工程系	2019电子商务	43	23	69	74	82	291	58.2	22	不合格
01905011006	黄立清	信息工程系	2019电子商务	88	80	77	77	78	400	80	15	合格
01905011007	王艳宁	信息工程系	2019电子商务	87	86	85	90	90	438	87.6	2	合格
01905011008	梁英芬	信息工程系	2019电子商务	87	91	81	80	81	420	84	7	合格
01905011009	汪洋	信息工程系	2019电子商务	86	78	66	87	77	394	78.8	17	合格
01905011010	贺广文	信息工程系	2019电子商务	84	79	75	80	87	405	81	11	合格
01905011011	刘军	信息工程系	2019电子商务	88	90	65	84	84	411	82.2	9	合格
01905011012	黄文建	信息工程系	2019电子商务	81	88	71	81	82	403	80.6	13	合格
01905011013	张家恒	信息工程系	2019电子商务	96	79	71	76	81	403	80.6	13	合格
01905011014	唐妮	信息工程系	2019电子商务	85	93	89	90	87	444	88.8	1	合格
01905011015	彭明	信息工程系	2019电子商务	53	62	57	57	52	281	56.2	23	不合格
01905011016	杨江水	信息工程系	2019电子商务	87	78	73	83	86	407	81.4	10	合格
01905011017	钱志贤	信息工程系	2019电子商务	89	75	85	80	86	415	83	8	合格
01905011018	夏明杰	信息工程系	2019电子商务	84	71	85	78	82	400	80	15	合格
01905011019	李清	信息工程系	2019电子商务	80	81	90	87	87	425	85	5	合格
01905011020	江文强	信息工程系	2019电子商务	79	65	75	81	85	385	77	20	合格
01905011021	岑海威	信息工程系	2019电子商务	96	71	80	75	82	404	80.8	12	合格
01905011022	贝凌	信息工程系	2019电子商务	91	60	70	71	73	365	73	21	合格
01905011023	秦丽君	信息工程系	2019电子商务	81	79	73	84	72	389	77.8	19	合格
	各科目最高分			96	93	91	90	90				
	各科目最低分			43	23	57	57	52				

图 5-2-28　美化新添加的列

（2）设置标题合并居中。

选中 A1:M1 单元格区域，单击 “开始”选项卡“对齐方式”选项组中的“合并后居中”按钮，如图 5-2-29 所示。

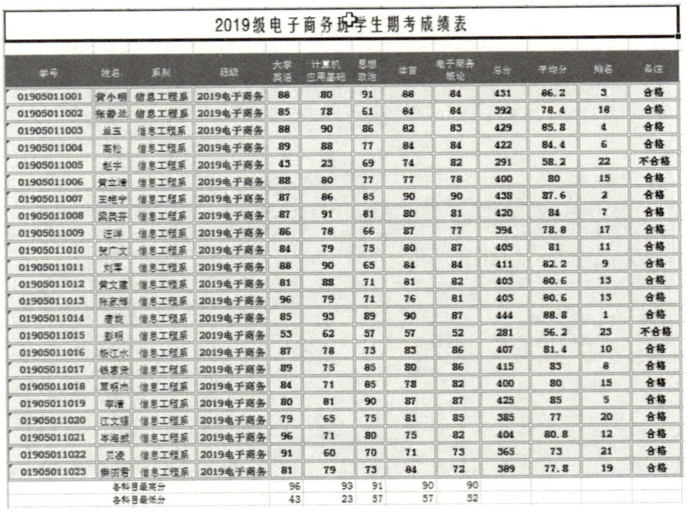

2019级电子商务班学生期考成绩表

学号	姓名	系别	班级	大学英语	计算机应用基础	思想政治	体育	电子商务概论	总分	平均分	排名	备注
01905011001	黄小明	信息工程系	2019电子商务	88	80	91	88	84	431	86.2	3	合格
01905011002	张龄兰	信息工程系	2019电子商务	85	78	61	84	84	392	78.4	18	合格
01905011003	兰玉	信息工程系	2019电子商务	88	90	86	82	83	429	85.8	4	合格
01905011004	高松	信息工程系	2019电子商务	89	88	77	84	84	422	84.4	6	合格
01905011005	赵宇	信息工程系	2019电子商务	43	23	69	74	82	291	58.2	22	不合格
01905011006	黄立清	信息工程系	2019电子商务	88	80	77	77	78	400	80	15	合格
01905011007	王艳宁	信息工程系	2019电子商务	87	86	85	90	90	438	87.6	2	合格
01905011008	梁英芬	信息工程系	2019电子商务	87	91	81	80	81	420	84	7	合格
01905011009	汪洋	信息工程系	2019电子商务	86	78	66	87	77	394	78.8	17	合格
01905011010	贺广文	信息工程系	2019电子商务	84	79	75	80	87	405	81	11	合格
01905011011	刘军	信息工程系	2019电子商务	88	90	65	84	84	411	82.2	9	合格
01905011012	黄文建	信息工程系	2019电子商务	81	88	71	81	82	403	80.6	13	合格
01905011013	张家恒	信息工程系	2019电子商务	96	79	71	76	81	403	80.6	13	合格
01905011014	唐妮	信息工程系	2019电子商务	85	93	89	90	87	444	88.8	1	合格
01905011015	彭明	信息工程系	2019电子商务	53	62	57	57	52	281	56.2	23	不合格
01905011016	杨江水	信息工程系	2019电子商务	87	78	73	83	86	407	81.4	10	合格
01905011017	钱志贤	信息工程系	2019电子商务	89	75	85	80	86	415	83	8	合格
01905011018	夏明杰	信息工程系	2019电子商务	84	71	85	78	82	400	80	15	合格
01905011019	李清	信息工程系	2019电子商务	80	81	90	87	87	425	85	5	合格
01905011020	江文强	信息工程系	2019电子商务	79	65	75	81	85	385	77	20	合格
01905011021	岑海威	信息工程系	2019电子商务	96	71	80	75	82	404	80.8	12	合格
01905011022	贝凌	信息工程系	2019电子商务	91	60	70	71	73	365	73	21	合格
01905011023	秦丽君	信息工程系	2019电子商务	81	79	73	84	72	389	77.8	19	合格
	各科目最高分			96	93	91	90	90				
	各科目最低分			43	23	57	57	52				

图 5-2-29　设置标题合并居中

8. 应用条件格式

将学生各科目的成绩，低于 60 分的以红色显示，高于 90 分（含 90 分）的以蓝色显示。操作步骤如下。

（1）选中 E4:I26 单元格区域。

（2）单击“开始”选项卡“样式”选项组中的“条件格式”按钮，在弹出的下拉列表中选择“突出显示单元格规则”→“小于”选项，如图 5-2-30 所示。打开“小于”对话框，在“为小于以下值的单元格设置格式”栏中输入“60”，在“设置为”下拉列表中选择“红色文本”选项，如图 5-2-31 所示。

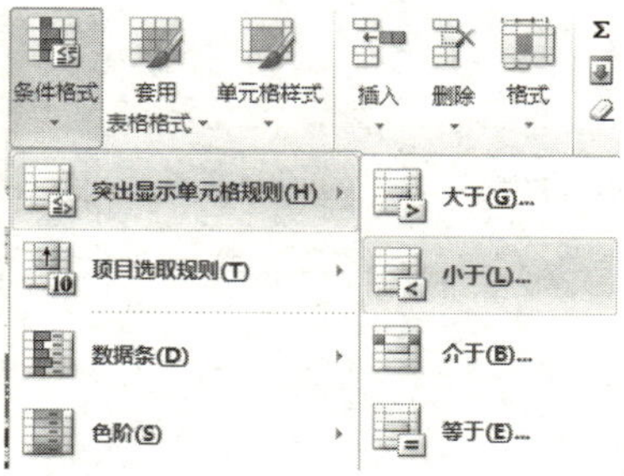

图 5-2-30　“小于”选项

图 5-2-31　“小于”对话框

（3）单击“开始”选项卡“样式”组中的“条件格式”按钮，在弹出的下拉列表中选择“突出显示单元格规则”→“其他规则”选项，如图 5-2-32 所示。打开“新建格式规则”对话框，在“只为满足以下条件的单元格设置格式”中设置单元格值大于或等于 90，单击“格式”按钮，弹出“设置单元格格式”对话框，选择“字体”选项卡，在“颜色”下拉列表中选择“深蓝，文字 2”选项，如图 5-2-33 所示。

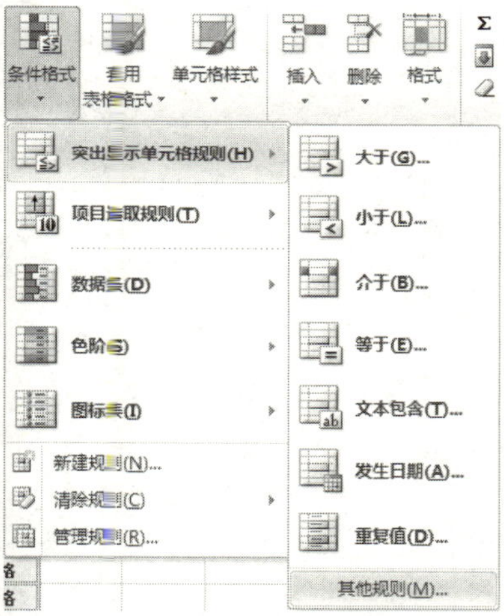

图 5-2-32　“其他规则”选项

9. 冻结工作表

如果希望在工作表滚动时保持行号、列标题或某些数据始终可见，可以用冻结功能将工作表窗口顶部和左侧区域固定，使其不随滚动条的滚动而移动。方法是：选中要冻结行的下部，如 C4 单元格，单击“视图”选项卡“窗口”选项组中的“冻结窗格”按钮，在弹出的下拉列表中选择“冻结拆分窗格”选项，则当前单元格以上的行与以左的列被冻结，如图 5-2-34 和图 5-2-35 所示。

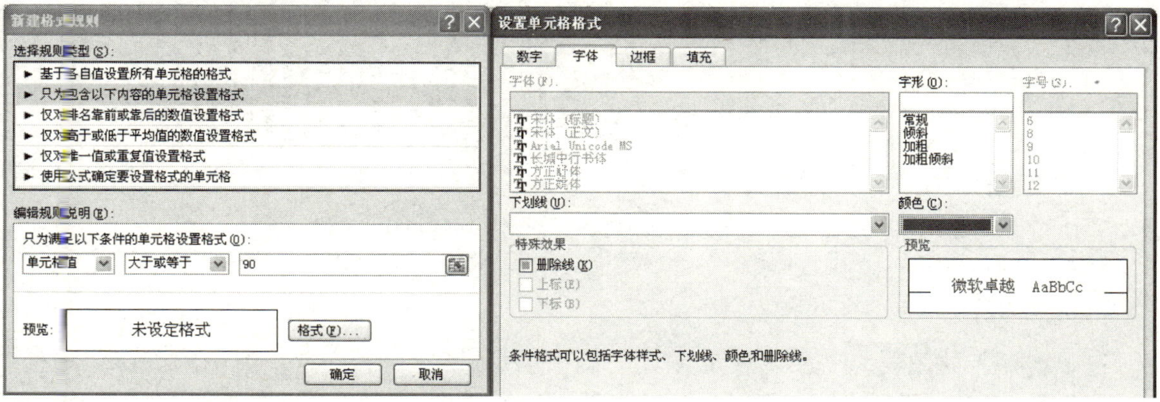

图 5-2-33　设置格式规则

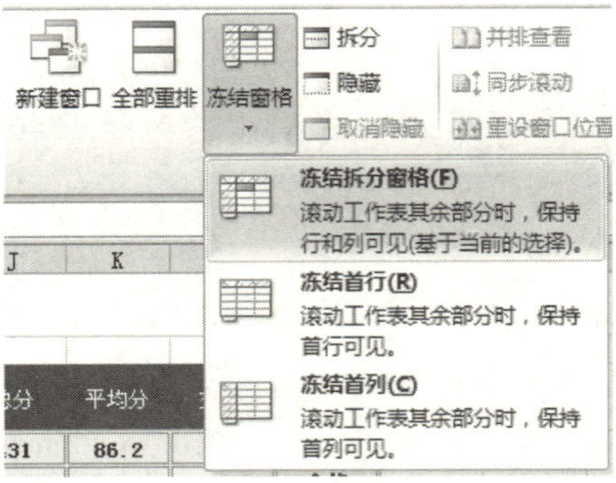

图 5-2-34　“冻结拆分窗格”选项

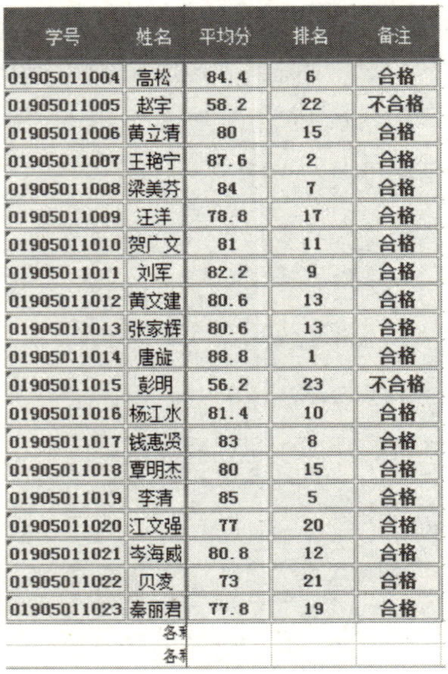

学号	姓名	平均分	排名	备注
01905011004	高松	84.4	6	合格
01905011005	赵宇	58.2	22	不合格
01905011006	黄立清	80	15	合格
01905011007	王艳宁	87.6	2	合格
01905011008	梁美芬	84	7	合格
01905011009	汪洋	78.8	17	合格
01905011010	贺广文	81	11	合格
01905011011	刘军	82.2	9	合格
01905011012	黄文建	80.6	13	合格
01905011013	张家辉	80.6	13	合格
01905011014	唐旋	88.8	1	合格
01905011015	彭明	56.2	23	不合格
01905011016	杨江水	81.4	10	合格
01905011017	钱惠贤	83	8	合格
01905011018	覃明杰	80	15	合格
01905011019	李清	85	5	合格
01905011020	江文强	77	20	合格
01905011021	岑海威	80.8	12	合格
01905011022	贝麦	73	21	合格
01905011023	秦丽君	77.8	19	合格

图 5-2-35　冻结窗格后的效果

操作三　插入图表

在“2019 级电子商务班期考成绩表”工作簿中插入一个各学生总分和平均分比较的柱形图表，显示方式为独立图表，名称为“期考成绩图表”。

1. 选择源数据，插入图表

打开“期考成绩表”工作表，按住【Ctrl】键，选中 B3:B26 和 J3:K26 单元格区域，单击“插入”选项卡“图表”选项组中的“柱形图”按钮，在弹出的下拉列表中选择“三维柱形图”下的选项，如图 5-2-36 和图 5-2-37 所示。

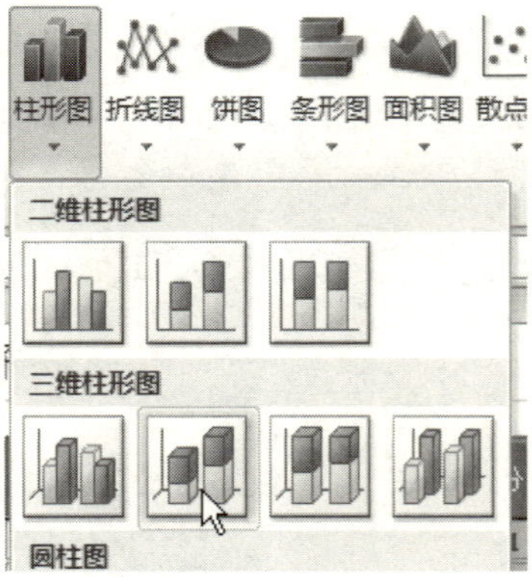

图 5-2-36　选择三维柱形图

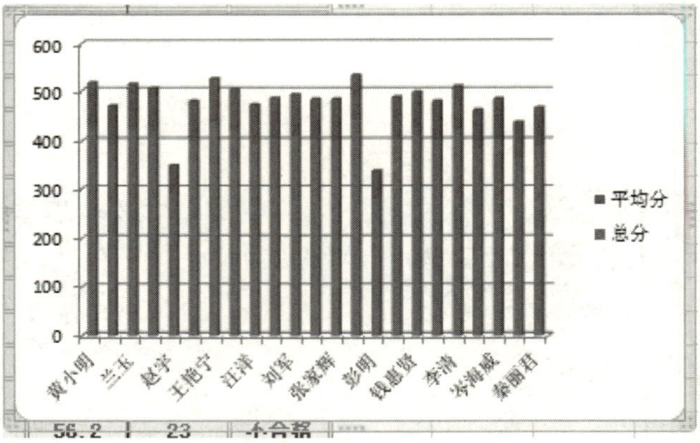

图 5-2-37　生成的三维柱形图

2. 移动图表

选中新插入的图表，单击“图表工具”/“设计”选项卡“位置”选项组中的“移动图表”按钮，如图 5-2-38 所示。弹出“移动图表”对话框，选中“新工作表”单选按钮，并输入新工作表名称“期考成绩图表”，如图 5-2-39 所示。

3. 更改图表样式

选中图表，单击“图表工具”/“设计”选项卡“图表样式”选项组中的“其他”按钮，在弹出的下拉列表中选择样式 15，如图 5-2-40 所示。

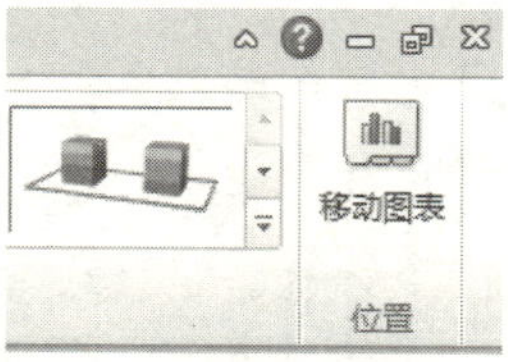

图 5-2-38　“移动图表”按钮

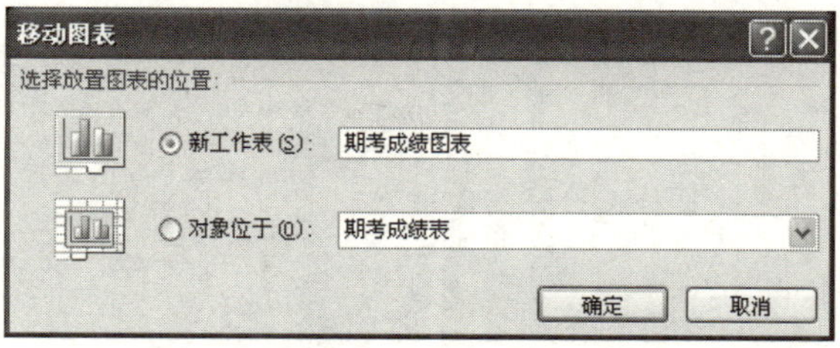

图 5-2-39　“移动图表”对话框

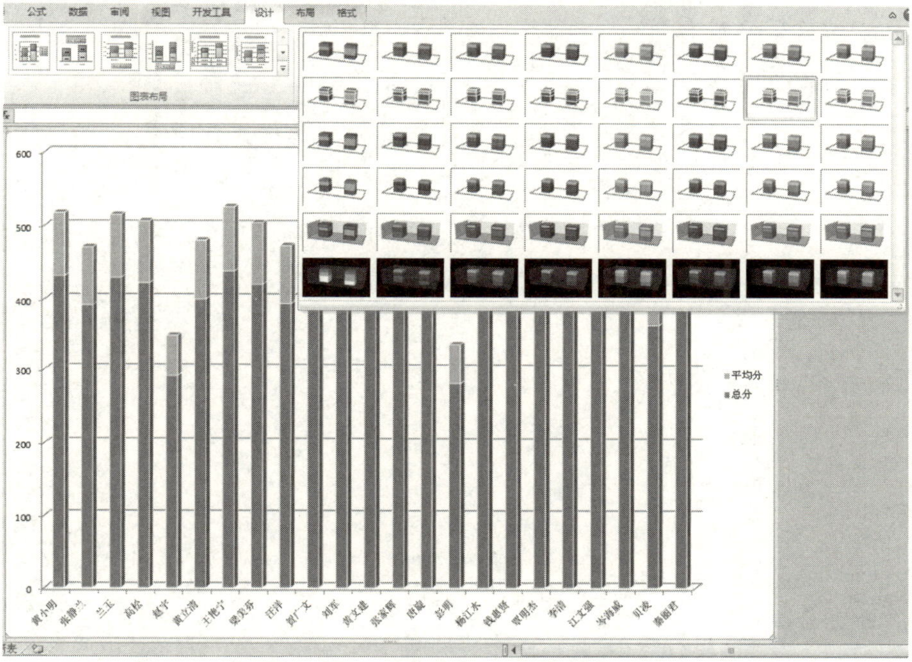

图 5-2-40　更改图表样式

4. 更改水平（类别）轴的格式

图表中的水平（类别）轴标签数目过多，无法横排排列，默认是斜着排列，现在需要将标签设置为竖排排列。操作步骤如下。

选中图表，单击水平（类别）轴标签，单击“图表工具”/“布局”选项卡“当前所选内容”选项组中的“设置所选内容格式”按钮，弹出“设置坐标轴格式”对话框，选择“对齐方式”选项卡，在“文字方向”下拉列表中选择“竖排”选项，如图 5-2-41 所示。

5. 添加图表标题

（1）选中图表，单击“图表工具”/“布局”选项卡“标签”组中的“图表标题”按钮，在弹出的下拉列表中选择“图表上方”选项，如图 5-2-42 所示。

（2）在图表标题处输入“2019 级电子商务班期考成绩图表”，如图 5-2-43 所示。

6. 更改图例

选中图表，单击“图表工具”/“布局”选项卡“标签”选项组中的“图例”按钮，在弹出的下拉列表中选择“在顶部显示图例”选项，如图 5-2-44 和图 5-2-45 所示。

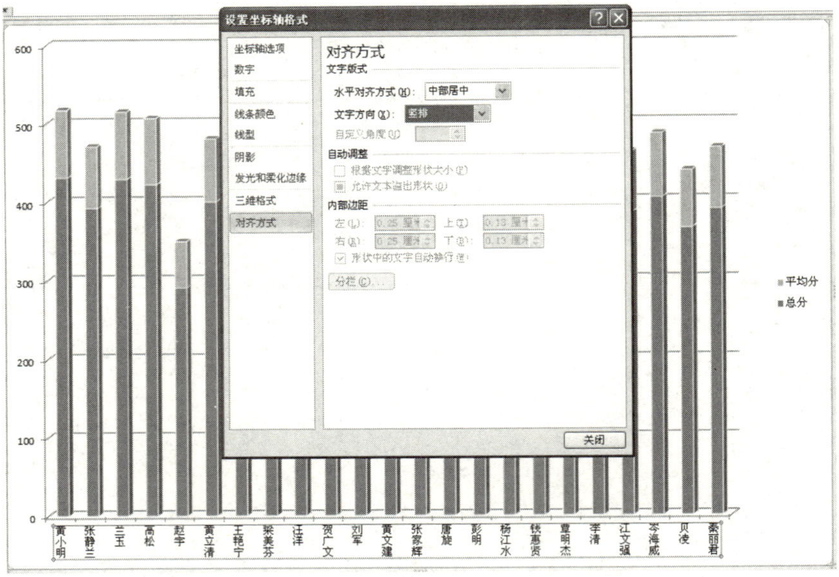

图 5-2-41　更改水平（类别）轴的格式

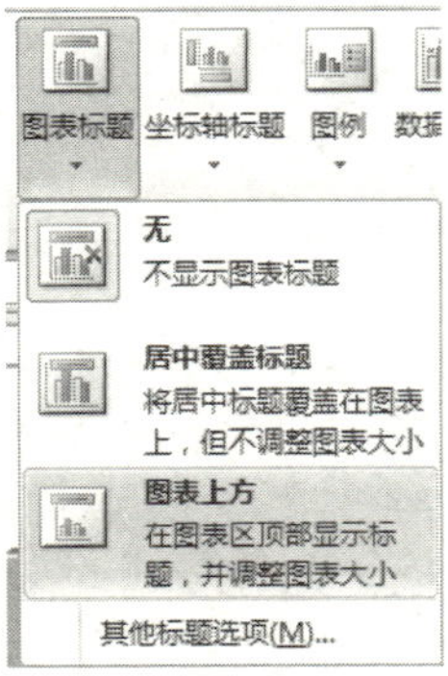

图 5-2-42　“图表上方”选项

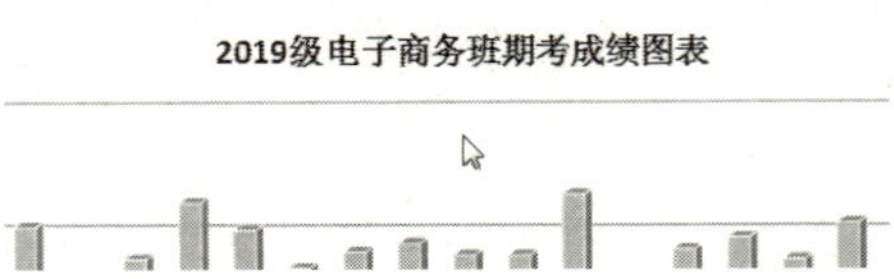

图 5-2-43　输入图表标题

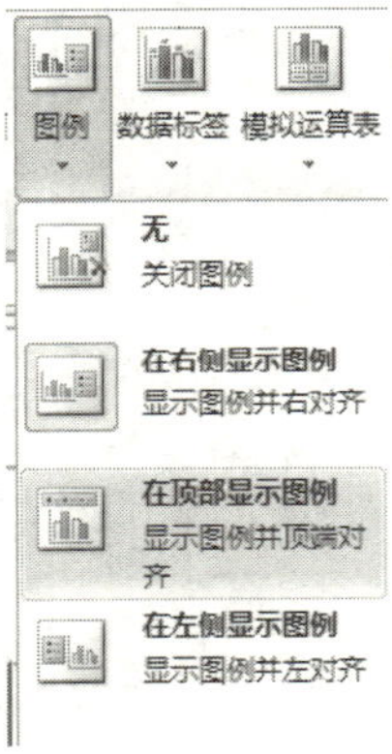

图 5-2-44　“在顶部显示图例”选项

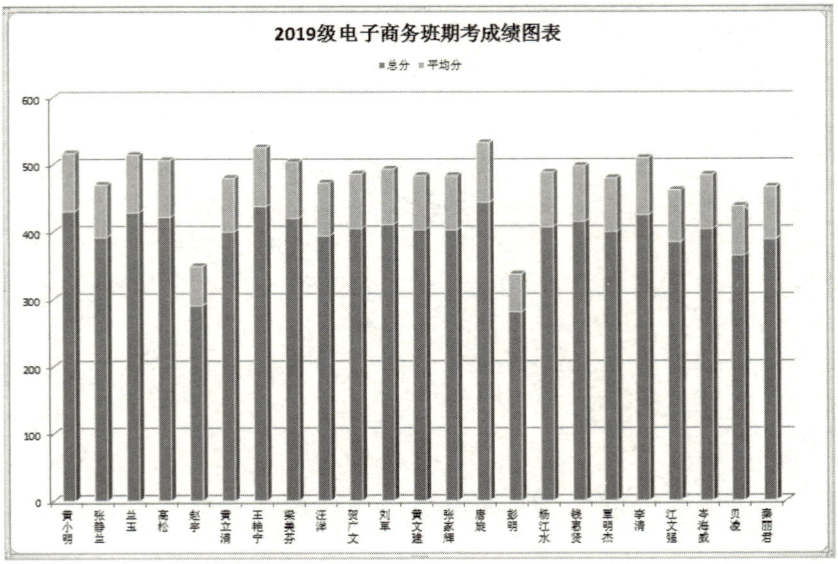

图 5-2-45　更改图例后的效果

相关知识

1. 公式的正确输入

（1）Excel 的公式是以“=”开头的，后面跟着由操作数和运算符组成的表达式。操作数可以是常数、单元格引用、函数。

（2）Excel 的公式中使用下列 4 种运算符。

算术运算符：+（加号）、-（减号）、*（乘）、/（除）、%（百分号）、^（乘幂）。

比较运算符：=（等于）、>（大于）、<（小于）、>=（大于等于）、<=（小于等于）、<>（不等于）。比较运算符可以用于比较两个数值的大小，运算结果为逻辑值 TRUE 或 FALSE。

文本运算符：&，用于将一个或多个文本连接为一个组合文本。例如，A1 单元格的内容为“中国”二字，B1 单元格中的内容为“北京”二字，在 C1 单元格中输入公式“=A1&B1”，按【Enter】键确认之后，在 C1 单元格中显示的内容是“中国北京”。

引用运算符：“:”（区域运算符）、“,”（联合运算符）。“:”表示对包括在两个引用之间的所有单元格的引用，如 B2:D3 表示对 B2、B3、C2、C3、D2、D3 共 6 个单元格的引用，即从 B2 开始、D3 结束的一个矩形连续的区域。“,”表示是对不连续单元格的引用，如 B2，D3 表示只对 B2 和 D3 共两个单元格的引用。

运算符的引用优先级别由高到低分别是引用运算符、算术运算符、文本运算符、比较运算符。如果是相同优先级别的运算符，按照从左至右的顺序进行运算；如要改变运算顺序可以采用“（ ）”。

2. 公式的自动填充

公式的自动填充实质是复制公式，因此我们可以通过复制、粘贴的方法来实现。

3. 相对引用和绝对引用

单元格的引用分为相对引用、绝对引用和混合引用 3 种。相对引用的单元格地址由列号和行号组成，如 A2、B5 等；绝对引用的单元地址在列标和行号前均要加“$”符号，如$J$4；混合引用是由相对引用和绝对引用相结合的引用方式，如$A1、A$5，如果公式所在单元格的位置改变，则相对引用改变，而绝对引用不变。

如果在当前工作表中需要引用其他工作表中单元格的数据，可使用下面的引用方法：“工作表标签！单元格引用”。例如，若要计算 Sheet 1 工作表中 B1 单元格与 Sheet 3 工作表中 D1 单元格的乘积，则可输入公式“=B1*Sheet3！D1”。再如，公式=SUM（Sheet1:Sheet2！C2:D4）表示对 Sheet1 至 Sheet2 的每个工作表中的 C2 至 D4 的单元格求和。

4. 自动换行

如果单元格的列宽是固定的，不允许调整，但表格内的文字又没有完全显示，可在“设置单元格格式”对话框中选择“对齐”选项卡，选择“文本控制”选项组中的“自动换行”复选框，就可以在不调整列宽的情况下完全显示单元格内的文字，如图 5-2-46 和图 5-2-47 所示。

5. 强行换行

按【Alt+Enter】快捷键可以实现强行换行。自动换行是指将超出单元格宽度的文本自动换到下一行，不管文本是否超出单元格宽度，都会在指定的位置上换行，如图 5-2-48 所示。

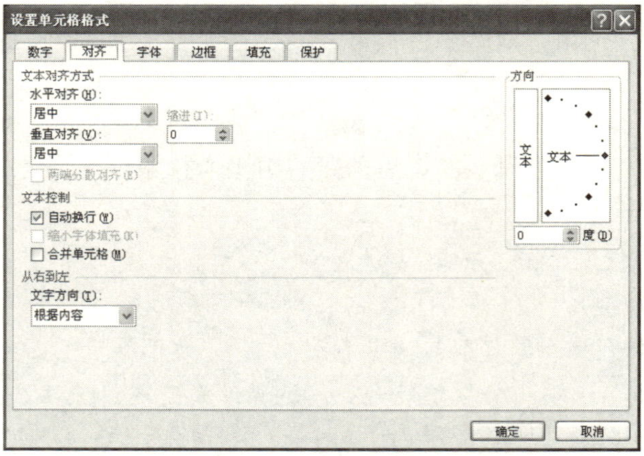

图 5-2-46 “对齐”选项卡

图 5-2-47 自动换行的效果

图 5-2-48 强行换行的效果

任务三 制作学生成绩分析表

本任务以制作 2019 级电子商务班学生期考成绩分析数据表（图 5-3-1）为例，介绍 Excel 强大的数据管理分析功能。通过本任务，读者可以学会如下操作。

2019级电子商务班学生期考成绩分析数据

学号	姓名	性别	系别	班级	大学英语	计算机应用基础	思想政治	体育	电子商务概论	总分	平均分
01905011001	黄小明	男	信息工程系	2019电子商务	88	80	91	88	84	431	86.2
01905011002	张静兰	女	信息工程系	2019电子商务	85	78	61	84	84	392	78.4
01905011003	兰玉	女	信息工程系	2019电子商务	88	90	86	82	83	429	85.8
01905011004	高松	男	信息工程系	2019电子商务	89	88	77	84	84	422	84.4
01905011005	赵宇	男	信息工程系	2019电子商务	43	23	69	74	82	291	58.2
01905011006	黄立清	男	信息工程系	2019电子商务	88	80	77	77	78	400	80
01905011007	王艳宁	女	信息工程系	2019电子商务	87	86	85	90	90	438	87.6
01905011008	梁美芬	女	信息工程系	2019电子商务	87	91	81	80	81	420	84
01905011009	汪洋	男	信息工程系	2019电子商务	86	78	66	87	77	394	78.8
01905011010	贺广文	男	信息工程系	2019电子商务	84	79	75	80	87	405	81
01905011011	刘军	男	信息工程系	2019电子商务	88	90	65	84	84	411	82.2
01905011012	黄文建	男	信息工程系	2019电子商务	81	88	71	81	82	403	80.6
01905011013	张家栩	男	信息工程系	2019电子商务	96	79	71	76	81	403	80.6
01905011014	唐旋	女	信息工程系	2019电子商务	85	93	89	90	87	444	88.8
01905011015	彭明	男	信息工程系	2019电子商务	53	62	57	57	52	281	56.2
01905011016	杨江水	男	信息工程系	2019电子商务	87	78	73	83	86	407	81.4
01905011017	钱惠贤	女	信息工程系	2019电子商务	89	75	85	80	86	415	83
01905011018	覃明杰	男	信息工程系	2019电子商务	84	71	85	78	82	400	80
01905011019	李清	男	信息工程系	2019电子商务	80	81	90	87	87	425	85
01905011020	江文强	男	信息工程系	2019电子商务	79	65	75	81	85	385	77
01905011021	岑海威	男	信息工程系	2019电子商务	96	71	80	75	82	404	80.8
01905011022	贝凌	女	信息工程系	2019电子商务	91	60	70	71	73	365	73
01905011023	秦丽君	女	信息工程系	2019电子商务	81	79	73	84	72	389	77.8

图 5-3-1 2019 级电子商务放学生期考成绩分析数据表

- 数据排序。
- 筛选。
- 分类汇总。
- 创建数据透视表与数据透视图。

操作一 数据排序

在对工作表进行数据分析时，常常需要根据数据大小来改变排列的顺序。Excel 提供了强大的排序功能，可以很方便地对数据进行分析与管理。

操作要求：在 D 盘的“Excel 项目”文件夹中打开“期考成绩数据分析表”工作簿，并按要求进行设置。

操作步骤如下。

1. 备份“期考成绩数据分析表”

(1)在“期考成绩数据分析表”工作表标签上右击，在弹出的快捷菜单中选择“移动或复制”命令，如图 5-3-2 所示。弹出“移动或复制工作表”对话框，在“下列选定工作表之前”列表框中选择“（移至最后）”选项，并选中“建立副本”复选框，建立工作表的副本“期考成绩数据分析表（2）”如图 5-3-3 所示。

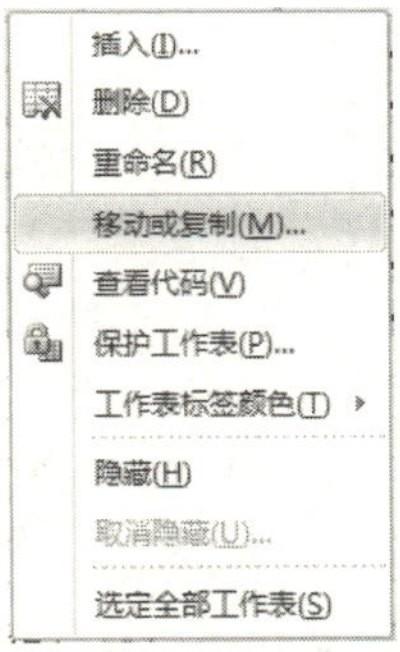

图 5-3-2 “移动或复制”命令

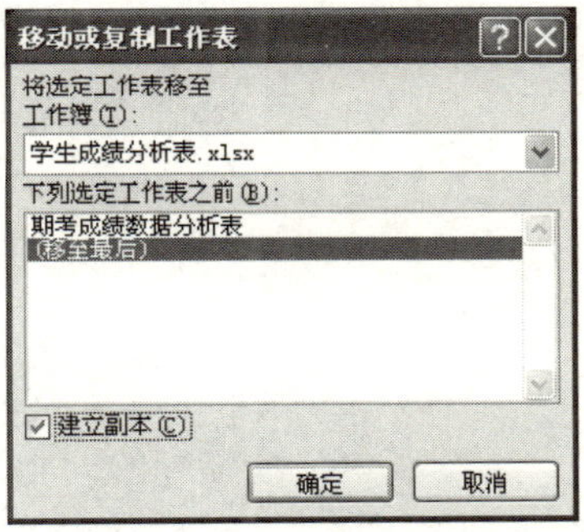

图 5-3-3 “移动或复制工作表”对话框

(2) 重复上面的操作，再为“期考成绩数据分析表”工作表建立 3 个副本“期考成绩数据分析表（3）”“期考成绩数据分析表（4）”“期考成绩数据分析表（5）”，如图 5-3-4 所示。

图 5-3-4 建立 4 个副本

(3) 为“期考成绩数据分析表（2）”“期考成绩数据分析表（3）”“期考成绩数据分析表（4）”“期考成绩数据分析表（5）”重命名，依次为“排序”“自动筛选”“高级筛选”“分类汇总”，如图 5-3-5 所示。

图 5-3-5 重命名后的工作表标签

2. 数据排序

(1) 将“排序”工作表中的“总分”按由高到低的顺序进行排序。

① 打开“排序”工作表，单击“总分”列中的任一单元格。

② 单击“开始”选项卡“编辑”选项组中的“排序和筛选”按钮，在弹出的下拉列表中选择“降序”选项，如图 5-3-6 所示。则工作表中的“总分”按由高到低的顺序进行排序，如图 5-3-7 所示。

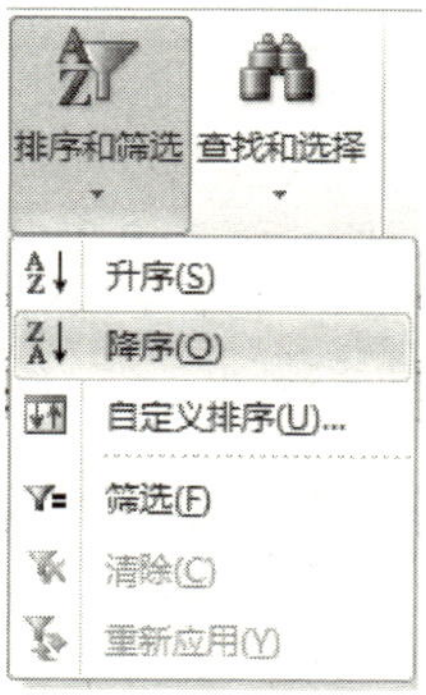

图 5-3-6 “降序”选项

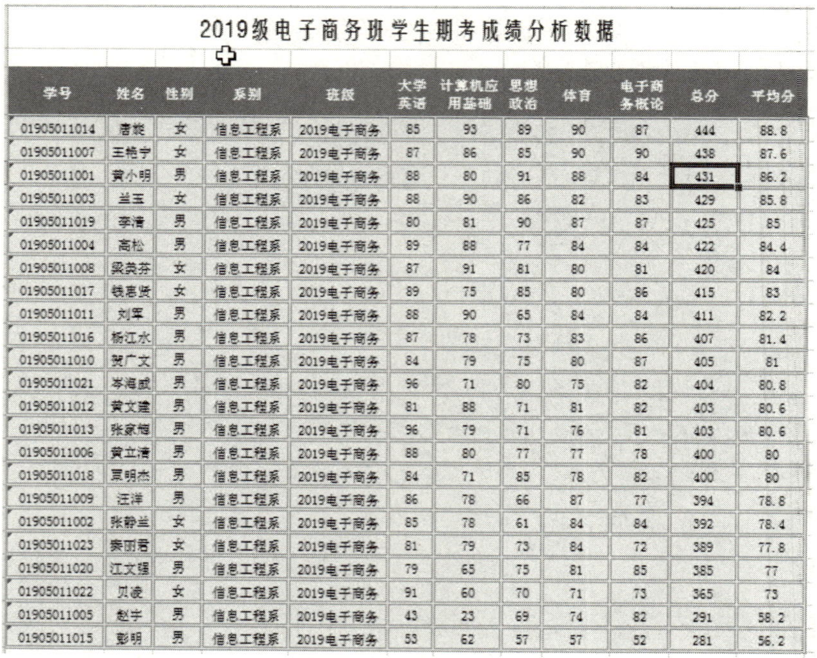

2019级电子商务班学生期考成绩分析数据

学号	姓名	性别	系别	班级	大学英语	计算机应用基础	思想政治	体育	电子商务概论	总分	平均分
01905011014	唐旋	女	信息工程系	2019电子商务	85	93	89	90	87	444	88.8
01905011007	王艳宇	女	信息工程系	2019电子商务	87	86	85	90	90	438	87.6
01905011001	黄小明	男	信息工程系	2019电子商务	88	80	91	88	84	431	86.2
01905011003	兰玉	女	信息工程系	2019电子商务	88	90	86	82	83	429	85.8
01905011019	李清	男	信息工程系	2019电子商务	80	81	90	87	87	425	85
01905011004	高松	男	信息工程系	2019电子商务	89	88	77	84	84	422	84.4
01905011008	梁英芬	女	信息工程系	2019电子商务	87	91	81	80	81	420	84
01905011017	钱惠贤	女	信息工程系	2019电子商务	89	75	85	80	86	415	83
01905011011	刘军	男	信息工程系	2019电子商务	88	90	65	84	84	411	82.2
01905011016	杨江水	男	信息工程系	2019电子商务	87	78	73	83	86	407	81.4
01905011010	贺广文	男	信息工程系	2019电子商务	84	79	75	80	87	405	81
01905011021	岑海威	男	信息工程系	2019电子商务	96	71	80	75	82	404	80.8
01905011012	黄文建	男	信息工程系	2019电子商务	81	88	71	81	82	403	80.6
01905011013	张家恒	男	信息工程系	2019电子商务	96	79	71	76	81	403	80.6
01905011006	黄立清	男	信息工程系	2019电子商务	88	80	77	77	78	400	80
01905011018	夏明杰	男	信息工程系	2019电子商务	84	71	85	78	82	400	80
01905011009	汪洋	男	信息工程系	2019电子商务	86	78	66	87	77	394	78.8
01905011002	张静兰	女	信息工程系	2019电子商务	85	78	61	84	84	392	78.4
01905011023	龚丽君	女	信息工程系	2019电子商务	81	79	73	84	72	389	77.8
01905011020	江文强	男	信息工程系	2019电子商务	79	65	75	81	85	385	77
01905011022	贝凌	女	信息工程系	2019电子商务	91	60	70	71	73	365	73
01905011005	赵宇	男	信息工程系	2019电子商务	43	23	69	74	82	291	58.2
01905011015	彭明	男	信息工程系	2019电子商务	53	62	57	57	52	281	56.2

图 5-3-7 按“总分”排序后的结果

（2）多条件排序。

在对“总分”进行由高到低排序的过程中，发现“总分”字段中有相同的值，现规定如果“总分”相同，“大学英语”成绩高的同学排在前面，如果“总分”及“大学英语”成绩均相同，则“计算机应用基础”成绩高的同学排在前。此时，只能执行多条件的排序，操作步骤如下。

① 单击“总分”列中的任一单元格。

② 单击“开始”选项卡“编辑”选项组中的“排序和筛选”按钮，在弹出的下拉列表中选择“自定义排序”选项，如图 5-3-8 所示。弹出“排序”对话框，单击两次“添加条件”按钮，分别输入次要关键字“大学英语”和“计算机应用基础”，设置次序均为“降序”，如图 5-3-9 所示。

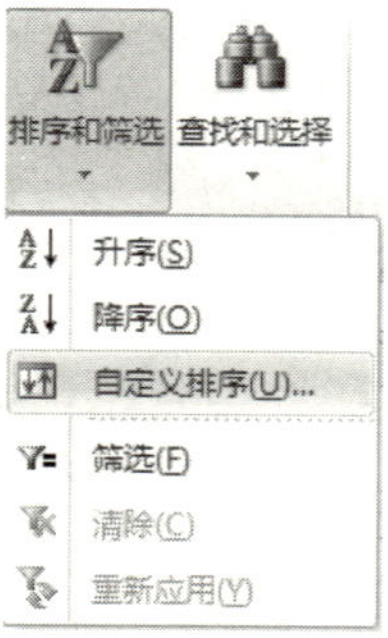

图 5-3-8 “自定义排序”选项

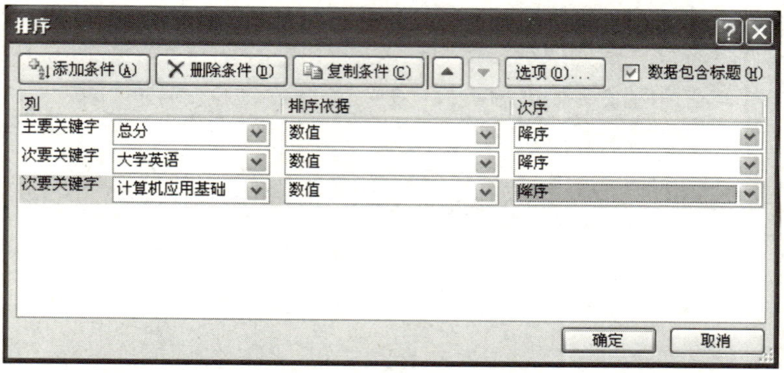

图 5-3-9 “排序”对话框

③ 单击“确定”按钮完成排序，如图 5-3-10 所示。

2019级电子商务班学生期考成绩分析数据											
学号	姓名	性别	系别	班级	大学英语	计算机应用基础	思想政治	体育	电子商务概论	总分	平均分
01905011014	唐能	女	信息工程系	2019电子商务	85	93	89	90	87	444	88.8
01905011007	王艳宁	女	信息工程系	2019电子商务	87	86	85	90	90	438	87.6
01905011001	黄小明	男	信息工程系	2019电子商务	88	80	91	88	84	431	86.2
01905011003	兰玉	女	信息工程系	2019电子商务	88	90	86	82	83	429	85.8
01905011019	李清	男	信息工程系	2019电子商务	80	81	90	87	87	425	85
01905011004	高松	男	信息工程系	2019电子商务	89	88	77	84	84	422	84.4
01905011008	梁英芬	女	信息工程系	2019电子商务	87	91	81	80	81	420	84
01905011017	钱惠贤	女	信息工程系	2019电子商务	89	75	85	80	86	415	83
01905011011	刘军	男	信息工程系	2019电子商务	88	90	65	84	84	411	82.2
01905011016	杨江水	男	信息工程系	2019电子商务	87	78	73	83	86	407	81.4
01905011010	贺广文	男	信息工程系	2019电子商务	84	79	75	80	87	405	81
01905011021	岑海威	男	信息工程系	2019电子商务	96	71	80	75	82	404	80.8
01905011013	张家恒	男	信息工程系	2019电子商务	96	79	71	76	81	403	80.6
01905011012	黄文建	男	信息工程系	2019电子商务	81	88	71	81	82	403	80.6
01905011006	黄立清	男	信息工程系	2019电子商务	88	80	77	77	78	400	80
01905011018	贾明杰	男	信息工程系	2019电子商务	84	71	85	78	82	400	80
01905011009	汪洋	男	信息工程系	2019电子商务	86	78	66	87	77	394	78.8
01905011002	张静兰	女	信息工程系	2019电子商务	85	78	61	84	84	392	78.4
01905011023	秦丽君	女	信息工程系	2019电子商务	81	79	73	84	72	389	77.8
01905011020	江文强	男	信息工程系	2019电子商务	79	65	75	81	85	385	77
01905011022	贝凌	女	信息工程系	2019电子商务	91	60	70	71	73	365	73
01905011005	赵宇	男	信息工程系	2019电子商务	43	23	69	74	82	291	58.2
01905011015	彭明	男	信息工程系	2019电子商务	53	62	57	57	52	281	56.2

图 5-3-10　多条件排序后的结果

操作二　数据筛选

1. 自动筛选

在“期考成绩数据分析表”中的“自动筛选”工作表中显示“平均分”大于等于 80 分的男同学。

（1）打开“自动筛选”工作表。

（2）选中 A3:L26 单元格区域中的任一单元格，单击“开始”选项卡“编辑”选项组中的“排序和筛选”按钮，在弹出的下拉列表中选择“筛选”，如图 5-3-11 所示。

（3）此时，在数据清单中每个字段名都显示一个下拉按钮。单击字段名“平均分”右侧的下拉按钮，会弹出一个下拉列表，选择“数字筛选”→“大于或等于”，如图 5-3-12 所示。

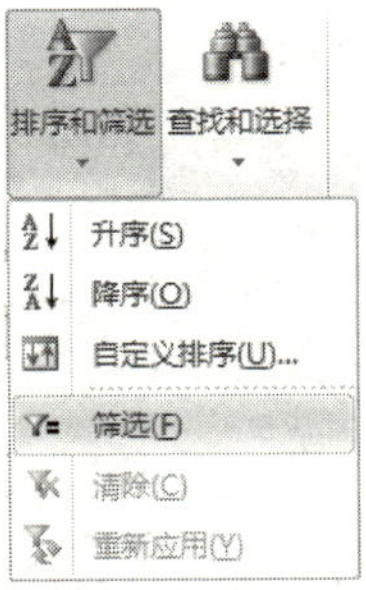

图 5-3-11　“筛选”选项

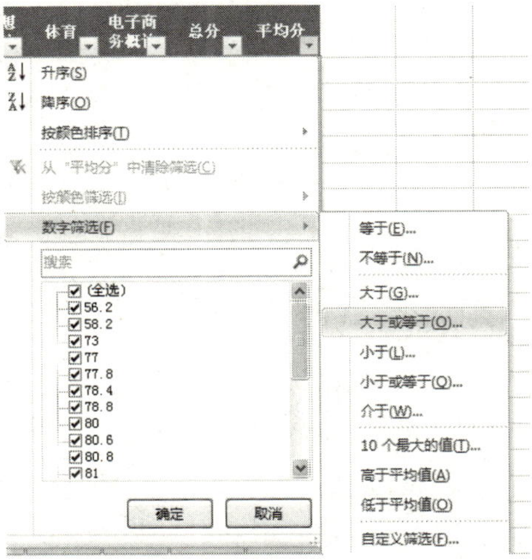

图 5-3-12　对“平均分”字段进行数字筛选

（4）弹出“自定义自动筛选方式”对话框，在“平均分”下拉列表中选择“大于或等于”选项，在右侧的框中输入“80”，如图 5-3-13 所示。

（5）单击字段名“性别”右侧的下拉按钮，取消选中“女”复选框，如图 5-3-14 所示。单击“确定”按钮即可完成，此时，数据清单中只显示平均分大于或等于 80 分，且性别为男的记录，而其他不满足条件的记录被隐藏起来了，如图 5-3-15 所示。

图 5-3-13 “自定义自动筛选方式”对话框

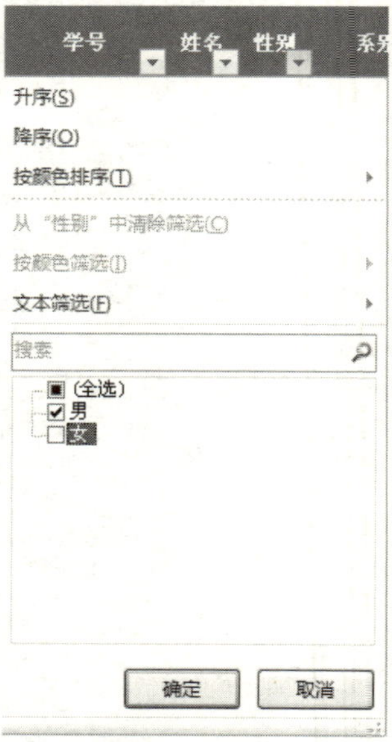

图 5-3-14 对“性别”字段进行筛选

2019级电子商务班学生期考成绩分析数据

行	学号	姓名	性别	系别	班级	大学英语	计算机应用基础	思想政治	体育	电子商务概论	总分	平均分
4	01905011001	黄小明	男	信息工程系	2019电子商务	88	80	91	88	84	431	86.2
7	01905011004	高松	男	信息工程系	2019电子商务	89	88	77	84	84	422	84.4
13	01905011010	贺广文	男	信息工程系	2019电子商务	84	79	75	80	87	405	81
14	01905011011	刘军	男	信息工程系	2019电子商务	88	90	65	84	84	411	82.2
15	01905011012	黄文建	男	信息工程系	2019电子商务	81	88	71	81	82	403	80.6
16	01905011013	张家辉	男	信息工程系	2019电子商务	96	79	71	76	81	403	80.6
19	01905011016	杨江水	男	信息工程系	2019电子商务	87	78	73	83	86	407	81.4
22	01905011019	李清	男	信息工程系	2019电子商务	80	81	90	87	87	425	85
24	01905011021	李海威	男	信息工程系	2019电子商务	96	71	80	75	82	404	80.8

图 5-3-15 自动筛选的结果

2. 高级筛选

在“高级筛选”工作表中选出性别是男生，或者总分大于或等于 400 分的同学。此时用自动筛选没办法完成这个工作，只能用高级筛选来完成。

高级筛选必须定义 3 个单元格区域：一是筛选的数据区域；二是筛选的条件区域；三是存放筛选出来的数据的区域（此步骤可以采取默认的选项）。

（1）在“高级筛选”工作表中数据区域的下方（至少和数据区域隔开一个空白行）建立一个条件区域，如 C28 单元格，复制工作表中的“性别”字段到 C28 单元格，在 C29 单元格中输入数据“男”。

（2）复制工作表中的“总分”字段到 D28 单元格，在 D30 单元格中输入条件“>=400”；则 C28:D28 单元格区域即为条件区域，如图 5-3-16 所示。

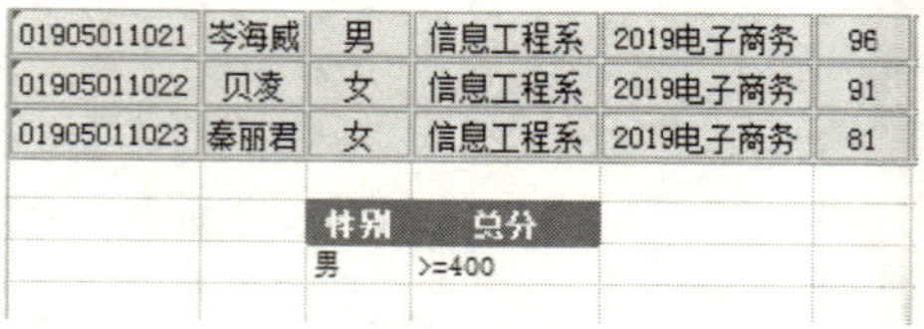

01905011021	李海威	男	信息工程系	2019电子商务	96
01905011022	贝凌	女	信息工程系	2019电子商务	91
01905011023	秦丽君	女	信息工程系	2019电子商务	81
		性别	总分		
		男	>=400		

图 5-3-16 设置高级筛选的条件区域

（3）选中数据区域中的任一单元格，单击“数据”选项卡“排序和筛选”选项组中的“高级”按钮，如

图 5-3-17 所示。弹出“高级筛选”对话框，选择中“将筛选结果复制到其他位置”单选按钮。

（4）将“列表区域”设置为“高级筛选!$A$3:$L$26”。

（5）将“条件区域”设置为“高级筛选!$C$28:$D$29”。

（6）将“复制到”设置为“高级筛选!$N$3”，如图 5-3-18 所示。

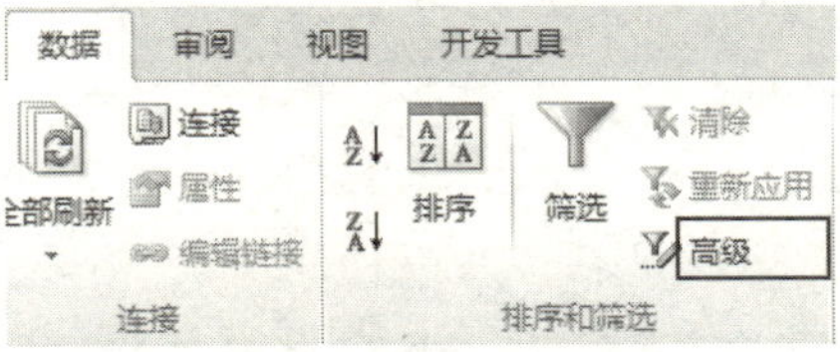

图 5-3-17 “高级”按钮

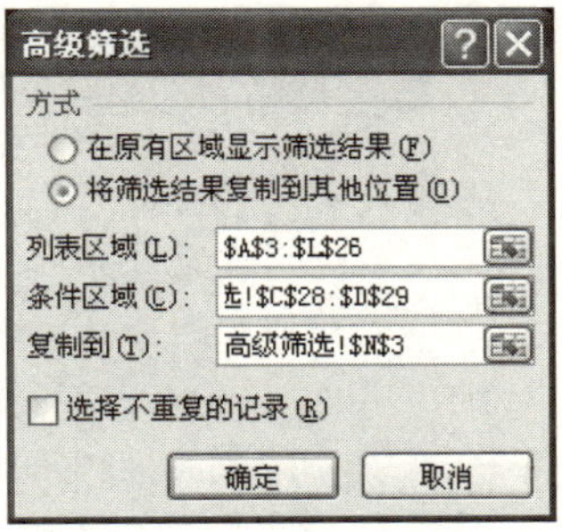

图 5-3-18 “高级筛选”对话框

（7）单击“确定”按钮。可以看到从 N3 单元格开始显示的是满足性别是男生，或者总分大于或等于 400 分的同学的记录，如图 5-3-19 所示。

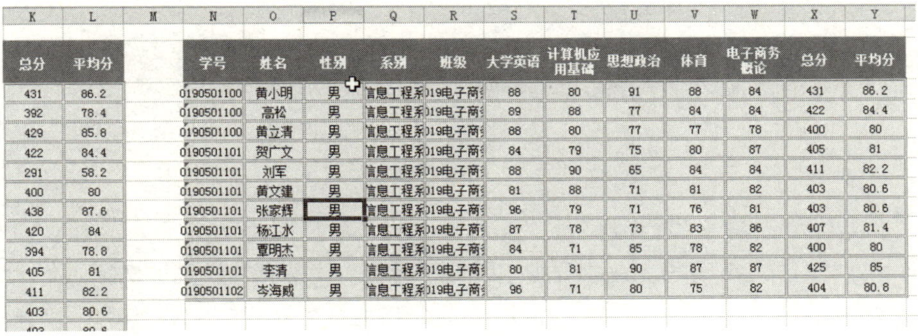

K	L	M	N	O	P	Q	R	S	T	U	V	W	X	Y
总分	平均分		学号	姓名	性别	系别	班级	大学英语	计算机应用基础	思想政治	体育	电子商务概论	总分	平均分
431	86.2		0190501100	黄小明	男	言息工程系	019电子商	88	80	91	88	84	431	86.2
392	78.4		0190501100	高松	男	言息工程系	019电子商	89	88	77	84	84	422	84.4
429	85.8		0190501100	黄立清	男	言息工程系	019电子商	88	80	77	77	78	400	80
422	84.4		0190501101	贺广文	男	言息工程系	019电子商	84	79	75	80	87	405	81
291	58.2		0190501101	刘军	男	言息工程系	019电子商	88	90	65	84	84	411	82.2
400	80		0190501101	黄文建	男	言息工程系	019电子商	81	88	71	81	82	403	80.6
438	87.6		0190501101	张家辉	男	言息工程系	019电子商	96	79	71	76	81	403	80.6
420	84		0190501101	杨江水	男	言息工程系	019电子商	87	78	73	83	86	407	81.4
394	78.8		0190501101	覃明杰	男	言息工程系	019电子商	84	71	85	78	82	400	80
405	81		0190501101	李清	男	言息工程系	019电子商	80	81	90	87	87	425	85
411	82.2		0190501102	岑海威	男	言息工程系	019电子商	96	71	80	75	82	404	80.8
403	80.6													

图 5-3-19 高级筛选的结果

高级筛选中定义的 3 个数据区域与“高级筛选”工作表中具体数据的对应关系如下：一是筛选的数据区域，即为“高级筛选”工作表中的 A3:L26 单元格区域；二是筛选的条件区域，即为“高级筛选”工作表中的 C28: D29 单元格区域；三是存放筛选出来的数据的区域，即为“高级筛选”工作表中以 N3 单元格开始的单元格区域。

简单来说，以上操作的含义是：在 A3: L26 单元格区域中查找满足条件区域 C28: D29 的条件，并将满足条件的记录显示在以 N3 单元格开始的单元格区域中。

操作三 分类汇总

分类汇总是实际应用中经常遇到的问题，是数据处理的一个重要工具，是对数据清单按某个字段进行分类，将字段值相同的记录作为一类，进行求和、求平均、计数等汇总运算。

分类汇总在实际操作中分两步进行：第一步，首先对分类的字段进行排序，目的是让字段值相同的记录集中在一起，即称为分类；第二步，进行分类汇总操作，确定对哪个字段进行分类、汇总及汇总的方式。

对“分类汇总”工作表，按“性别”来统计各科目的平均分，操作步骤如下。

1. 分类

（1）打开“分类汇总”工作表，选中“性别”列中的任一单元格。

（2）单击“开始”选项卡“编辑”选项组中的“排序和筛选”按钮，在弹出的下拉列表中选择“降序”或“升序”选项。此时可以看到，性别相同的所有的记录全部集中在一起，如图 5-3-20 所示。

2019级电子商务班学生期考成绩分析数据

学号	姓名	性别	系别	班级	大学英语	计算机应用基础	思想政治	体育	电子商务概论	总分	平均分
01905011001	黄小明	男	信息工程系	2019电子商务	88	80	91	88	84	431	86.2
01905011004	高松	男	信息工程系	2019电子商务	89	88	77	84	84	422	84.4
01905011005	赵宇	男	信息工程系	2019电子商务	43	23	69	74	82	291	58.2
01905011006	黄立清	男	信息工程系	2019电子商务	88	80	77	77	78	400	80
01905011009	汪洋	男	信息工程系	2019电子商务	86	78	66	87	77	394	78.8
01905011010	贺广文	男	信息工程系	2019电子商务	84	79	75	80	87	405	81
01905011011	刘军	男	信息工程系	2019电子商务	88	90	65	84	84	411	82.2
01905011012	黄文建	男	信息工程系	2019电子商务	81	88	71	81	82	403	80.6
01905011013	张家梅	男	信息工程系	2019电子商务	96	79	71	76	81	403	80.6
01905011015	彭明	男	信息工程系	2019电子商务	53	62	57	57	52	281	56.2
01905011016	杨江水	男	信息工程系	2019电子商务	87	78	73	83	86	407	81.4
01905011018	夏明杰	男	信息工程系	2019电子商务	84	71	85	78	82	400	80
01905011019	李清	男	信息工程系	2019电子商务	80	81	90	87	87	425	85
01905011020	江文强	男	信息工程系	2019电子商务	79	65	75	81	85	385	77
01905011021	岑海威	男	信息工程系	2019电子商务	96	71	80	75	82	404	80.8
01905011002	张静兰	女	信息工程系	2019电子商务	85	78	61	84	84	392	78.4
01905011003	兰玉	女	信息工程系	2019电子商务	88	90	86	82	83	429	85.8
01905011007	王艳宁	女	信息工程系	2019电子商务	87	86	85	90	90	438	87.6
01905011008	梁美芬	女	信息工程系	2019电子商务	87	91	81	80	81	420	84
01905011014	唐旋	女	信息工程系	2019电子商务	85	93	89	90	87	444	88.8
01905011017	钱惠贤	女	信息工程系	2019电子商务	89	75	85	80	86	415	83
01905011022	贝凌	女	信息工程系	2019电子商务	91	60	70	71	73	365	73
01905011023	秦丽君	女	信息工程系	2019电子商务	81	79	73	84	72	389	77.8

图 5-3-20　按“性别”排序之后的结果

2. 汇总

（1）单击“数据”选项卡“分级显示”选项组中的“分类汇总”按钮，如图 5-3-21 所示。

（2）弹出“分类汇总”对话框，在“分类字段”下拉列表中选择“性别”选项，在“汇总方式”下拉列表中选择“平均值”选项，在“选定汇总项”列表框中选中“大学英语”“计算机应用基础”“思想政治”“体育”“电子商务概论”复选框，如图 5-3-22 所示。

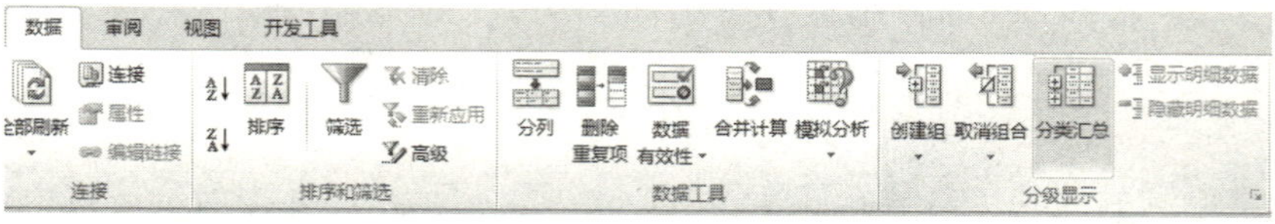

图 5-3-21　“分类汇总”按钮

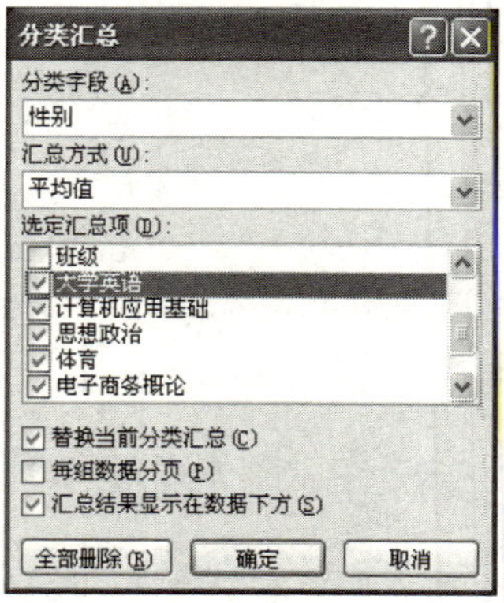

图 5-3-22　“分类汇总”对话框

（3）单击“确定”按钮，分类汇总的结果如图 5-3-23 所示。

若要取消分类汇总，可在数据区域中再次弹出“分类汇总”对话框，单击左下方的“全部删除”按钮即可取消分类汇总。

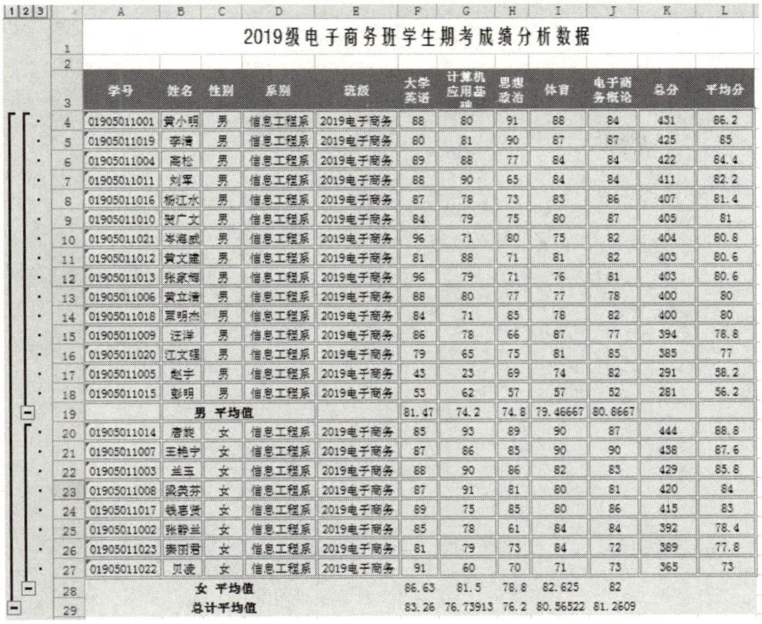

2019级电子商务班学生期考成绩分析数据

行	学号	姓名	性别	系别	班级	大学英语	计算机应用基础	思想政治	体育	电子商务概论	总分	平均分
4	01905011001	黄小明	男	信息工程系	2019电子商务	88	80	91	88	84	431	86.2
5	01905011019	李清	男	信息工程系	2019电子商务	80	81	90	87	87	425	85
6	01905011004	高松	男	信息工程系	2019电子商务	89	88	77	84	84	422	84.4
7	01905011011	刘军	男	信息工程系	2019电子商务	88	90	65	84	84	411	82.2
8	01905011016	杨江水	男	信息工程系	2019电子商务	87	78	73	83	86	407	81.4
9	01905011010	贺广文	男	信息工程系	2019电子商务	84	79	75	80	87	405	81
10	01905011021	岑海威	男	信息工程系	2019电子商务	96	71	80	75	82	404	80.8
11	01905011012	黄文建	男	信息工程系	2019电子商务	81	88	71	81	82	403	80.6
12	01905011013	张家梅	男	信息工程系	2019电子商务	96	79	71	76	81	403	80.6
13	01905011006	黄立清	男	信息工程系	2019电子商务	88	80	77	77	78	400	80
14	01905011018	罗明杰	男	信息工程系	2019电子商务	84	71	85	78	82	400	80
15	01905011009	汪洋	男	信息工程系	2019电子商务	86	78	66	87	77	394	78.8
16	01905011020	江文强	男	信息工程系	2019电子商务	79	65	75	81	85	385	77
17	01905011005	赵宇	男	信息工程系	2019电子商务	43	23	69	74	82	291	58.2
18	01905011015	彭明	男	信息工程系	2019电子商务	53	62	57	57	52	281	56.2
19		男 平均值				81.47	74.2	74.8	79.46667	80.8667		
20	01905011014	唐姣	女	信息工程系	2019电子商务	85	93	89	90	87	444	88.8
21	01905011007	王艳宁	女	信息工程系	2019电子商务	87	86	85	90	90	438	87.6
22	01905011003	兰玉	女	信息工程系	2019电子商务	88	90	86	82	83	429	85.8
23	01905011008	梁英芬	女	信息工程系	2019电子商务	87	91	81	80	81	420	84
24	01905011017	钱惠贤	女	信息工程系	2019电子商务	89	75	85	80	86	415	83
25	01905011002	张静兰	女	信息工程系	2019电子商务	85	78	61	84	84	392	78.4
26	01905011023	秦丽君	女	信息工程系	2019电子商务	81	79	73	84	72	389	77.8
27	01905011022	贝凌	女	信息工程系	2019电子商务	91	60	70	71	73	365	73
28		女 平均值				86.63	81.5	78.8	82.625	82		
29		总计平均值				83.26	76.73913	76.2	80.56522	81.2609		

图 5-3-23　分类汇总的结果

操作四　创建数据透视表与数据透视图

数据透视表是一种可以对大量数据进行快速汇总和建立交叉列表的交互式表格。它能够转换行和列，以查看源数据的不同汇总结果，并显示不同页面的筛选数据，还可以根据需要显示区域中的明细数据。数据透视表是一种动态工作表，它提供了一种以不同角度观看数据清单的简便方法。

在实际生活中，有时需要按多个字段进行分类汇总，利用前面学过的分类汇总无法完成此任务或者说无法清楚明确地展现想要的分析结果，而 Excel 提供的数据透视表可以解决这个问题。

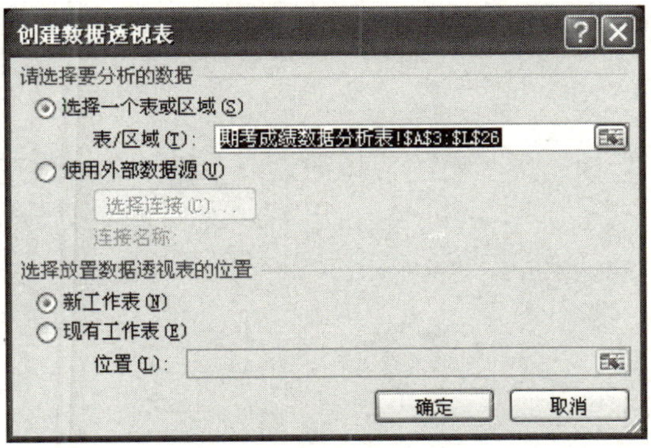

图 5-3-24　“创建数据透视表”对话框

在“期考成绩数据分析表”中，按“姓名”及“性别”求各科目的平均分。

（1）打开“期考成绩数据分析表”，选中数据区域中的任一单元格。

（2）单击“插入”选项卡“表格”选项组中的“数据透视表”下拉按钮，在弹出的下拉列表中选择“数据透视表”选项，弹出“创建数据透视表”对话框，选中“新工作表”单选按钮，如图 5-3-24 所示。

（3）单击“确定”按钮，此时新建一个工作表“Sheet1”，重命名为“期考成绩透视表”如图 5-3-25 所示。

（4）选择需要添加到报表的字段，此处选中“姓名”“性别”“大学英语”“计算机应用基础”“思想政治”“体育”“电子商务概论”复选框，如图 5-3-26 所示。

（5）设置“行标签”字段，将“姓名”字段拖动至“行标签”列表框中。

（6）设置“报表筛选”字段，将“性别”字段拖动至“报表筛选”列表框中，如图 5-3-27 所示。

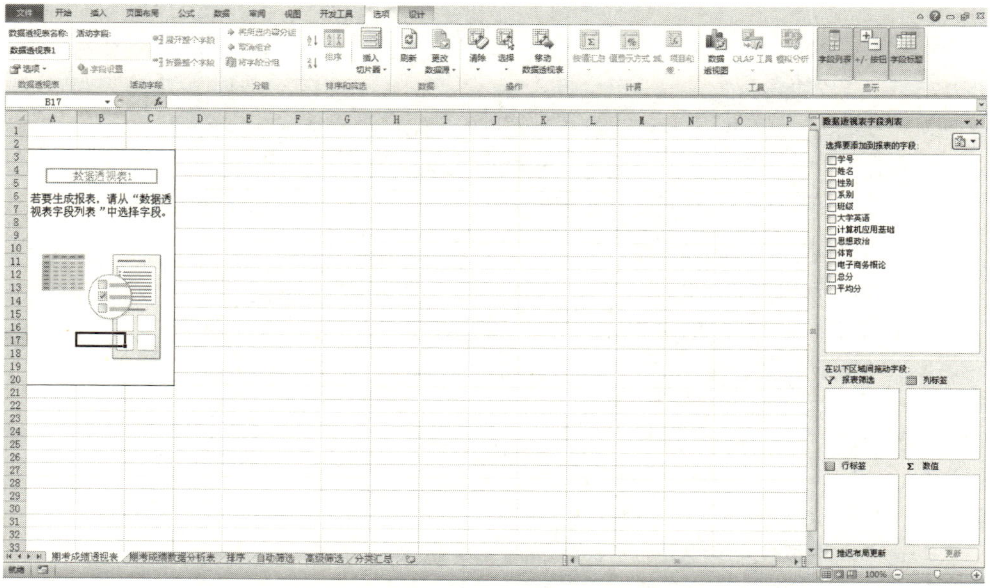

图 5-3-25　数据透视表界面

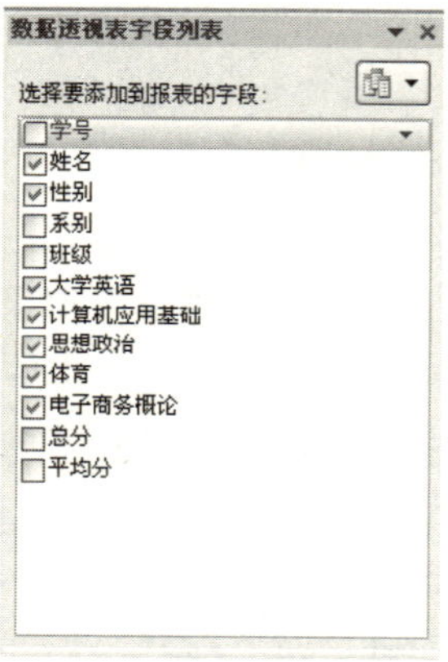

图 5-3-26　选择要添加到报表的字段

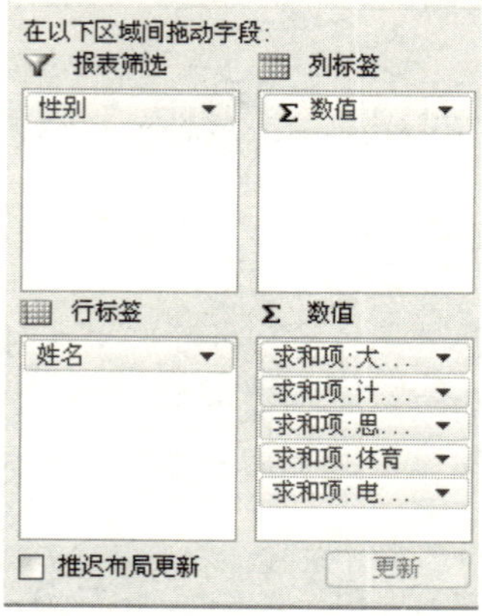

图 5-3-27　拖动字段到“报表筛选”和“行标签”列表框中

（7）在“∑数值”列表框中单击每一项求和项下拉按钮，在弹出的下拉列表中选择“值字段设置”选项，弹出“值字段设置”对话框，在“值汇总方式”选项卡的“选择用于汇总所选字段数据的计算类型”列表框中选择“平均值”选项，如图 5-3-28 和图 5-3-29 所示。

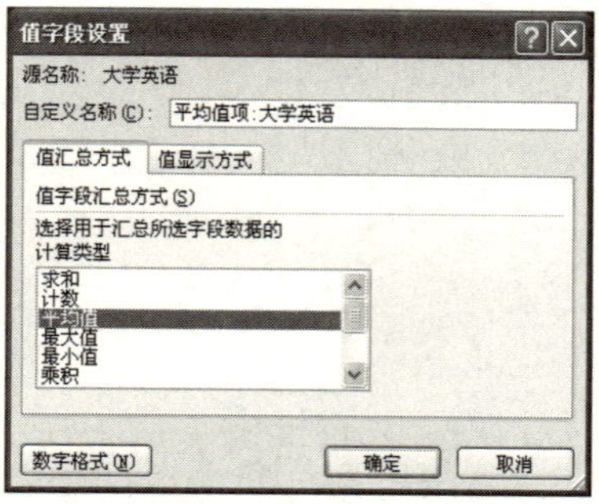

图 5-3-28　“值字段设置”对话框

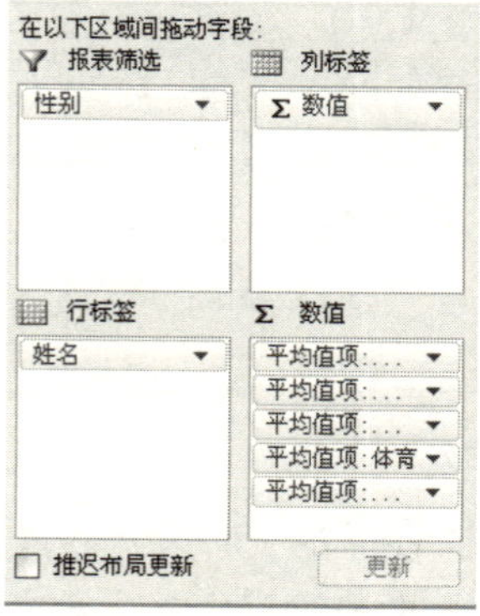

图 5-3-29　“∑数值”字段的设置

（8）在数据透视表中单击“性别”字段的下拉按钮，在弹出的下拉列表中选择“男”，就可以在数据透视表中查看男生的各科成绩，以及按科目查看平均分情况了，如图 5-3-30 所示。

性别　男

行标签	平均值项:大学英语	平均值项:计算机应用基础	平均值项:思想政治	平均值项:体育	平均值项:电子商务概论
岑海威	96	71	80	75	82
高松	89	88	77	84	84
贺广文	84	79	75	80	87
黄立清	88	80	77	77	78
黄文建	81	88	71	81	82
黄小明	88	80	91	88	84
江文强	79	65	75	81	85
李清	80	81	90	87	87
刘军	88	90	65	84	84
彭明	53	62	57	57	52
覃明杰	84	71	85	78	82
汪洋	86	78	66	87	77
杨江水	87	78	73	83	86
张家辉	96	79	71	76	81
赵宇	43	23	69	74	82
总计	81.46666667	74.2	74.8	79.46666667	80.86666667

图 5-3-30　生成的数据透视表

（9）美化数据透视表。选中数据透视表，单击“开始”选项卡“样式”选项组中的“套用表格格式”按钮，在弹出的下拉列表中选择“数据透视表样式深色 6”选项，如图 5-3-31 和图 5-3-32 所示。

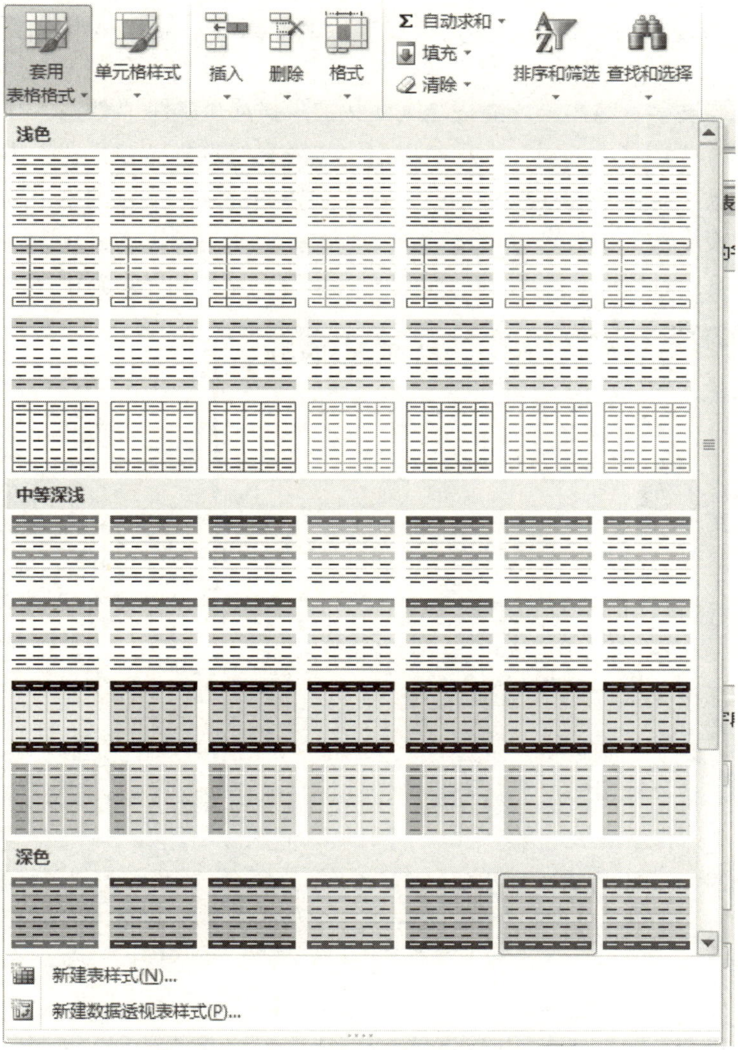

图 5-3-31　“套用表格格式”下拉列表

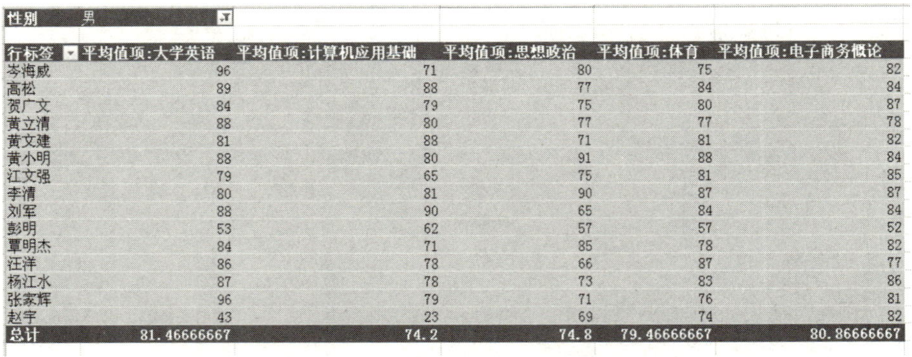

性别	男				
行标签	平均值项:大学英语	平均值项:计算机应用基础	平均值项:思想政治	平均值项:体育	平均值项:电子商务概论
岑海威	96	71	80	75	82
高松	89	88	77	84	84
贺广文	84	79	75	80	87
黄立清	88	80	77	77	78
黄文建	81	88	71	81	82
黄小明	88	80	91	88	84
江文强	79	65	75	81	85
李清	80	81	90	87	87
刘军	88	90	65	84	84
彭明	53	62	57	57	52
覃明杰	84	71	85	78	82
汪洋	86	78	66	87	77
杨江水	87	78	73	83	86
张家辉	96	79	71	76	81
赵宇	43	23	69	74	82
总计	81.4666667	74.2	74.8	79.4666667	80.8666667

图 5-3-32　美化之后的数据透视表

相关知识

1. 排序的技巧

（1）删除排序条件。对于已经设置了排序操作的数据表，选中数据表中的任一单元格，单击“开始”选项卡“编辑”选项组中的“排序和筛选”按钮，在弹出的下拉列表中选择“自定义排序”选项，弹出“排序”对话框，选择需要删除的排序条件，然后单击“删除条件”按钮，如图 5-3-33 所示。

（2）如果该列是汉字，则排序可能按笔画或按字母排序。选中“性别”列数据区域的任一单元格，单击“开始”选项卡“编辑”选项组中的“排序和筛选”按钮，在弹出的下拉列表中选择“自定义排序”选项，弹出“排序”对话框，在“主要关键字”下拉列表中选择“姓名”选项，在“次序”下拉列表中选择为“升序”选项，然后选择主要关键字的排序条件，单击“选项”按钮，弹出“排序选项”对话框，排序方法有两种：“字母排序”和“笔划排序”，如图 5-3-34 所示。

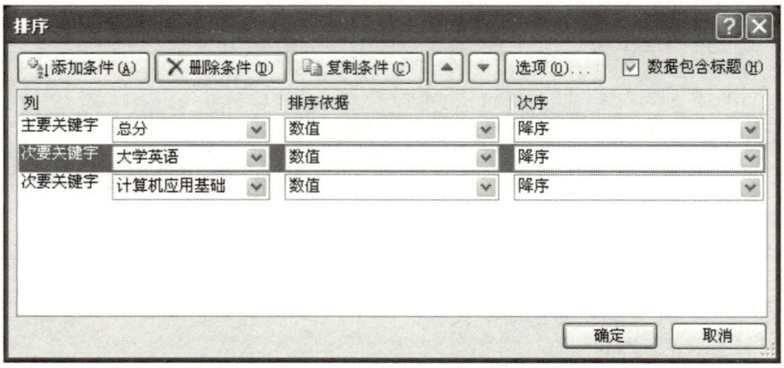

图 5-3-33　删除原有排序

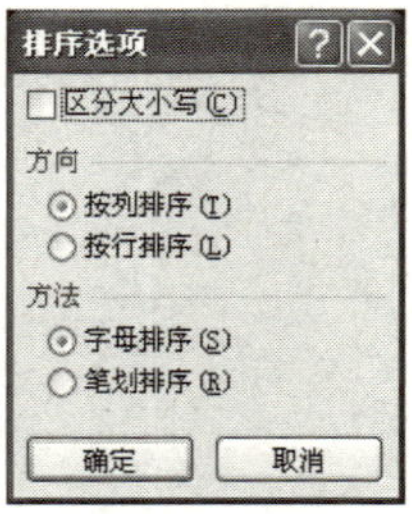

图 5-3-34　“排序选项”对话框

按字母排序时，是按拼音转换成英文字母之后排序，由小到大的顺序为 A～Z；由大到小的顺序为 Z～A。例如，对“性别”字段进行排序，如果按由小到大的顺序进行排序，则“男”排在“女”的前面，这是为什么呢？因为“男”字的拼音为“nan”，“女”字的拼音为“nv”，当第一个拼音字母相同时，就比较第二个字母“a”和“v”，“a”排在“v”的前面，所以所有性别为“男”的记录排列在“女”的记录的前面。比较拼音的大小，实质上是比较拼音转换成英文字母之后的 ASCII 码的大小。

对数据区域中的某一列进行排序时，只需选中该列任一单元格，而不用选中该列，否则，在排序中将只对此列进行排序，其他列数据将保持不变，这样做可能破坏原始工作的数据结构，造成数据错行。

2. 切片器

Excel 2010 中新增了切片器功能，通过切片器就可以让以往的数据透视表、图如虎添翼了。

生成上面的“期考成绩透视表”后，选中数据透视表中的任一单元格，单击“数据透视表工具”/“选项”选项卡“排序和筛选”选项组中的“插入切片器”下拉按钮，在弹出的下拉列表中选择“插入切片器”选项，如图 5-3-35 所示。

弹出“插入切片器”对话框，选中需要的字段，如“学号”，也可以同时选中多个字段从而插入多个切片器。这时我们就可以利用切片器，快速地进行多重筛选，从而快速地进行数据查看、分析了。分别单击各个切片，相应的数据就会实时展现了，如图 5-3-36 所示。

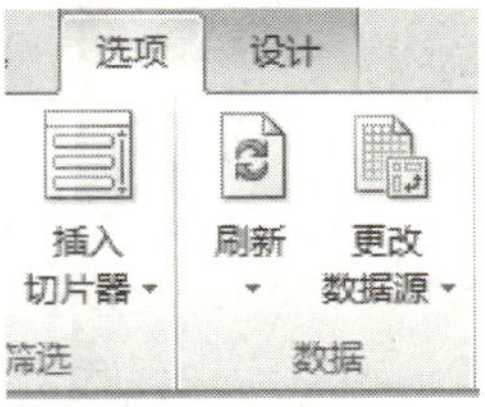

图 5-3-35　“插入切片器”下拉列表

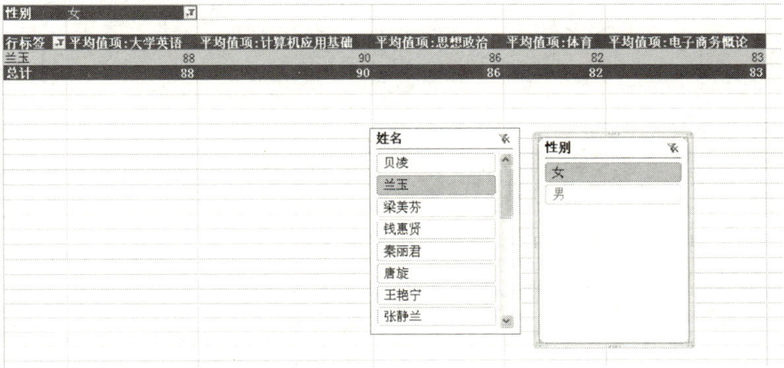

图 5-3-36　运用切片器后的效果

对某个切片器进行了选择，右上角的“删除”按钮就会变成红色，单击该按钮，即可清除该切片器的筛选。

3. 数据透视图

创建数据透视图和创建数据透视表的方法步骤基本一致。

设置图表样式可以单击“数据透视图工具”/“设计”选项卡“图表样式”选项组中的“其他”按钮，在弹出的下拉列表中选择合适的图表样式，如图 5-3-37 所示。

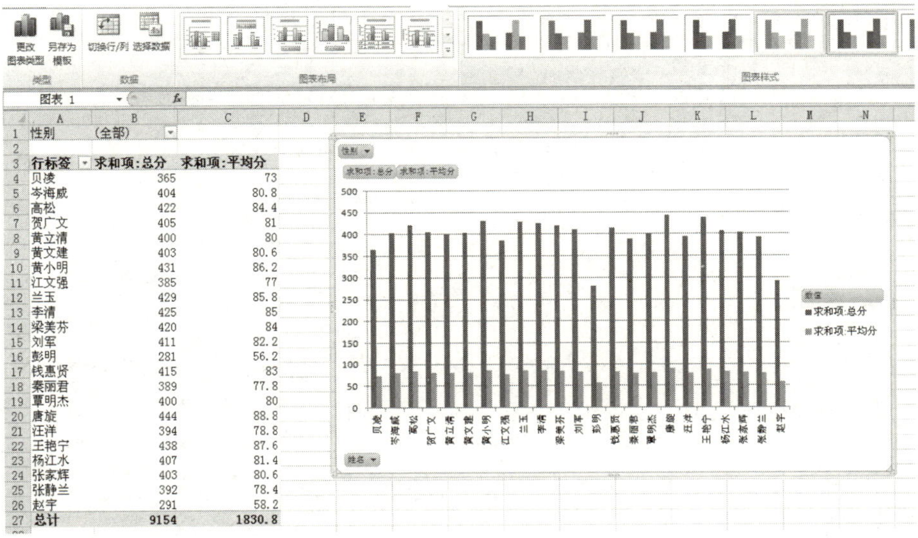

图 5-3-37　数据透视图

项目训练

一、按以下要求完成效果如图 5-4-1 所示的“2019 级电子商务班学生联络信息表.xlsx”文档的制作。

1．设置页面纸张为 A4。页边距：左、右各 1.8 厘米；上、下各 1.9 厘米。

2．“学号”“在校联系电话（手机）”“家庭联系电话（手机）”列的数据设置为文本型数据。“入学日期”设置为日期型数据，格式为“2001 年 3 月 14 日”。

3．按照效果图设置边框线，边框线的颜色值为“水绿色，强调文字颜色 5，深色 25%”，填充颜色为“水绿色，强调文字颜色 5，淡色 60%”到白色的水平渐变方式。

4．数据清单中的数据在单元格内完全居中。

5．设置合适的列宽，设置行高为 20。

6．自行输入部分数据进行效果验证。

7．按照效果图添加页眉页脚，页眉内容：“2019 级电子商务班”、斜体、带下画线、居左显示；页脚内容：第?页共?页，居右显示。

8．将工作表重命名为“学生联络信息表”，并删除多余的空白工作表。

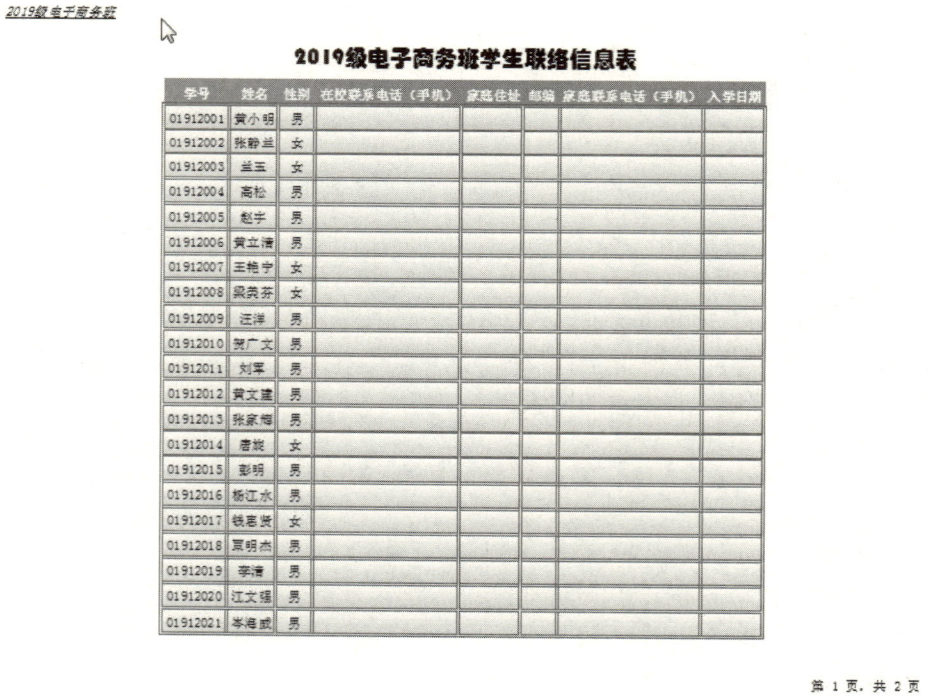

2019级电子商务班

2019级电子商务班学生联络信息表

学号	姓名	性别	在校联系电话（手机）	家庭住址	邮编	家庭联系电话（手机）	入学日期
01912001	黄小明	男					
01912002	张静兰	女					
01912003	兰玉	女					
01912004	高松	男					
01912005	赵宇	男					
01912006	黄立清	男					
01912007	王艳宁	女					
01912008	梁美芬	女					
01912009	汪洋	男					
01912010	贺广文	男					
01912011	刘军	男					
01912012	黄文建	男					
01912013	张家梅	男					
01912014	唐旋	女					
01912015	彭明	男					
01912016	杨江水	男					
01912017	钱惠贤	女					
01912018	冥明杰	男					
01912019	李清	男					
01912020	江文强	男					
01912021	岑海威	男					

第 1 页，共 2 页

图 5-4-1　效果图

二、按以下要求完成效果如图 5-4-2 和图 5-4-3 所示的“个人收支明细表.xlsx”文档的制作。

1．“个人收支明细表”“收入”“支出”的字体设置为方正姚体，字号为 18。“生活费用”“学习娱乐”“其他支出”的字体设置为黑体，字号为 14。

2．将“收入”“支出”单元格按照效果图进行单元格合并居中。

3．按照效果图设置边框线和填充效果。

个人收支明细表

月度收支最大值	235
月度收支最小值	-470

	一月	二月	三月	四月	五月	六月	七月	八月	九月	十月	十一月	十二月	全年合计
收入													
父母汇款生活费	1000	0	1000										2000
兼职收入	300	600	0										900
收入合计	1300	600	1000	0	0	0	0	0	0	0	0	0	2900
支出													
生活费用													
伙食费	430	200	420										1050
宿舍水电费	30	0	30										60
生活用品	100	30	80										210
电话费	53	70	55										178
交通费用	45	20	26										91
外出就餐	200	50	64										314
生活费用合计	858	370	675	0	0	0	0	0	0	0	0	0	1903
学习娱乐													
购书、学习资料	47	0	28										75
旅游	0	700	0										700
娱乐	90	0	50										140
健身、运动	20	0	20										40
其他	0	0	10										10
学习娱乐合计	157	700	108	0	0	0	0	0	0	0	0	0	965
其他支出													
班费、杂费	0	0	100										100
其他	50	0	0										50
其他支出合计	50	0	100	0	0	0	0	0	0	0	0	0	150
	一月	二月	三月	四月	五月	六月	七月	八月	九月	十月	十一月	十二月	全年合计
支出总计	1065	1070	883	0	0	0	0	0	0	0	0	0	3018
收支合计	235	-470	117	0	0	0	0	0	0	0	0	0	-118

图 5-4-2　个人收支明细表效果图

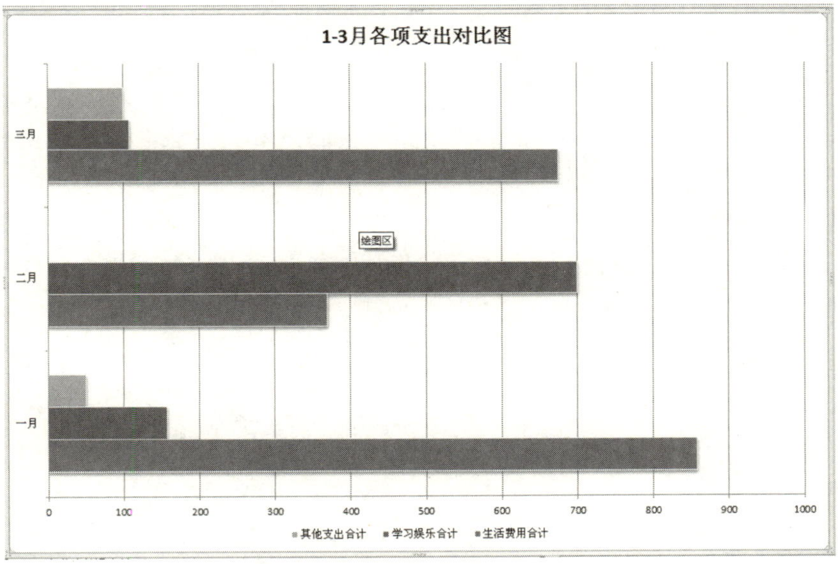

图 5-4-3　图表效果图

4．运用公式或求和函数计算每月和全年的“收入合计”“生活费用合计”“学习娱乐合计”“其他支出合计”及各项项目的全年合计。

5．运用公式计算每月和全年“支出总计”，支出总计=生活费用合计+学习娱乐合计+其他支出合计。

6．运用公式计算每月和全年“收支总计”，收支总计=收入合计-支出合计。

7．运用函数计算“月度收支最大值”和“月度收支最小值”。

8．运用条件格式将每月和全年“收支总计”小于 0 的数值设置为浅红填充色，深红色文本。

9．按效果图建立一个独立图表。

三、按以下要求完成“数据管理分析.xlsx”文档的制作。

1．在“排序”工作表中用公式计算销售额，并按销售额从高到低和按部门对记录进行排序。

2．在“自动筛选”工作表中筛选出分部为“南区分部”“北区分部”且销售量在 200 以上的记录。

3．在“高级筛选”工作表中筛选出产品名称为“阿尔派 MP4”或者销售金额大于 8 000 的记录，生成新的筛选记录表。

4．在“分类汇总”工作表中按部门分类汇总出操作比赛成绩的平均分。

5．利用“高级筛选”工作表中的数据生成如图 5-4-4 所示的数据透视表，独立成表。

	A	B	C
1	销售员	(全部)	
2	销售日期	2012-8-2	
3			
4		数据	
5	产品名称	求和项:销售数量	求和项:销售金额
6	阿尔派MP4	10	6800
7	索尼喇叭	22	8030
8	**总计**	**32**	**14830**
9			

图 5-4-4　数据透视表

项目六　PowerPoint 2010 演示文稿应用

众所周知，PowerPoint 是目前使用最普及和最受欢迎的演示文稿制作工具，使用它制作多媒体演示文稿既方便实用，又形象生动。无论是在各种会议、产品演示、教学、方案说明的场合，还是在进行专业的技术研讨时，都能见到它的身影。

本项目旨在顺应演示文稿制作软件发展的潮流，帮助读者熟悉当前社会流行的演示文稿制作工具。通过简单的知识介绍和实际案例操作，循序渐进地阐述演示文稿制作软件 PowerPoint 2010 的操作技巧。在讲解操作的同时也兼顾演示文稿制作中的设计原则，力求使读者在掌握软件操作的同时，能够独立创建有一定水准的演示文稿。

任务一　设计与制作竞聘演讲稿

图 6-1-1　竞聘演讲稿

本任务以制作竞聘演讲稿（图 6-1-1）为例，介绍 PowerPoint 2010 的基本操作。通过本任务，读者可以学会如下操作。

- 利用模板创建幻灯片。
- 编辑幻灯片。
- 放映和保存幻灯片。

操作一　创建、打开和保存演示文稿

1. 创建演示文稿操作

一个演示文稿通常是由若干张幻灯片组成的，创建一个新的演示文稿是制作幻灯片、有序组织幻灯片的第一项工作。

（1）选择“开始”→“所有程序”→“Microsoft Office”→“Microsoft PowerPoint 2010”命令，可启动 PowerPoint 2010，此时打开的窗口中已建立默认的空白演示文稿，如图 6-1-2 所示。

（2）单击“文件”选项卡中的“关闭”按钮，可关闭默认生成的演示文稿。

（3）单击“文件”选项卡中的“新建”按钮，在“可用的模板和主题”列表框中选择“空白演示文稿”选项，可创建新的空白演示文稿。

（4）若单击“文件”选项卡中的“新建”按钮，在“可用的模板和主题”列表框中选择“样本模板”选项，然后双击“PowerPoint 2010 简介”选项，可打开此模板。

（5）单击窗口右上角的按钮，可关闭 PowerPoint 2010。

2. 打开演示文稿

打开演示文稿的方法有许多种，利用“最近所用文件”打开演示文稿也是一种选择。

（1）打开 PowerPoint 2010 软件，单击“文件”选项卡中的“最近所用文件”按钮，此时的界面如图 6-1-3 所示。

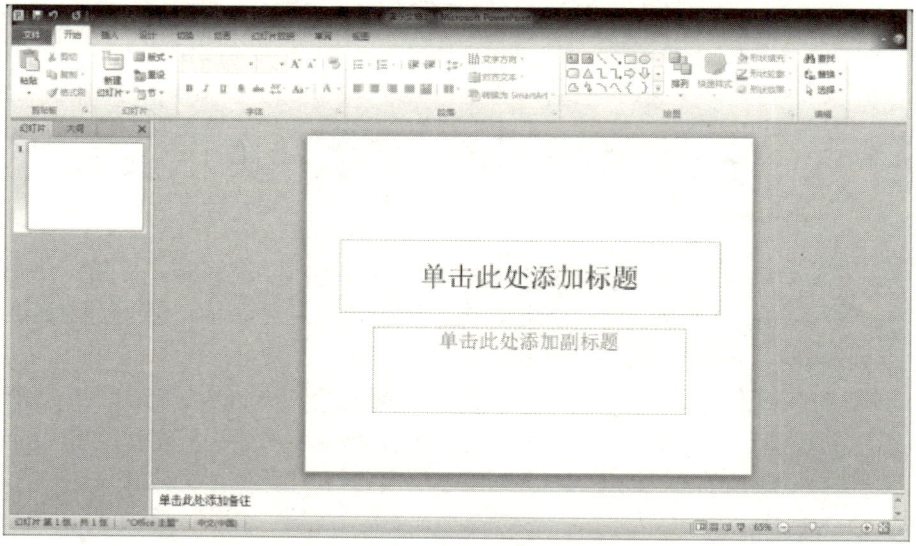

图 6-1-2　默认的空白演示文稿

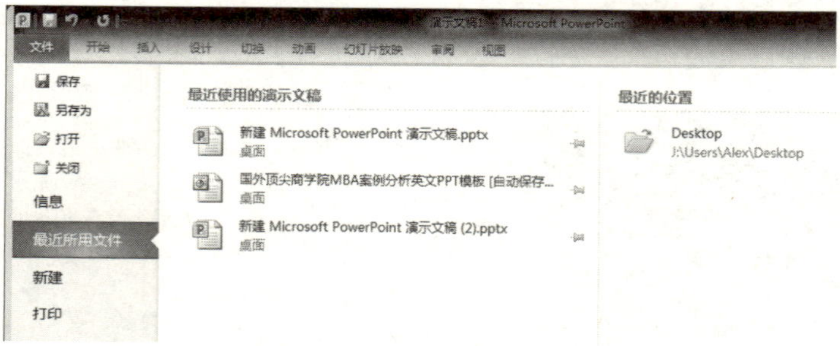

图 6-1-3　最近所用文件

（2）单击“最近使用的演示文稿”列表中第一个演示文稿右侧的 按钮，按钮会变形成 。

提示：操作完成之后，无论“最近使用的演示文稿”列表框如何变动，该演示文稿均会保留在其中。

（3）单击窗口右上角的“关闭”按钮，关闭 PowerPoint 2010。

利用“保存”和“另存为”按钮都可以保存编辑完成的文件，若出现误操作导致未保存编辑文档，用户也可以在下次打开文档时找回未保存的文件。

3. 保存演示文稿

（1）打开 PowerPoint 2010 软件，单击“文件”选项卡中的“新建”按钮，在“可用的模板和主题”列表框中选择“样本模板”选项，双击“PowerPoint 2010 简介”选项创建新演示文稿。

（2）单击“文件”选项卡中的“保存”按钮（或直接单击快速访问工具栏中的“保有”按钮），弹出“另存为”对话框，在“文件名”栏中输入“介绍.pptx”，单击“保存”按钮，如图 6-1-4 所示。

（3）单击“文件”选项卡中的“另存为”按钮，会弹出“另存为”对话框，单击“保存类型”下拉按钮弹出下拉列表，如图 6-1-5 所示。

（4）选择“PowerPoint 97-2003 演示文稿（*.ppt）”选项，单击“保存”按钮，软件自动进行兼容性检查，如图 6-1-6 所示。

（5）单击“继续”按钮可完成新版本文件到老版本文件的替换。

（6）任意修改当前演示文稿中幻灯片的内容，如拖动图片、修改文本等。

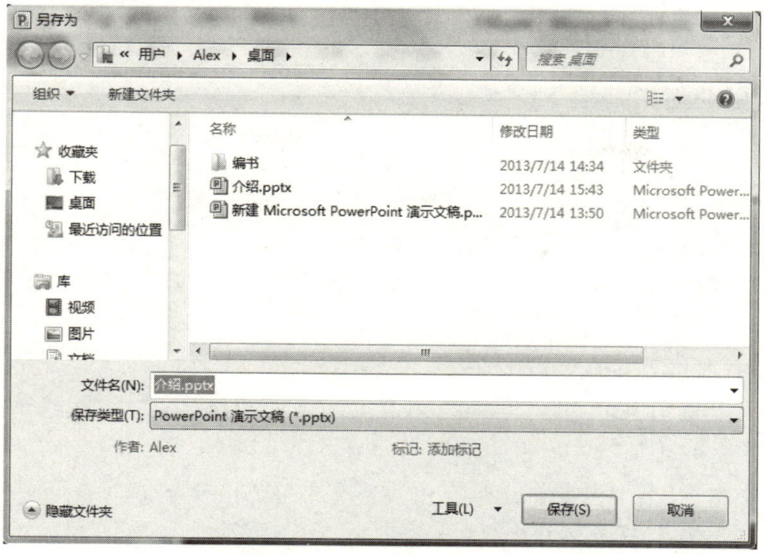

图 6-1-4 “另存为”对话框

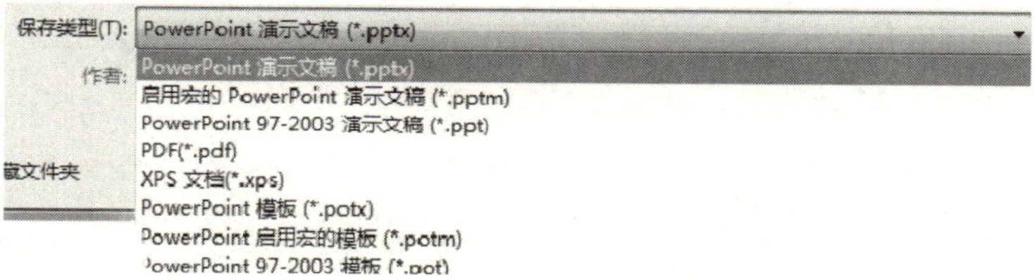

图 6-1-5 “保存类型”下拉列表

（7）单击窗口右上角的“关闭”按钮，在弹出的保存提示对话框中，单击“不保存”按钮。

（8）再次打开刚才编辑后未保存的文档，单击“文件”选项卡的“信息”按钮，可见屏幕下方管理版本显示如图 6-1-7 所示的内容。

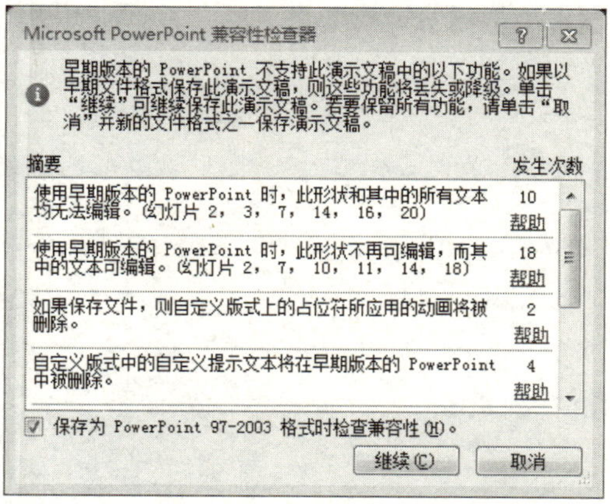

图 6-1-6 兼容性检查

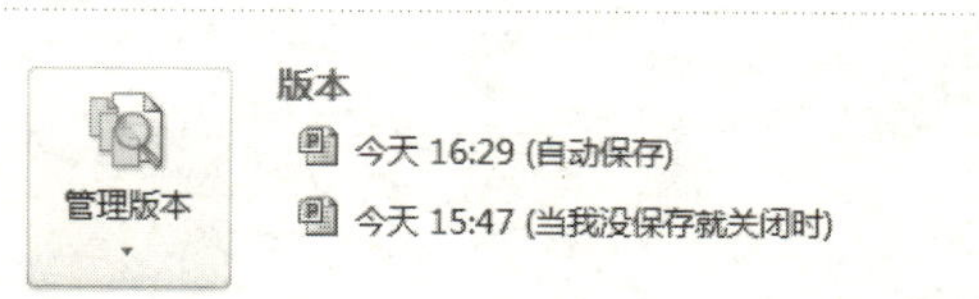

图 6-1-7 “信息”中版本项的内容

（9）选择“当我没保存就关闭时”的版本，系统会返回编辑界面，并在界面上方显示提示信息，如图 6-1-8 所示。

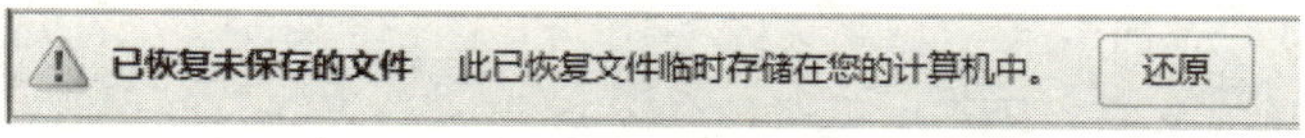

图 6-1-8 提示信息

（10）完成未保存文件的恢复，退出 PowerPoint 2010。

操作二　编辑幻灯片

掌握了幻灯片的基本操作之后，可以进入幻灯片的实际制作阶段了。制作幻灯片就是将文本、图片、艺术字、形状、表格等元素，有序安插在幻灯片中的过程。

1. 添加与格式化文本

文本是幻灯片中最主要的内容，既可以单独使用表述具体内容，也可以和图片配合使用达到彼此强化的作用。

（1）打开“竞聘演讲稿.pptx”演示文稿，选中第一张幻灯片。

（2）单击“插入”选项卡“文本”选项组中的“文本框”按钮，在标题文本框中输入内容“实现自我 舞出风采”，在副标题文本框中输入“2011 电子商务班 张小明”。

（3）选中标题文本框，在“开始”选项卡中设置文本框的内文字体为“黑体”，字号为“44”，颜色为“白色”；选中副标题文本框，在“开始”选项卡中设置文本框中的文字字体为“黑体”，字号“18”，颜色为“白色”。

（4）单击“插入”选项卡“文本”选项组中的“文本框”按钮，在幻灯片右下方拖动生成一个横排文本框，在文本框中输入内容“广西国际商务职业技术学院”。

（5）选中标题文本框、副标题文本框，单击“绘图工具”/“格式”选项卡“艺术字样式”选项组中的“其他”按钮，在弹出的下拉列表中，任意选择一种艺术字样式，也可为艺术字自定义填充、轮廓或效果，如图 6-1-9 所示。

（6）在演示文稿各项中依次添加文字内容。

（7）保存演示文稿。

2. 添加和格式化图片

添加和格式化图片也是幻灯片的基本操作，其方法与 Word 类似，本操作主要介绍插入屏幕截图和调整图片、删除图片背景等操作。

（1）打开“竞聘演讲稿.pptx”，在所有幻灯片之后新建一张空白幻灯片。

（2）选中第 2 张幻灯片并插入“书本.jpg”图片。

（3）依次在幻灯片相应位置插入图片，如图 6-1-10 所示。

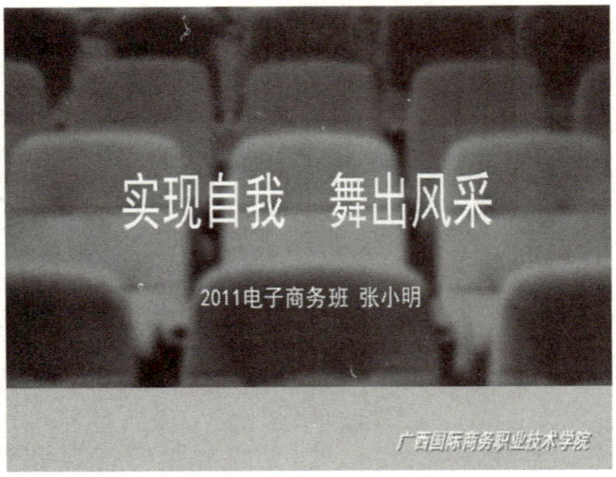

图 6-1-9　标题幻灯片

图 6-1-10　插入图片

（4）若单击“插入”选项卡“图像”选项组中的“屏幕截图”按钮，在“可用视窗”中任意选择一个，将其添加到幻灯片中；若选择“屏幕剪辑”选项，此时演示文稿编辑窗口会自动最小化，其他桌面窗口保留，整个屏幕会泛白，鼠标指针变成十字形，按住鼠标左键可选取自定义的截屏区域。

（5）在“图片工具”/“格式”选项卡中，可以对图片做更改颜色、添加艺术效果和图片边框、设置图片版式等处理。

（6）保存操作，关闭演示文稿。

3. 添加和格式化形状的操作

在 PowerPoint 中，允许把形状作为添加普通文本、艺术字、表格等元素的“容器”使用，因此，熟练掌握形状的应用操作定会为幻灯片增色。本操作是为幻灯片添加一个矩形和 3 个圆，并设置颜色，增强幻灯片的效果。

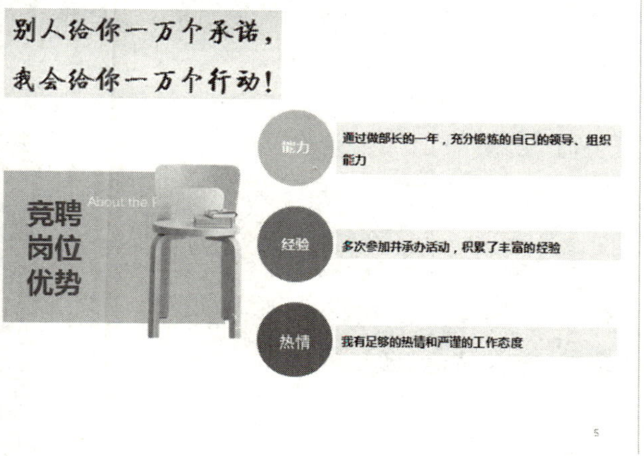

图 6-1-11 设置形状

（1）打开“竞聘演讲稿.pptx”，选中第 5 张幻灯片。

（2）单击“插入”选项卡“插图”选项组中的“形状”按钮，在弹出的下拉列表中选择“矩形”形状，在幻灯片上拖动绘制出矩形，并填充“橙色”。

（3）单击“插入”选项卡“插图”选项组中的“形状”按钮，在弹出的下拉列表中选择“椭圆”形状，在幻灯片上按住【Shift】键拖动绘制出 3 个标准圆形，分别填充“橙色”“蓝色”和“黑色、文字 1、淡色 35%”，如图 6-1-11 所示。

操作三 放映幻灯片

完整制作一个演示文稿是学习的基本要求，将演示文稿按要求展示给受众才是最终目的。放映制作的演示文稿是为了将演示文稿的内容以视觉形式传递出去。在 PowerPoint 2010 中，用户可以根据不同的放映场合为演示文稿设置不同的放映方式。

1. 利用链接组织演示文稿

发布演示文稿前，需要仔细整理、编排演示文稿中的演示内容，合理安排幻灯片的放映顺序，这样才能更好地提高演示文稿的放映效果。一般情况下，演示文稿中的内容只能按照一定的次序播放。但实际工作中往往有跳出原本的播放次序播放幻灯片的要求，或需要在演示文稿播放中间展示一些不方便放在演示文稿中的内容。

利用链接功能可以满足这些要求，用户可以利用链接从一张幻灯片跳到另一张指定的幻灯片，也可以利用链接打开演示文稿外部的文件或文档，进而更自由地设计演示文稿的放映顺序，以达到最佳的宣传效果。

2. 放映方式

在发布演示文稿之前最后的工作就是设计演示文稿的放映方式，PowerPoint 支持 3 种放映方式，如图 6-1-12 所示。

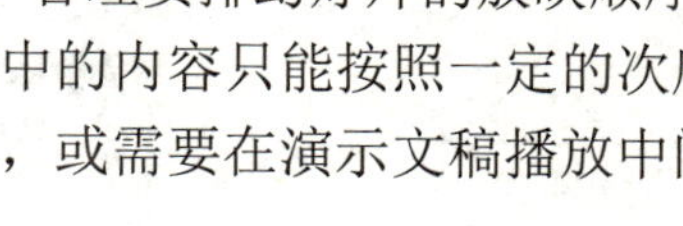

图 6-1-12 演示文稿的放映方式

（1）演讲者放映（全屏幕）。这是最常用的放映方式，在放映过程中以全屏显示幻灯片。演讲者能控制幻灯片的放映，还可以为演示文稿录制旁白。

（2）观众自行浏览（窗口）。可以在标准窗口中放映幻灯片。在放映幻灯片时，可以拖动右侧的滚动条，或滚动鼠标上的滚轮实现幻灯片的放映。

（3）在展台浏览（全屏幕）。在展台浏览是 3 种放映方式中最简单的方式，这种方式将自动全屏放映幻灯片，并且循环放映演示文稿，在放映过程中，除通过超链接或动作按钮进行切换，其他的功能都不能使用，如果要停止放映，只能按【Esc】键终止。

相关知识

1. 幻灯片视图

幻灯片在屏幕中的显示方式统称为视图，PowerPoint 2010 提供了多种视图，常见的有普通视图、幻灯片浏览视图、阅读视图、幻灯片放映视图、母版视图、受保护视图。

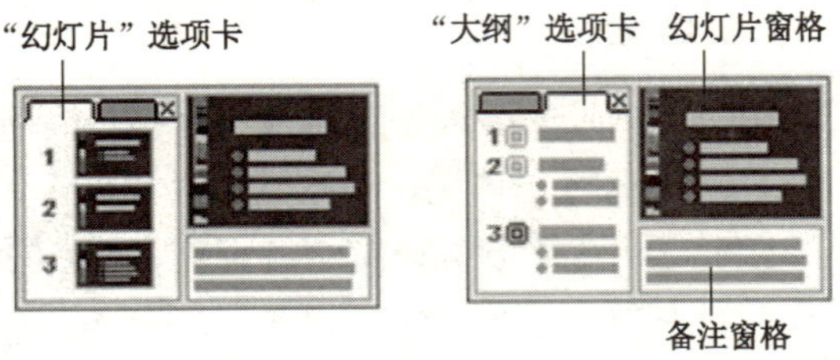

图 6-1-13 普通视图的工作区域

（1）普通视图。普通视图是最常用的编辑视图，大部分演示文稿的设计工作都在普通视图中完成。普通视图的工作区域如图 6-1-13 所示。

普通视图的视图窗格有两个选项卡，分别是“幻灯片”选项卡和“大纲”选项卡。选择“幻灯片”选项卡时，视图窗格以缩略图的形式依顺序展示演示文稿中的所有幻灯片；而选择“大纲”选项卡则按顺序、分层次显示幻灯片中的所有文本内容。

幻灯片窗格，用于显示当前被选中的幻灯片。在这个区域中可以添加文本，插入图片、表格、声音、视频、SmartArt 图形等各种设计元素，幻灯片窗格是幻灯片的主要编辑区域。幻灯片窗格下方的区域是备注窗格，用于记录幻灯片的备注内容，演示文稿放映时，备注部分不显示。

（2）幻灯片浏览视图。在幻灯片浏览视图下可以浏览演示文稿中幻灯片的缩略图，也允许对文稿中幻灯片的顺序进行排列与组织。可以在此视图中添加节，并按不同的类别或节对幻灯片进行排序。幻灯片浏览视图如图 6-1-14 所示。

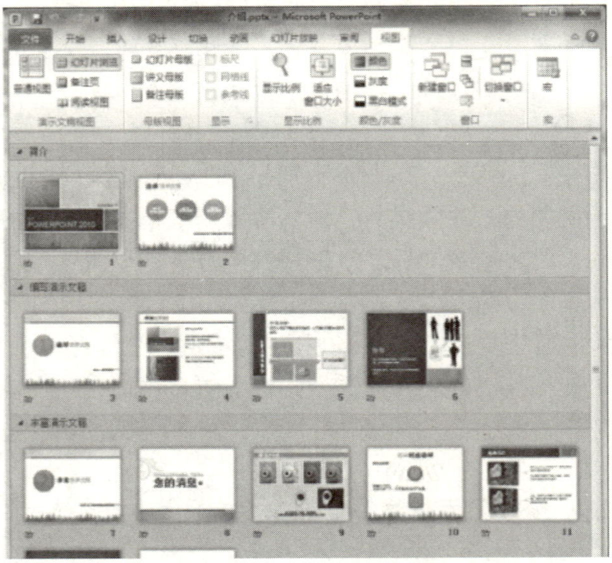

图 6-1-14 幻灯片浏览视图

（3）阅读视图。阅读视图会新建一个窗口用于播放当前编辑中的演示文稿，用户可以边观察幻灯片的演示效果，边设计幻灯片的内容或动画，方便用户实时观察和修改幻灯片。

（4）幻灯片放映视图。幻灯片放映视图用于向观众播放演示文稿。幻灯片放映视图会以全屏的方式工作，在这个视图下用户可以看到图形、计时、电影、动画效果和切换效果在实际演示中的具体表现。

（5）母版视图。母版视图用于编辑幻灯片母版。它记录了幻灯片的背景、颜色、字体、效果、占位符大小和位置等信息。因此，应用母版视图可以快速对演示文稿关联的每个幻灯片、备注页或讲义的样式进行全局更改。

（6）受保护视图。受保护视图是新版本 PowerPoint 的内容。当用户从 Internet、E-mail、系统临时文件夹等软件认为不安全的位置打开演示文稿时，PowerPoint 自动进入受保护视图，在这种视图方式中，文件处于只读状态，除浏览外，无法进行任何操作，并显示警告性提示信息，如图 6-1-15 所示。

图 6-1-15　受保护视图下的警告信息

受保护视图是为了防止用户打开含有病毒或恶意软件的文档，当用户确认文档是安全时，单击“启用编辑”按钮，可以取消保护状态，进入普通视图正常编辑文档。

2. 幻灯片版式

幻灯片版式包含要在幻灯片上显示内容的格式设置、位置和占位符。幻灯片版式示意图如图 6-1-16 所示。

根据幻灯片中需要显示的内容的不同，版式也不尽相同，PowerPoint 2010 提供了 11 种基本版式，如图 6-1-17 所示。

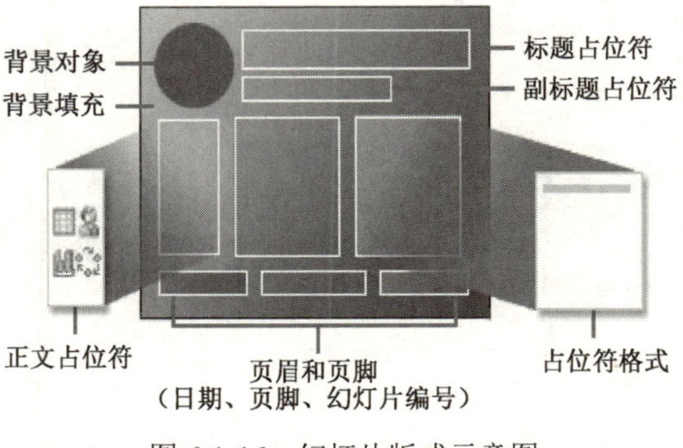

图 6-1-16　幻灯片版式示意图

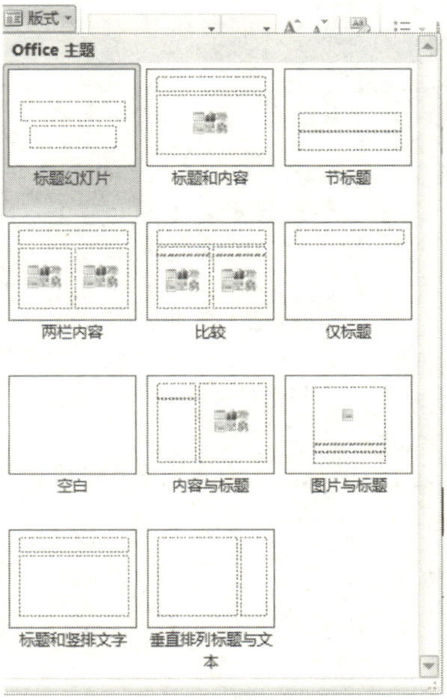

图 6-1-17　PowerPoint 2010 自带的基本版式

在一张应用了选定版式的幻灯片上，用户只需将自己的文本和图表复制到对应的占位符中，就可以自动套用预先设定好的格式、位置，从而完成幻灯片制作。

3. 节

PowerPoint 2010 引入了“节”的概念，在幻灯片的设计过程中，可以利用节分组幻灯片。分组的幻灯片如分段落的文章，结构更清晰易懂。用户还可以为不同节的幻灯片设置不同的主题。

4. 幻灯片中的各元素

可以在幻灯片中添加的内容非常丰富，观察“插入”选项卡即可知道能够在幻灯片中添加的内容，“插入”选项卡如图 6-1-18 所示。

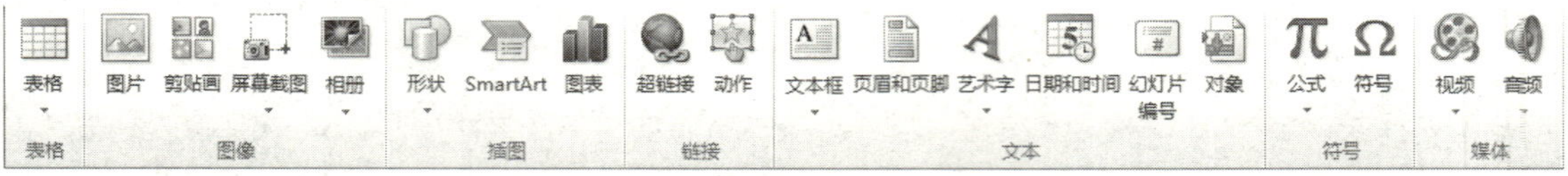

图 6-1-18 “插入”选项卡

（1）幻灯片中的表格。

用户可以在幻灯片中插入普通的表格，也能插入套用的 Excel 表格。

（2）幻灯片中的图像。

PowerPoint 2010 强化了对图形图像进行处理的功能，提供了诸如“屏幕截图”的实用按钮，革命性地加入了对图片快速处理的手段。

① 屏幕截图。单击“屏幕截图”按钮，可弹出下拉列表，如图 6-1-19 所示。此时，软件自动获取目前计算机桌面上所有窗口的截图，如果需要的就是窗口截图，可以通过选择需要的窗口缩略图完成截图工作。如果不需要整个窗口，只需要窗口的某个具体内容的截图，可以通过选择下方的“屏幕剪辑”选项完成操作。

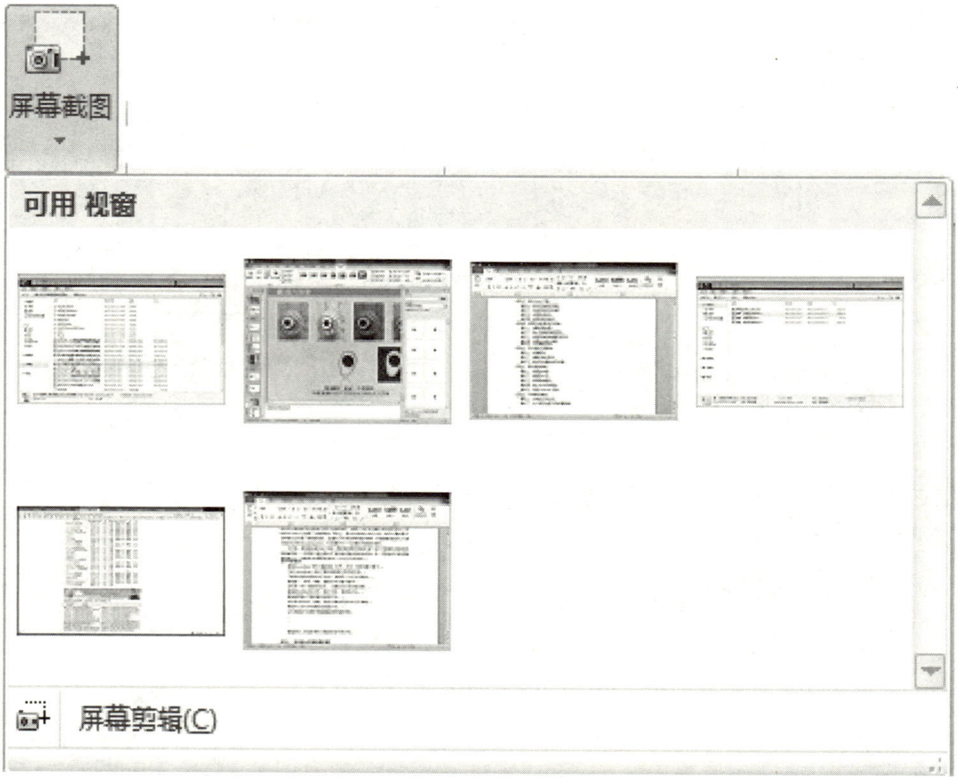

图 6-1-19 “屏幕截图”下拉列表

需要注意的是，旧版本的 Office 文档，如扩展名为“.ppt”的演示文稿，不支持屏幕截图，用 PowerPoint 2010 打开旧版本的文档时，“屏幕截图”按钮是灰色不可用状态。这时只需要将演示文稿另存为新的“.pptx”文档，就可以使用该功能了。

② 图片的快速处理。当选中幻灯片中的图片后，功能区中会出现新的“图片工具”/“格式”选项卡，如图 6-1-20 所示。

“图片工具”/“格式”选项卡中有着内容丰富的选项，可以快速调整图片的亮度、饱和度、色调等基本属性，也可以为图片重新着色，或通过滤镜为图片添加新的艺术效果。同一张图片通过图片工具修改的效果如图 6-1-21 所示。

图 6-1-20　“图片工具”/“格式”选项卡

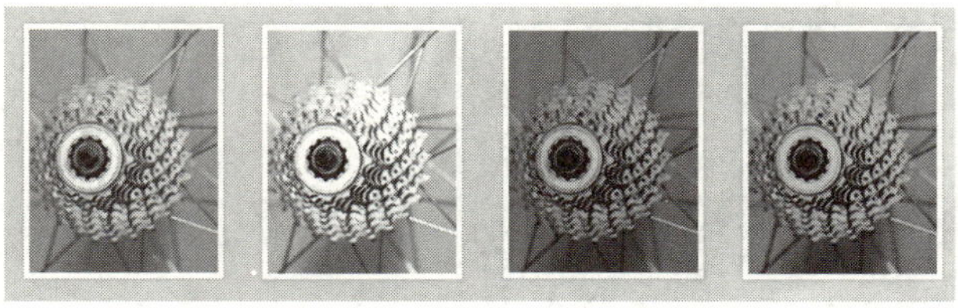

图 6-1-21　同一张图片的修改效果

除此以外，PowerPoint 2010 还提供了背景删除功能，可以删除不必要的背景，效果如图 6-1-22 所示。

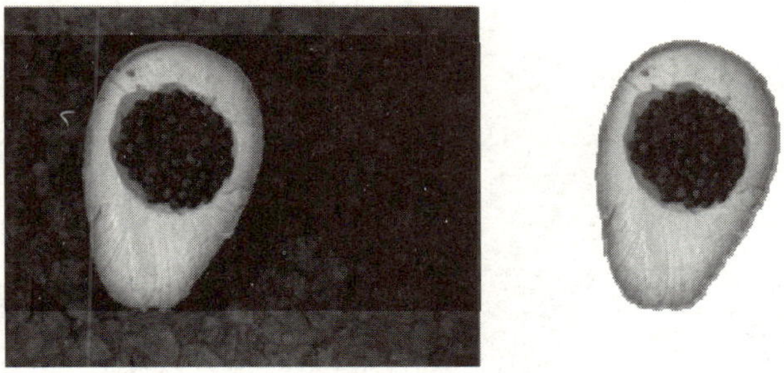

图 6-1-22　背景删除

（3）幻灯片中的插图。

“插图”选项组中包含形状、SmartArt 图形、图表 3 个方面的内容。

为幻灯片加入“形状”后，功能区中出现“绘图工具”/“格式”选项卡，如图 6-1-23 所示。

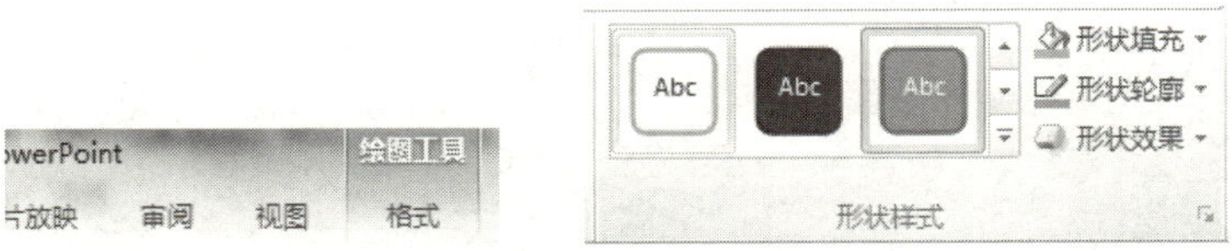

图 6-1-23　“绘图工具”/“格式”选项卡和该选项卡中的“形状样式”选项组

从“形状样式”选项组提供的选项不难看出，格式化形状主要就是为形状设置不同颜色类型的填充、轮廓和效果。

（4）幻灯片中的文本。

无论是添加普通文字还是艺术字，都是在文本框中进行的。选中文本框后，功能区中出现“绘图工具”/“格式”选项卡。

所谓文本框，就是一个长方形的，默认轮廓和填充都是透明的特殊形状。若需要形态各异的其他形状，也可以通过必要的操作，添加可以在其中输入文字的异形文本框。

掌握形状的设置方式，相当于掌握了文本框的设置。为幻灯片添加表格，其实也就是将表格绘制在一个自动生成的特殊类型的形状里面。

除普通的文本和艺术字，也可为幻灯片添加页眉和页脚、时间和日期及编号等特殊的文本。

任务二　制作学校宣传片

本任务以制作学校宣传片（图 6-2-1）为例，进一步细化 PowerPoint 演示文稿的使用。通过本任务，读者可以学会如下操作。

- 插入、移动、复制、删除幻灯片。
- 设置演示文稿的主题与背景。
- 利用 SmartArt、音频、视频等多媒体元素为幻灯片增色。
- 为幻灯片元素添加动画，利用窗格与动画时间轴调整动画的播放顺序。

操作一　为演示文稿应用幻灯片版式

（1）打开“学校宣传片.pptx”演示文稿。

（2）单击“开始”选项卡“幻灯片”选项组中的“版式”按钮，弹出下拉列表，如图 6-2-2 所示。

图 6-2-1　学校宣传片

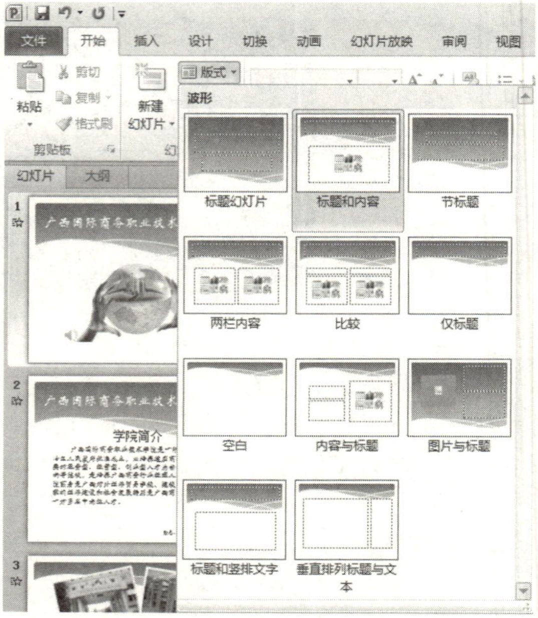

图 6-2-2　“版式”下拉列表

（3）选择“标题和内容”选项，将该版式应用于当前的演示文稿中。

操作二　为演示文稿应用内置主题

（1）打开“学校宣传片.pptx”演示文稿。

（2）在“设计”选项卡“主题”选项组中有可供选择的内置主题，如图 6-2-3 所示。

（3）选择“波形”选项，将该主题应用于当前的演示文稿中。

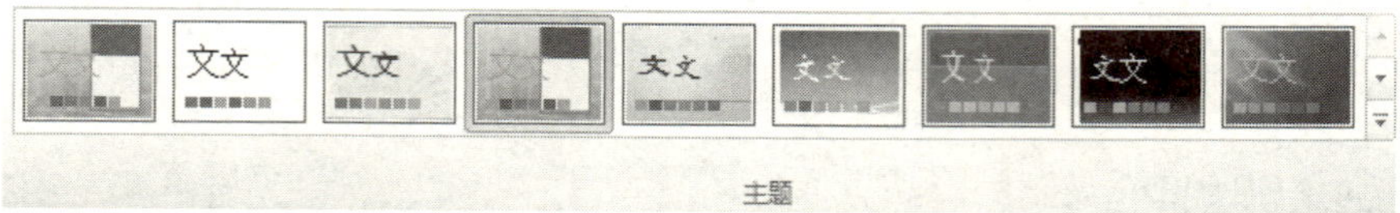

图 6-2-3　“主题”选项组中可供选择的内置主题

（4）单击“主题”选项组中的“其他”按钮，可以查看并选用更多的内置主题。

操作三 设置动画效果

PowerPoint 提供了快速、简便地添加、删除动画效果的方式，学会这些操作就可以为自己的演示文稿添加一些必要的动画效果了。

1. 添加进入、强调、退出等动画效果

（1）打开之前创建的“学校宣传片.pptx”演示文稿，选中第 3 张幻灯片。

（2）选中幻灯片中的第 1 幅图片，单击“动画”选项卡“动画”选项组中的“其他”按钮，在弹出的下拉列表中选择“淡出”进入效果，为图片添加动画效果，如图 6-2-4 所示。设置动画效果的同时，幻灯片出现设置效果的预览。

图 6-2-4 动画效果

（3）选中幻灯片中的第 2 幅图片，单击“动画”选项卡“动画”选项组中的“其他”按钮，在弹出的下拉列表中选择“放大/缩小”强调效果，为图片添加动画效果。

（4）选中幻灯片中的第 3 幅图片，单击“动画”选项卡“动画”选项组中的“其他”按钮，在弹出的下拉列表中选择“轮子”退出效果，为图片添加动画效果。

（5）选中幻灯片中的第 4 幅图片，单击“动画”选项卡“动画”选项组中的“其他”按钮，在弹出的下拉列表中选择“出现”进入效果，为图片添加动画效果。

（6）至此，已为幻灯片中的 4 幅图片添加了 4 种不同的动画效果，且 4 幅图片会根据设置的先后按次序播放，观看动画效果，如图 6-2-5 所示。

2. 制作自定义的动画效果

仔细观察已设置的动画后会发现，部分动画效果完全由计算机控制，而另有一部分效果如“波浪形”强调效果，可以人为地控制波浪的幅度。另外，PowerPoint 2010 还提供了完全自定义的动画效果供选择。

（1）打开“学校宣传片.pptx”演示文稿，切换至第 5 张幻灯片。

（2）选中左边的图片。

（3）单击“动画”选项卡“动画”选项组中的“其他”按钮，在弹出的下拉列表中选择“动作路径”中的“自定义路径”选项，如图 6-2-6 所示。

（4）此时鼠标指针会变成十字形，选择图片的圆心位置，用鼠标规定路径的起点和终点，软件会自动在两点间添加直线路径，如图 6-2-7 所示。

（5）倘若按住鼠标左键不放，则鼠标会变成铅笔图案，此时可以任意绘制动画路径。

（6）双击，完成路径的设定（也可将设置的路径首尾相连，完成封闭路径的设定）。

图 6-2-5　观看动画效果

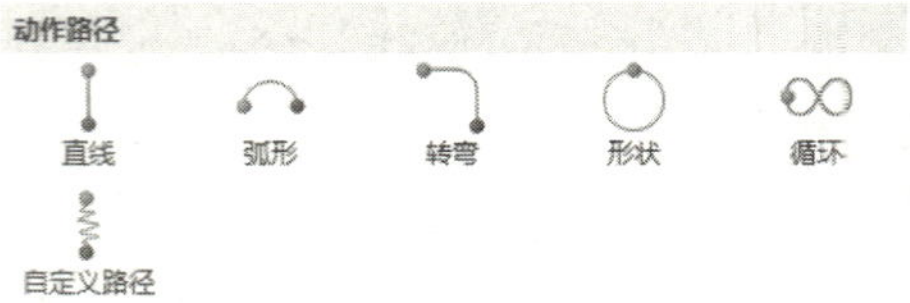

图 6-2-6　可选的动作路径

图 6-2-7　自定义动作路径

操作四　设计幻灯片切换的效果

设计幻灯片间切换的效果，可以强化幻灯片播放时的效果。

（1）打开“学校宣传片.pptx”演示文稿。

（2）单击“转换”选项卡“切换到此幻灯片”选项组中的“其他”按钮，在弹出的下拉列表中选择“擦除”选项。

（3）单击“转换”选项卡“计时”选项组中的“声音”下拉按钮，在弹出的下拉列表中选择“风声”选项。

（4）选中“转换”选项卡“计时”选项组中的“设置自动换片时间”复选框，并将之后的时间调整为“00:05.00”（5 秒换片）。

（5）至此，由其他幻灯片切换至此幻灯片时，采用“擦除”的切换效果，同时播放“风声”音效，切换至该幻灯片后 5 后秒自动切换至下一张幻灯片。

（6）单击“转换”选项卡“计时”选项组中的“全部应用”按钮，将上述设置应用到整个演示文稿中，如图 6-2-8 所示。

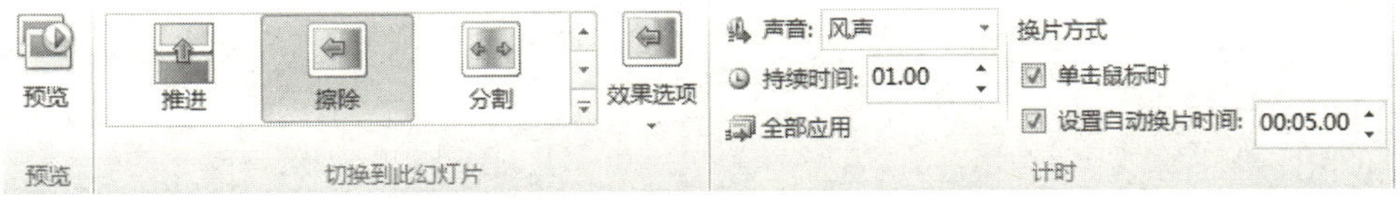

图 6-2-8　幻灯片切换

相关知识

1. 演示文稿的动画设计

演示文稿是否生动，决定了演示文稿的成败。为演示文稿中的文本、图片、表格等内容添加必要的动画，可以有效提升播放效果。PowerPoint 2010 提供了强大的动画制作功能。

（1）为演示文稿创建动画。

演示文稿中的所有内容，如表格、形状、图片、文本、艺术字、SmartArt 图形、图表等元素，都可以附加动画效果。

最常见的动画效果包括“进入”和“退出”两种，PowerPoint 提供了多种上述元素在演示文稿中出现或隐没的方式。另外还有一种被称为“强调”的动画效果，是利用一段小动画，突出显示幻灯片中的某个内容。无论是“进入”“退出”，还是“强调”，PowerPoint 都提供了丰富的预设动画供设计者使用，部分可用的预设动画效果如图 6-2-9 所示。

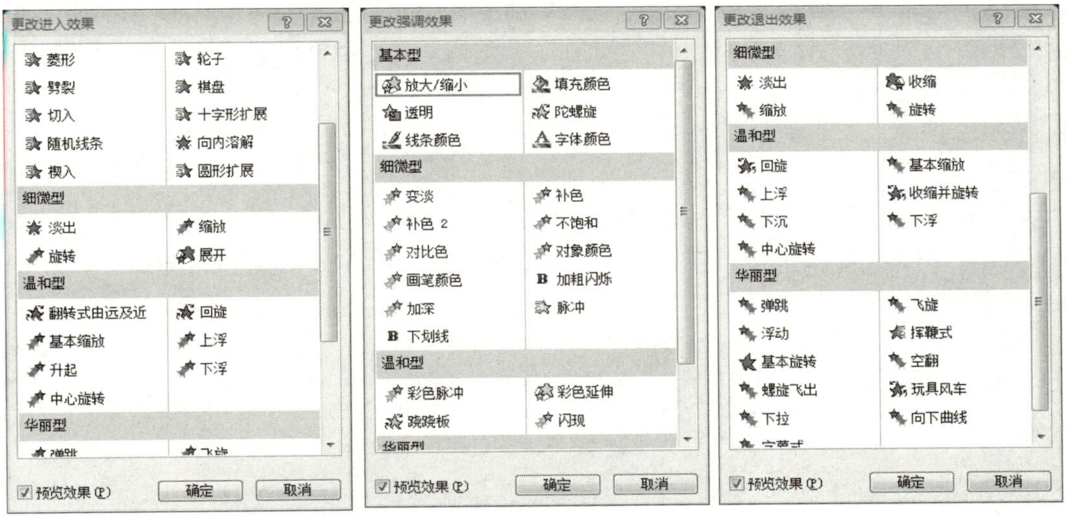

图 6-2-9　部分可用的预设动画效果

用户在选中需要添加动画的内容后，选择某个预设动画效果，就可以完成演示文稿中动画的设置。如果预设的动画效果仍无法满足设计要求，用户还可以利用自定义动画路径功能，自主地设定演示文稿中的动画效果，自定义动画路径如图 6-2-10 所示。

（2）使用动画刷快速建立动画。

PowerPoint 提供了类似格式刷的动画刷功能，利用动画刷可以将演示文稿中某个设计元素已经存在的动画，快速应用到另一个设计元素上，让两者具有完全相同的动画设置，简化了对不同内容设置重复动画效果的操作。

（3）动画窗格。

当一张幻灯片中有多个动画时，设计者就要考虑动画播放顺序的问题。同一个文本，既有进入动画，也有退出动画。若退出动画出现在进入动画之前，势必会引起演示过程的混乱。幻灯片中不同的设计元素，出现或退出都有自己的先后顺序，此时需要用幻灯片的动画窗格调整上述内容，典型的动画窗格如图 6-2-11 所示。

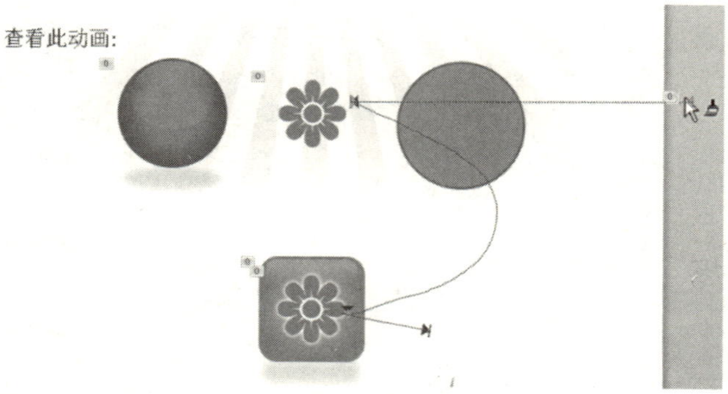

图 6-2-10　自定义动画路径

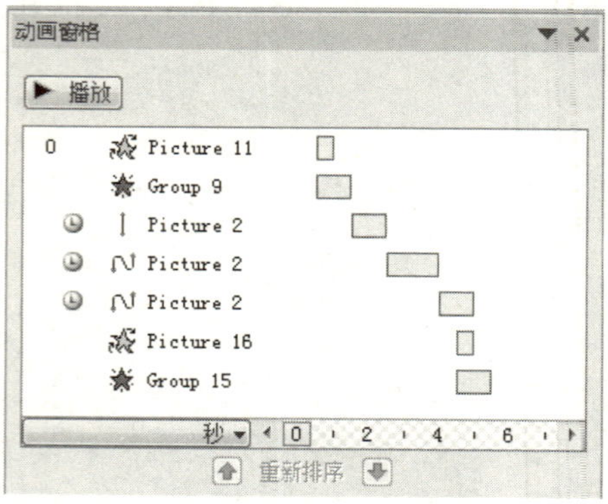

图 6-2-11　典型的动画窗格

在该动画窗格中，共有 Picture11、Picture2、Picture16 图片 3 张，Group9、Group15 两个组合（组合可以是文字和图片等内容组成的共同体），窗格的最下方是以秒为单位的时间轴。

从 Picture11 和 Group9 后面的进度条开始位置的一致性，可以判断这两个元素的动画同时播放。Picture2 前的 符号代表该动画是要等上一个动画播放完毕才会开始播放。接着是 Picture2 的两个连续的动画，当第 3 个 Picture2 动画开始播放时，由于 Picture16 和 Group15 没有 ，因此这两个动画无须等待 Picture2 动画播放完成，从这两个元素进度条的开始位置也可以知道，它们在最后一个 Picture2 动画播放一半时，Picture16 和 Group15 同时开始播放。

在动画窗格中，控制动画开始播放有“单击”“与上一动画同时”“上一动画之后”3 种形式。

元素后的进度条长短代表了该动画的播放时间，而元素前的符号代表动画类型。黄色的代表强调类型，绿色的代表进入类型，线条代表自定义动画路径，红色代表退出动画。

（4）幻灯片的切换效果。

除幻灯片内部的动画效果外，幻灯片从一张切换至下一张时也允许设置类似动画的效果。用户可以控制幻灯片切换的速度，也可以为幻灯片添加切换声音。部分可选的幻灯片切换效果如图 6-2-12 所示。

图 6-2-12　部分可选的幻灯片切换效果

为幻灯片添加动画可让演示文稿更具动态效果，并有助于强调要点，但动画太多会分散注意力，切记，过分渲染动画可能喧宾夺主。

2. 制作和使用母版

实际应用中的每个演示文稿至少会包含一个幻灯片母版，母版也一直在设计演示文稿过程中起着重要作用。母版隐藏在幻灯片之后，用户一直在不知不觉中应用母版帮助工作。本任务所涉及的内容是计算机等级考试（二级）要求的部分内容，考生必须掌握。

（1）幻灯片的母版。

母版是幻灯片层次结构中的顶层幻灯片，用于存储有关演示文稿的背景、颜色、字体、效果、占位符的大小和位置。

PowerPoint 2010 提供了专门的母版视图用于编辑修改母版。在母版视图的幻灯片缩略图窗格中，幻灯片母版是那张较大的幻灯片图像，相关版式位于幻灯片母版下方，如图 6-2-13 所示。

母版的概念与主题类似，主题规定了幻灯片的颜色、字体、效果。而母版则是“主题+背景+版式”，主题是母版的真子集，正确理解主题与母版的从属关系有助于更好地执行任务操作。

除主题外，版式也是母版的重要组成部分。版式通过占位符预设了幻灯片中标题、文字、图片等内容的位置。一个母版上可以应用多种版式，可用于母版的默认可选版式如图 6-2-14 所示。

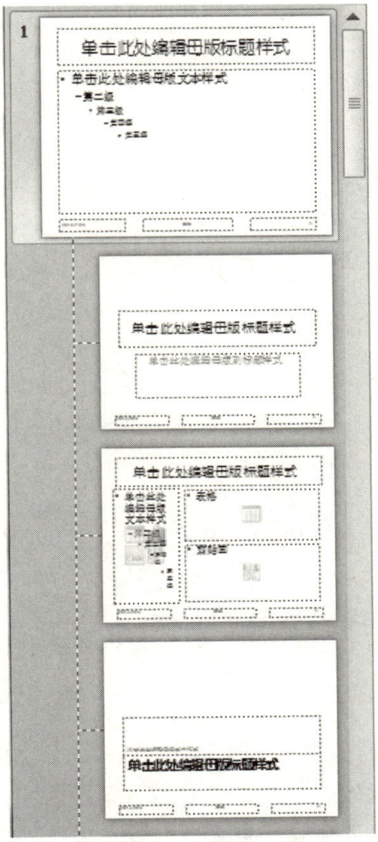

图 6-2-13 母版与母版的版式

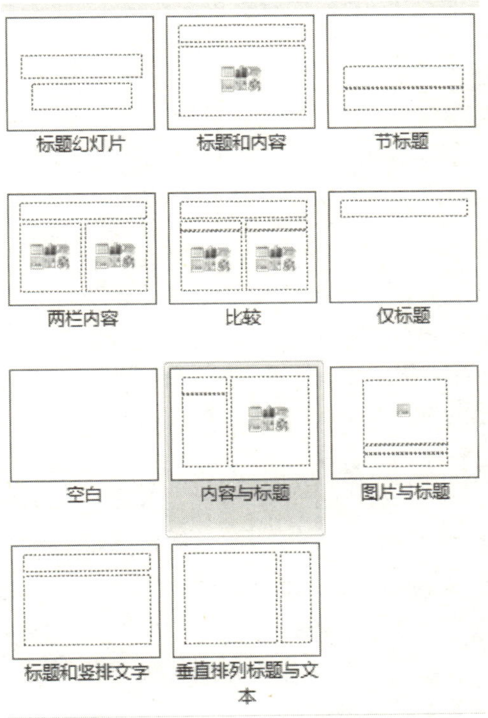

图 6-2-14 可用于母版的默认可选版式

其中“内容与标题”选项对应的版式如图 6-2-15 所示。

“内容与标题”版式在幻灯片页面的左侧放置了两个文本占位符，套用了该母版的幻灯片，可以在这两个被“占”位置放置文本内容。左上的字体预设是标题字体，用于放置幻灯片的标题，左下用于放置普通文本。母版的右侧部分是一个内容占位符，内容占位符比较特殊，若在该占位符中直接输入文字，它就成为按提示说明显示各级文字的文本框。该占位符中间还有 6 个小图标，依次表示表格、图表、SmartArt 图形、图片、剪贴画、视频，用户可以选择其中的任何一种放到这个位置。

（2）自定义版式。

版式的种类并不是固定的，软件提供了多种占位符供设计者制作符合自己要求的版式。合理地放置、搭配占位符，就可以轻松地规定母版的版式。编辑版式时可用的占位符种类如图 6-2-16 所示。

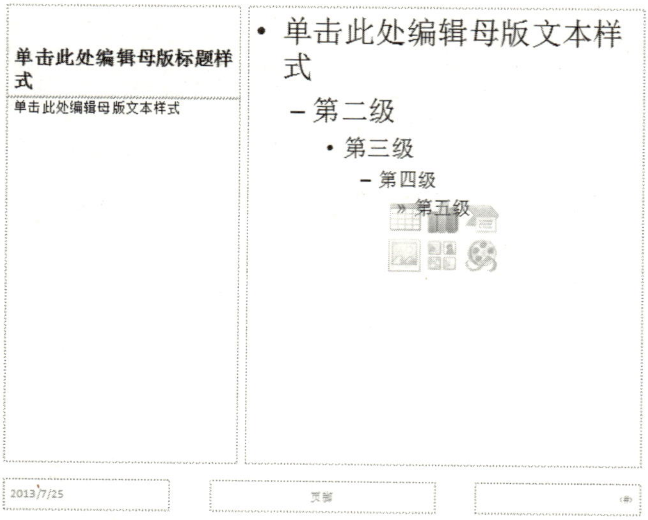

图 6-2-15　“内容与标题”版式

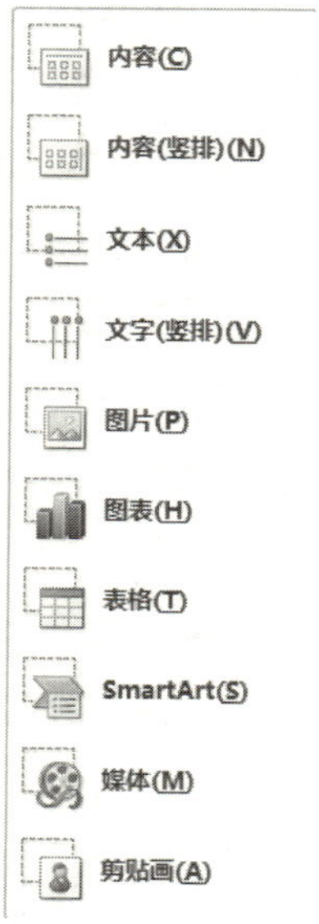

图 6-2-16　编辑版式时可用的占位符

（3）使用母版的优点。

使用幻灯片母版，可以通过选择主题规定幻灯片的颜色、字体、效果，也可以通过版式规定各种内容在幻灯片中出现的位置。但如果仅仅是这些功能，用户通过直接编辑幻灯片的方式也可以满足要求。之所以选择使用母版，是因为使用母版可以对演示文稿中的每张幻灯片（包括之后添加到演示文稿中的幻灯片），进行统一的样式更改。使用幻灯片母版时，由于无须在多张幻灯片上输入同样的主题及版式信息，因此越是长的演示文稿，越能节省编辑时间。

（4）使用母版的注意事项。

① 选用主题的配色、效果等不要与现有幻灯片中的图像内容冲突，避免演示文稿浏览者出现视觉疲劳或降低了图像的显示效果，影响整个放映效果。

② 在制作幻灯片时必须严格按照版式要求向幻灯片中放置文字和图像，所有内容都必须放到对应的占位符中。倘若版式只提供了一个放置图片的占位符，用户却硬将两张图片放到该幻灯片中，第 2 张图片只能靠直接插入的方式放置。当母版引起版式变化时，放在预设图片占位符中的图片会进行相应的调整，而用户直接插入的第 2 张图片却不会有任何变动，第 2 张图片可能会遮挡幻灯片中的其他内容。

3. 使用 SmartArt 图形、图表、音频、视频

幻灯片中可以添加、编辑的内容非常丰富，除文本、图片、艺术字、形状、表格，还有 SmartArt 图形、图表、音频、视频等。在幻灯片中添加更多内容，可以极大地提高演示文稿的观感，也能让演示文稿的编排显得更专业。

（1）SmartArt 图形。

在演示文稿的制作过程中，有一个基本原则就是演示文稿应该尽量多使用图片，尽量少出现大段文字。由于创建具有设计师水准的插图很难，普通的演示文稿设计人员即使了解这个基本原则，也仍趋向于创建纯文本内容的幻灯片。

SmartArt 图形的主要任务就是让非专业的用户可以将简单堆砌的文本内容，转换为具有专业设计师水准的插图，并能在一定程度上表现内容之间的逻辑关系，如图 6-2-17 所示。

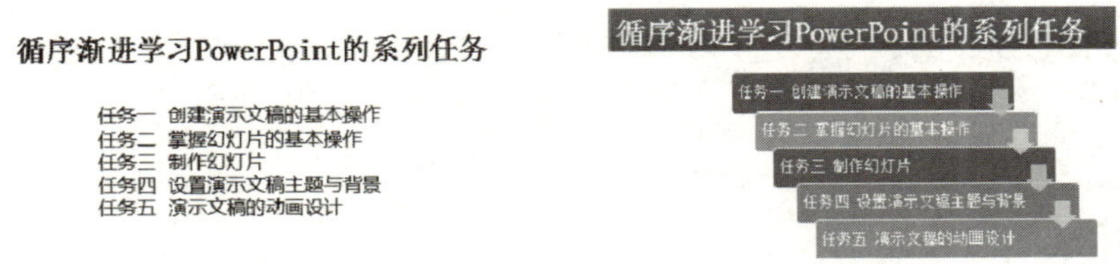

图 6-2-17　为纯文本幻灯片添加 SmartArt 图形的前后对比

使用 SmartArt 图形需要注意，不宜将文字量过大的内容转换成 SmartArt 图形。一般情况下，用于描述要点的文字信息最适合使用 SmartArt 图形。

（2）图表。

如果说 SmartArt 图形是对文本信息的补充和美化，图表就是对表格中数值信息的补充及美化。将表格转换成图表的示例如图 6-2-18 所示。

序号	模块名称	教学时数
1	项目一 了解计算机基础知识	14
2	项目二 学习操作系统Windows 7	16
3	项目三 学习字处理软件MS Word 2010	22
4	项目四 学习电子表格处理软件MS Excel 2010	20
5	项目五 学习演示文稿制作软件MS PowerPoint 2010	14

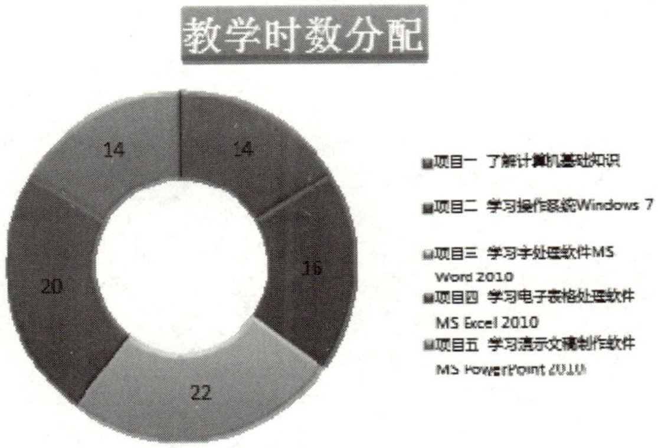

图 6-2-18　将表格转化成图表

PowerPoint 提供了柱形图、折线图、饼图、条形图、面积图、XY（散点图）等 11 种图表样式供用户使用。用户在选择了合适的图表样式后，将数据复制粘贴到图表对应的 Excel 窗口中，PowerPoint 会自动生成颇为专业的图表。

（3）音频。

音频会在演示文稿中的多个场合出现，如幻灯片切换时播放的音效，为演示文稿中的内容添加动作时设置的音效，在设置幻灯片放映效果时为幻灯片录制的旁白，这些都是幻灯片中的音频效果。

对于演示文稿的音频，PowerPoint 提供了专门的音频工具，用户可以对音频进行必要操作。音频处理功能区如图 6-2-19 所示。

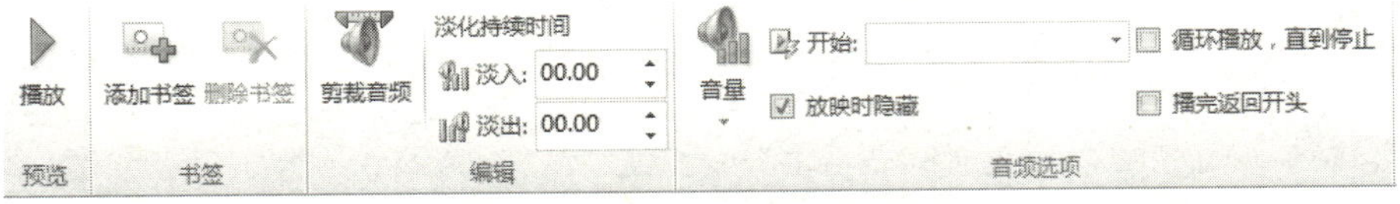

图 6-2-19　音频处理功能区

（4）视频。

过去用户要为幻灯片添加视频非常困难，现在则可以直接为演示文稿添加常见格式的视频，并且视频信息不再是一个外部文件的引用，而是作为演示文稿的一部分随演示文稿一同保存，避免因为引用不当造成视频无法播放的尴尬。

PowerPoint 也为视频添加了简单的剪辑功能，用户可以修饰视频播放窗口的样式，也可以为视频重新着色，对于篇幅过长的视频，可以通过裁剪视频功能控制视频的长度。

项目训练

打开本书素材“yswg2.pptx”文档，完成以下操作，“yswg2.pptx”的内容如图 6-3-1 所示。

图 6-3-1 “yswg2.pptx”的内容

1．在演示文稿的文本输入处输入“不争执、别害羞、忌标新立异、莫人云亦云”，设置成微软雅黑、倾斜、18 磅。

2．演示文稿的动画效果设置：标题强调效果为“脉冲”，文本强调效果为“不饱和”，图片强调效果为“跷跷板”，动画按标题、文本、图片顺序。

3．在演示文稿开始处插入“仅标题”版式幻灯片，标题内容为“新人入职要领”，设置为 72 磅。

4．使用“新闻纸”主题修饰演示文稿，全部幻灯片的切换效果为“闪耀”。

5．将“yswg2.pptx”另存为“职场生存手册.pptx”。